SIEMENS-HANDBÜCHER

Herausgegeben von der Siemens & Halske A.-G. und den Siemens-Schuckertwerken, G. m. b. H.

VIII. Band:
Elektrisches Schaltzeug

WALTER DE GRUYTER & CO
BERLIN UND LEIPZIG
1927

ELEKTRISCHES SCHALTZEUG

BEARBEITET
VON
ERNST SCHUPP
OBERINGENIEUR
DER SIEMENS-SCHUCKERTWERKE

MIT 314 ABBILDUNGEN

WALTER DE GRUYTER & CO.
BERLIN UND LEIPZIG
1927

Vorwort.

Unter dem in diesem Buche behandelten „Schaltzeug" sind drei Gruppen von Starkstromapparaten verstanden, nämlich: 1. Anlasser für Elektromotoren, 2. Regler für Dynamomaschinen und Elektromotoren und 3. Schalter. Es sind jedoch nur die gängigen, als normale Ausführungen bezeichneten Schaltgeräte beschrieben, da die Sonderausführungen in entsprechenden anderen Bänden behandelt werden. Aus diesem Grunde sind, um ein Beispiel zu nennen, Kranapparate nur kurz erwähnt, Bühnenregler überhaupt nicht aufgenommen.

Der Zweck des vorliegenden Buches ist in erster Linie, dem Fachmann die Auswahl des für einen bestimmten Fall gebrauchten Schaltzeuges an Hand des umfangreichen Listenmaterials der Siemens-Schuckertwerke zu erleichtern. Darüber hinaus soll es ihm aber auch Fingerzeige geben, wie der zur Verwendung gelangende Apparat zu behandeln und in betriebsgemäßem Zustande zu erhalten ist. Da hierzu eine Kenntnis der Konstruktion notwendig ist, so sind die am häufigsten zur Verwendung gelangenden Schaltgeräte von den Einzelteilen bis zum vollständigen Zusammenbau verfolgt. Hieraus ergibt es sich, daß das Buch auch für den Anfänger, der sich mit den Grundgedanken des Schaltzeugbaues vertraut machen will, von Wert ist.

Der organische Zusammenbau der verschiedenen Schaltgeräte leitet von selbst über zu dem Schalttafelbau, von dessen Schilderung hier aber Abstand genommen ist, da er an anderer Stelle behandelt wird.

Inhaltsübersicht.

Seite

Alphabethisches Stichwortverzeichnis.

ELEKTRISCHES SCHALTZEUG

I. Teil: Anlaßapparate.

Verschiedene Anlaßarten.

I. Gleichstrommotoren.

Wenn sich ein Gleichstrommotor in Ruhe befindet, so hat er keine gegenelektromotorische Kraft. Wird er an das Netz gelegt, so ist der auftretende Strom (Anlaßspitzenstrom) von der Größe des im Stromkreise liegenden Widerstandes abhängig.

Ist der Strom groß genug, um die Reibungswiderstände und die Last zu überwinden, so beginnt der Motor sich zu drehen und entwickelt eine gegenelektromotorische Kraft. In dem Maße, wie die Drehzahl des Motors wächst, wächst auch die gegenelektromotorische Kraft, und der aufgenommene Strom sinkt bis auf den der Last entsprechenden Wert (Nennstrom). Je nach der Größe des im Ankerstromkreise des Motors befindlichen Widerstandes unterscheidet man folgende drei Anlaßverfahren:

a) Unmittelbares Einschalten auf das Netz ohne Widerstand. Kleinere Motoren können unmittelbar durch Einlegen eines Schalters in Betrieb gesetzt werden, das gilt für Hauptstrommotoren bis $^1/_6$ PS bei allen Spannungen und auch bei belastetem Anlauf, für Nebenschlußmotoren bis etwa 1 PS bei Spannungen bis 220 V und Leeranlauf. Zum Einschalten wird ein Hebelschalter oder ein Walzenschalter verwendet (Bild 1).

Die Sicherungen sind bei Hauptstrommotoren für den zweifachen, bei Nebenschlußmotoren für den dreifachen Nennstrom zu bemessen.

Sind die Walzenschalter so gebaut, daß der Motor in der Stellung 1 ohne Vorschalten von Sicherungen unmittelbar an das Netz gelegt wird und daß in Stellung 2 nach dem Anlauf Sicherungen eingeschaltet werden, so sind die letzteren für Normalstrom zu bemessen.

b) Unmittelbares Einschalten mit fester Widerstandstufe. Motoren bis etwa 3 kW können in gleicher Weise, wie vorher beschrieben, mit Hilfe eines festen Ankerwiderstandes an das Netz gelegt werden (Bild 2). Der Widerstand bleibt auch während des Betriebes eingeschaltet und vernichtet etwa 15 % der Spannung. Drehzahl und Wirkungsgrad

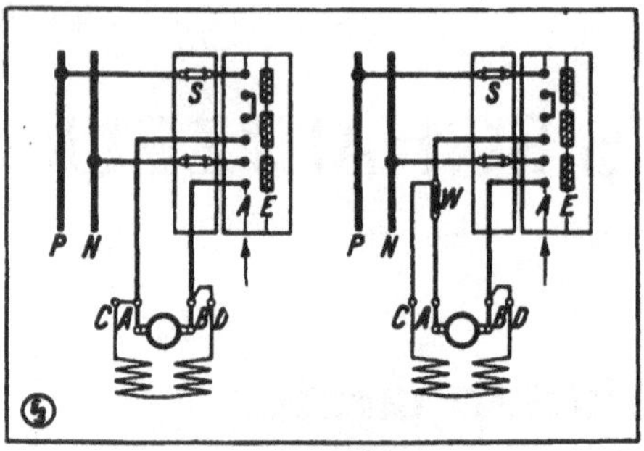

Bild 1 und 2.
Bild 1. Unmittelbares Einschalten mittels Walzenschalter (Gleichstrom).
Bild 2. Unmittelbares Einschalten mittels Walzenschalter und fester Widerstandstufe (Gleichstrom).

des Motors sinken um denselben Betrag. Voraussetzung für diese Anlaßart bei den größeren Motoren ist, daß die zu beschleunigenden Massen den raschen Anlauf zulassen und der Energieverlust in Kauf genommen werden kann. Die Sicherungen sind etwa für den zweifachen Nennstrom zu bemessen.

c) Einschalten mit Anlasser. Bei größeren Motoren wird auch beim Anlassen mit festem Widerstand, der 15 % Spannung abdrosselt, der dem Netz entnommene Stromstoß zu groß. Man verwendet deshalb einen Anlasser, mit dem im ersten Augenblick ein größerer Widerstand in den Ankerstromkreis eingeschaltet wird, der in dem Maße, wie die Drehzahl steigt, verringert wird. In Bild 3 ist der Vorgang graphisch dargestellt. Hierin ist:

der Einschaltstrom J_e der Strom auf der ersten Stellung,

der Anlaß-Spitzenstrom J_2 der Stromstoß, der beim Kurzschließen einer Anlaßstufe auftritt,

der Schaltstrom J_1 der Strom, bei dem das Weiterschalten, also das Kurzschließen, erfolgen soll,

der Nennstrom J die Stromaufnahme des Motors bei Vollast,

der mittlere Anlaßstrom $J_m = \sqrt{J_1 \cdot J_2}$,

die Anlaßzeit t die Zeit in Sekunden, während der die Anlaßstufen Strom führen.

Die mittlere Anlaßaufnahme in Watt, also die dem Netz entnommene Leistung ist = Nennspannung × mittlerer Anlaßstrom = $E\,J_m$.

Die Anlaßarbeit in Watt ist = mittlere Anlaßaufnahme × Anlaßzeit $= \mathrm{E} \cdot J_m \cdot t$.

Das Schaltbild eines Anlassers für Nebenschlußmotoren zeigt Bild 4, das eines Hauptstrommotors Bild 5. Die Sicherungen sind für den Nennstrom zu bemessen.

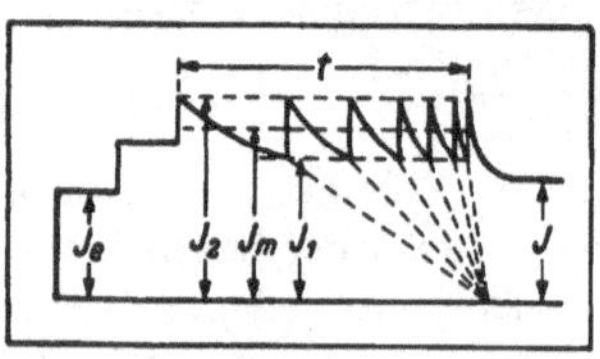

Bild 3.
Anlaßdiagramm für Gleichstrom.

II. Wechselstrommotoren.

Die Anlaßvorgänge für Drei- und Zweiphasenstrom sind im Grunde dieselben, für Einphasenstrom dagegen sind besondere Anlaßarten ausgebildet worden.

A. Dreiphasen- (Drehstrom) und Zweiphasenstrom.

1. *Anlassen von Kurzschlußmotoren.* Der einfachste Wechselstrommotor ist der Kurzschlußmotor; der Läufer besteht aus einem Eisenblechpaket, in dessen Nuten die in sich kurzgeschlossene Läuferwicklung (Käfigwicklung) eingebaut ist. Für das Anlassen dieser Kurzschlußmotoren kommen vier Anlaßarten in Frage.

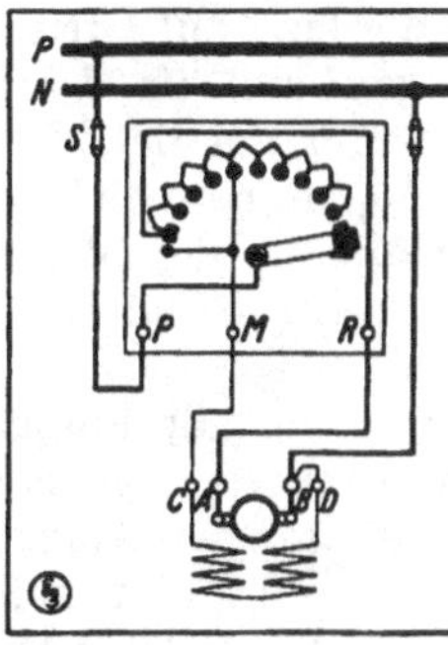

Bild 4. Anlasser für Gleichstrom-Nebenschlußmotor.

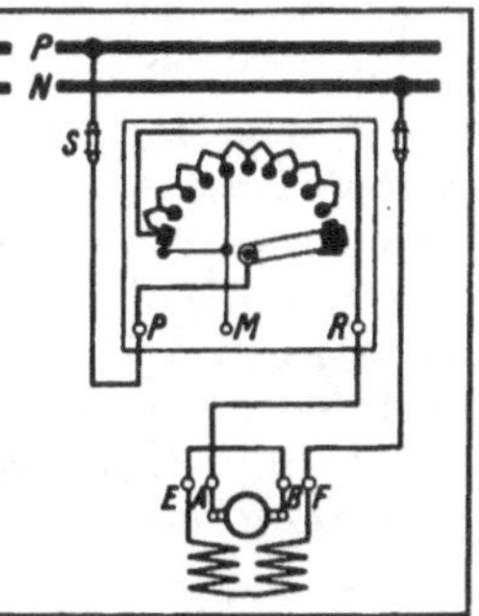

Bild 5. Anlasser für Gleichstrom-Hauptstrommotor.

a) Unmittelbares Einschalten ohne Anlasser. Wird ein Kurzschlußmotor durch einen Hauptschalter unmittelbar an das Netz gelegt, so tritt als Anlaßstrom etwa der 4 bis 6,5 fache Normalstrom auf; der Motor läuft an, und der Strom sinkt auf den der Last entsprechenden Wert ab. Je nach der Größe des Motors wird das dabei auftretende Anlaufmoment das 2,5 bis 0,5fache des normalen betragen, der erstere Wert gilt für den kleinsten, der letztere für den größten Motor. Die Sicherungen sind für den 2,5fachen Normalstrom zu bemessen. Zum Einschalten kann ein Hebelschalter oder ein Walzenschalter verwendet werden (Bild 6). Letzterer läßt sich auch so ausbilden, daß in Stellung 1 der Motor unmittelbar an das Netz gelegt wird ohne Vorschaltung von Sicherungen; in Stellung 2 werden nach dem Anlauf betriebsmäßig Sicherungen vorgeschaltet (Bild 7). Letztere sind für den Nennstrom zu bemessen.

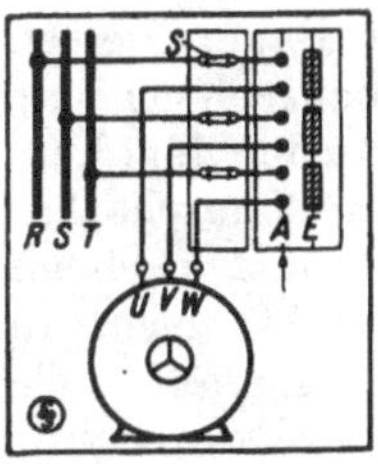

Bild 6. Unmittelbares Einschalten eines Kurzschlußmotors.

b) Sterndreieckschalter (nur für Drehstrom). Der hohe Anlaufstrom von Drehstrom-Kurzschlußmotoren läßt sich dadurch herabdrücken, daß die Ständerwicklung beim Anlaufen in Stern, für den Betrieb aber in Dreieck geschaltet wird. Die hierzu erforderlichen Schalter nennt man Sterndreieckschalter. Die Motoren müssen sechs Klemmen haben und bei der Betriebspannung in Dreieck geschaltet sein.

Diese Schalter werden für kleine Leistungen bis etwa 12,5 kW besonders in solchen Fällen verwendet, in denen das Anlaufmoment gering (bis höchstens $^1/_3$ des normalen) ist. Der Einschaltstrom in der ersten Stellung beträgt das 1,7 bis 2,4fache, der Stromstoß

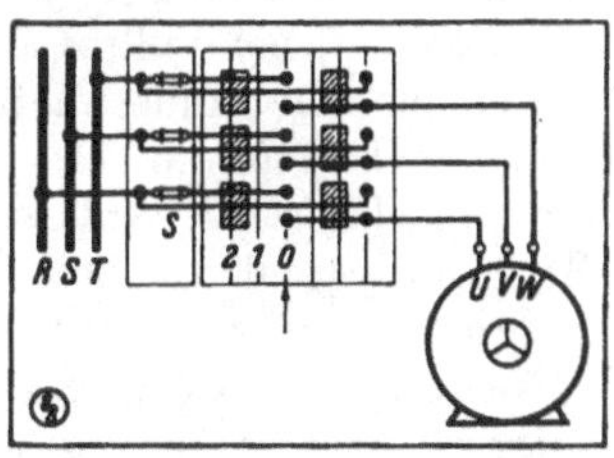

Bild 7. Unmittelbares Einschalten eines Kurzschlußmotors, Sicherungen überbrückt.

beim Überschalten von Stern auf Dreieck etwa das 3fache des Normalstroms. Die Sicherungen sind für 1,3fachen Nennstrom zu bemessen. Bild 8 zeigt die Stromaufnahme des Motors beim Anlassen, wenn dieser in Sternschaltung mit $^{1}/_{3}$ Moment belastet ist. In Bild 9 ist das Oszillogramm des Stromverlaufs in den drei Phasen eines Drehstrommotors mit Kurzschlußläufer beim Schalten mit einem Sterndreieckschalter wiedergegeben.

Über Sterndreieckschalter mit Sprungschaltung siehe S. 23.

c) Mechanischer Anlasser. Bei dem mechanischen Anlasser der Siemens-Schuckertwerke sind der Anlauf des Motors und das Anziehen des Motors zeitlich voneinander getrennt. Der Motor läuft zunächst vollständig leer an, und erst dann, wenn er volles Drehmoment erreicht hat, faßt er die Arbeitsmaschine an und zieht die volle Belastung durch. Noch in der Periode des Leerlaufs wird von Stern auf Dreieck umgeschaltet, und es gibt deshalb ebenfalls einen kleinen Stromstoß von kurzer Dauer, dessen Rückwirkung auf die Glühlichtbeleuchtung aber nicht empfindlich ist. Erst nach dem Umschalten auf Dreieck faßt der mechanische Anlasser die Riemenscheibe nach und nach an und bringt sie mit vollem Drehmoment in sanft ansteigender Beschleunigung auf volle Drehzahl. Diese Arbeitsweise wird durch eine zweckmäßige Abstimmung der in der Riemenscheibe untergebrachten Fliehgewichte und ihrer Gegenzugfedern erzielt. Die Bilder 10 bis 12 zeigen den Anlauf eines Kurzschlußläufermotors in Sterndreieckschaltung ohne und mit mechanischem Anlasser.

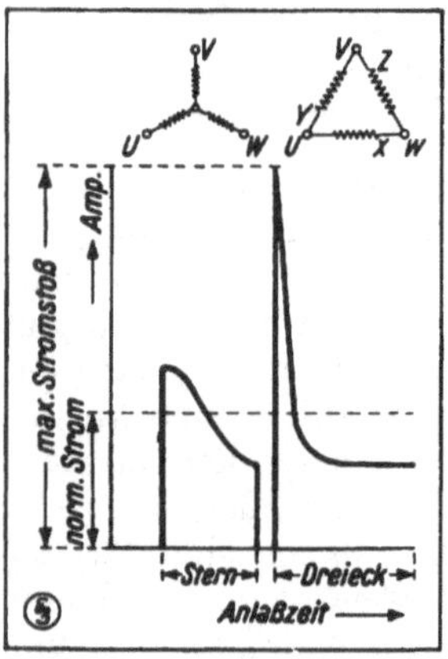

Bild 8. Stromaufnahme eines Motors beim Anlassen in Sterndreieckschaltung.

Den drei Aufnahmen liegt der gleiche Maßstab zugrunde; die Entfernung von Spitze zu Spitze der Netzstromkurve ist $^{1}/_{50}$ Sekunde.

Es ist ersichtlich, daß ohne mechanischen Anlasser die Dauer des übermäßigen Stromstoßes (über 2,5fachen Normalstrom) bei Halblast etwa ½ Sekunde, bei Vollast fast 1 Sekunde, dagegen mit mechanischem Anlasser nur eine unmerklich kurze Zeit andauert; der Stromstoß wirkt also nicht mehr störend.

Der mechanische Anlasser bildet gleichzeitig auch eine mechanische Sicherung, denn bei Überlastung der Arbeitsmaschine gibt die Kupplung alsbald nach, so daß keine bedenkliche mechanische Beanspruchung des Getriebes auftritt. Die Arbeitsmaschine kommt dann, solange die Überlastung dauert, fast zum Stillstand. Diese mechanische Sicherung bildet eine wertvolle Ergänzung der elektrischen Sicherung durch Schmelzpatronen, Überstromschalter und dgl. Die geringe Höhe des Anlaufstromes gestattet auch eine feine Bemessung dieser elektrischen Sicherungen und erhöht dadurch weiter die Sicherheit gegen elektrische Beschädigung des Motors.

Kurzschlußläufermotoren mit diesen mechanischen Anlassern können ohne Beeinträchtigung der Beleuchtung an öffentliche Elektrizitätswerke angeschlossen werden. Sie sind billiger als Schleifringläufermotoren gleicher Leistung mit Anlaßwiderstand und vor allem billiger als gekapselte Schleifringläufermotoren.

d) Ständeranlasser. Genau wie bei Gleichstrommotoren kann man den Einschaltstromstoß auch durch Einschalten von Widerstand in die vom Netz zum Ständer führenden Leitungen abschwächen. Nun sind aber

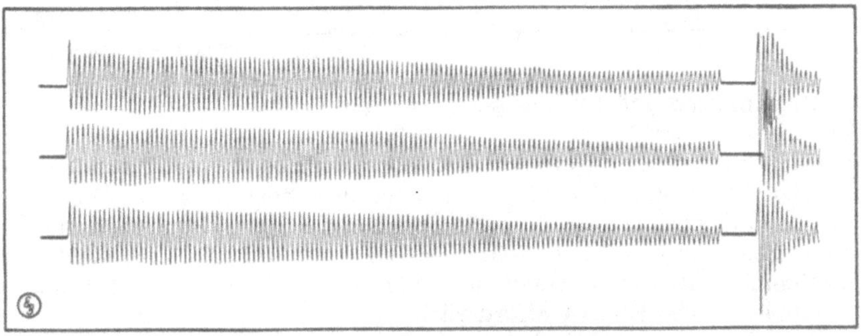

Bild 9. Oszillogramm des Stromverlaufs bei Sterndreieckschaltung.
Oszillogramme der 3 Ständerströme eines Drehstrommotors mit Kurzschlußläufer, 7,5 kW, 220 V Δ, Drehzahl 1500. Anlauf mit $^1/_2$ Last.
Sterndreieckschalter. Höchster Strom beim Anlassen in ⅄ 70 A, beim Umschalten in Δ 147 A.

die Eigenschaften des Wechselstrommotors wesentlich anders als die des Gleichstrommotors, und es wird bei dieser Schaltungsart das vom Motor entwickelte Anlaufdrehmoment bedeutend vermindert. Das entwickelte Drehmoment ist nämlich von dem Quadrat der Klemmenspannung abhängig. Da durch den Vorschaltwiderstand ein Teil der Spannung abgedrosselt wird, kann der Motor sein volles Drehmoment nicht mehr entwickeln und muß daher einen wesentlich höheren Strom aufnehmen, um die Last durchzuziehen; so wird ein Motor, der bei Vollastanlauf den 6,5fachen Normalstrom aufnimmt, für Halblastanlauf den 4,7fachen Normalstrom benötigen. Diese Ständeranlasser vermindern also im allgemeinen nicht den hohen zum Anlauf erforderlichen Strom; sie schützen nur das Netz vor dem plötzlich auftretenden Stromstoß, indem sie den Strom allmählich in mehreren Stufen auf den zum Anlauf erforderlichen Wert steigern. Es ist deshalb von diesen Anlassern im allgemeinen abzuraten.

Ständeranlasser werden so berechnet, daß der Einschaltstrom etwa das Doppelte des Normalstromes beträgt. Anlaufstrom bei halber Last etwa 3,5 bis 5facher Normalstrom, bei voller Last etwa 4,5 bis 6,5facher Normalstrom. Die Sicherungen sind für den 2,5fachen Nennstrom zu bemessen (Schaltung nach Bild 13).

e) Anlaßtransformatoren. Die unter b) und d) erwähnten hohen Einschaltströme können durch ein Verfahren vermieden werden, das sich für Motoren mit Kurzschlußläufer größerer Leistung, etwa über 30 kW,

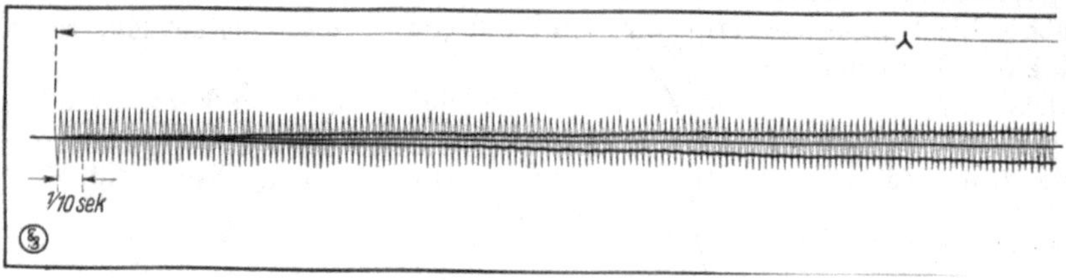

Bild 10. Anlauf in Sterndreieckschaltung

für Fernanlassen und für gewisse Betriebsarten eignet (z. B. Zentrifugalpumpen).

Man schaltet zwischen Netz und Transformator einen Anlaßtransformator und führt dem Motor aus diesem eine geringe Spannung zu. Erst nach dem Anlauf wird er an die volle Spannung gelegt. Die Spannung der ersten Stufe wird so bemessen, daß sie zum Anlaufen ausreicht; für gewöhnlich genügt eine Anlaßstufe. Zum Umschalten ist ein sechspoliger Umschalter nach Bild 14 erforderlich.

In Betriebstellung sind Sicherungen zum Schutz des Motors einzubauen. Der beim Anlassen im Netz auftretende Stromstoß beträgt ungefähr das 1 bis 2fache des Nennstroms, während der im Motor auftretende Strom den unter c) erwähnten Wert annimmt. Die Sicherungen vom Netz zum Motor sind für den Nennstrom zu bemessen.

Die Anlaßtransformatoren sind für Anlauf ohne Last oder mit nur geringer Last (bis höchstens 25 % des normalen Motoranlaufmoments) bestimmt. Sie gestatten, den Motor höchstens dreimal in der Stunde anzulassen, wobei als jedesmalige Anlaßzeit höchstens ½ Minute angenommen ist. Selteneres Anlassen ermöglicht nicht die Wahl eines kleineren Modelles. Ist häufigeres Anlassen oder eine längere Anlaßzeit erforderlich, so ist der Anlaßtransformator für eine scheinbare Leistung zu wählen, die sich

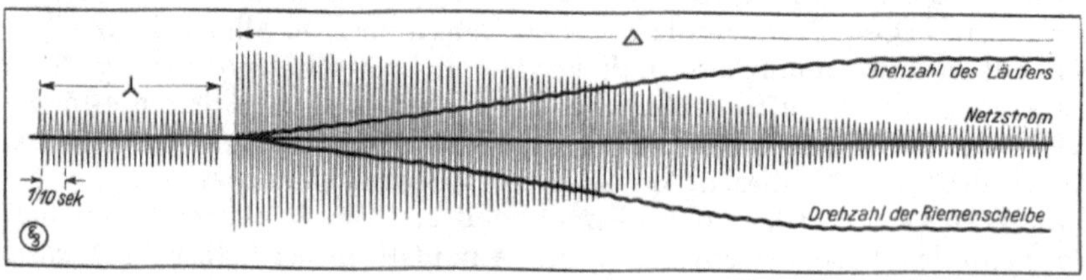

Bild 11. Anlauf in Sterndreieckschaltung ohne mechanischen Anlasser, mit Vollast.

ergibt, wenn man die Gebrauchsleistung proportional mit der längeren Anlaßzeit oder der größeren Häufigkeit der Anlaßperioden erhöht. So muß z. B. ein Anlaßtransformator für eine Gebrauchsleistung von 50 kW, dessen Anlaßzeit 1,5 Min. sein soll, für $50 \cdot \frac{1,5}{0,5} = 150$ kW gewählt werden.

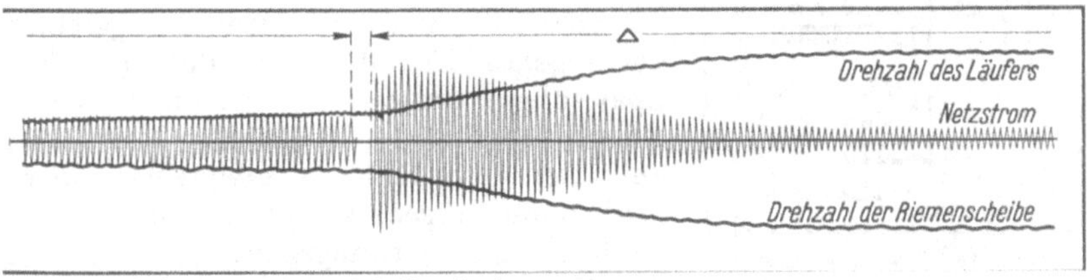

ohne mechanischen Anlasser, mit halber Last.

Ein Anlaßtransformator für 50 kW, der sechsmal in der Stunde angelassen werden soll, muß für $50 \cdot \frac{6}{3} = 100$ kW gewählt werden.

Die Anlaßtransformatoren bestehen aus einem Transformator mit Anzapfungen und einem Stufenschalter (s. S. 12). Beide Teile sind in einem gemeinsamen Ölkessel untergebracht, so daß sich sämtliche Teile, an denen Funken entstehen können, im Ölbade befinden. Der Stufenschalter wird bei Leistungen bis 110 kW (150 PS) durch eine Kurbel, bei höheren Leistungen durch ein Handrad betätigt.

2. *Anlassen von Drehstrom- und Zweiphasenstrom-Schleifringmotoren.* Die beim Kurzschlußmotor in sich geschlossene Wicklung des Läufers wird bei dem Schleifringmotor zu drei Schleifringen geführt. Sind die auf den drei Schleifringen laufenden Schleifbürsten nicht miteinander verbunden, so kann der Motor beim Einschalten kein Drehmoment entwickeln. Der Motor bleibt stehen; er wirkt genau wie ein Transformator und erzeugt an den drei Schleifringen eine Läuferspannung, deren Höhe nicht von der Netzspannung, sondern von der Windungszahl der Läuferwicklung abhängig ist. Würden die drei Schleifringe kurzgeschlossen, so würde sich der Motor wie ein kurzgeschlossener Transformator bzw. wie die vorbeschriebenen Kurzschlußmotoren verhalten. Durch Ein-

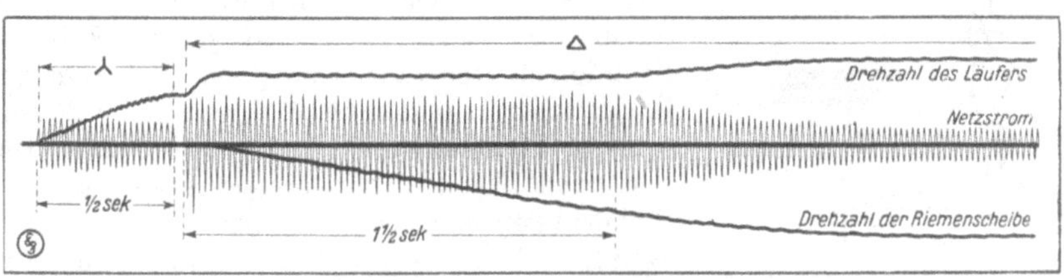

Bild 12. Anlauf in Sterndreieckschaltung mit mechanischem Anlasser, mit Vollast.

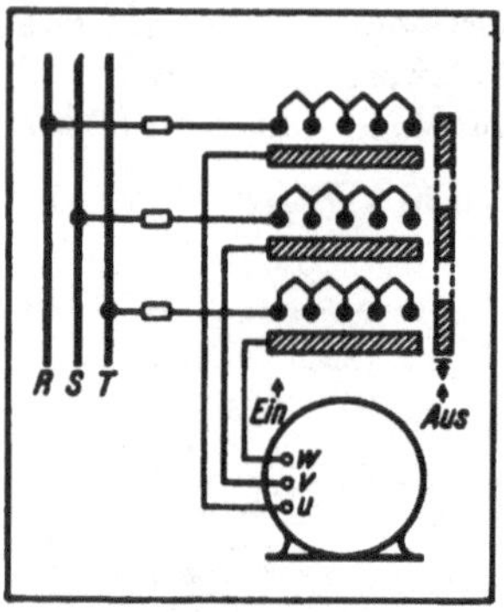

Bild 13. Ständeranlasser.

schalten von Widerstand zwischen die drei Schleifringe kann jedoch der Stromstoß wesentlich gedämpft werden. Es lassen sich hieraus zwei Anlaßarten entwickeln.

a) Unmittelbares Einschalten mit festem Widerstand. Wird ein Widerstand zwischen die drei Schleifringe eingeschaltet, der ungefähr 15 % der im Läufer entwickelten Spannung abdrosselt, so tritt im Moment des Einschaltens etwa der 3fache Normalstrom auf. Der Motor läuft an, entsprechend der im Widerstand abgedrosselten Spannung sinken Drehzahl und Wirkungsgrad des Motors um etwa 15 %. Dieses Verfahren kann selbst bei Motoren von 5 kW noch verwendet werden, wenn die Ströme für das Netz zulässig sind. Die Sicherungen sind für etwa 1,5fachen Nennstrom zu bemessen.

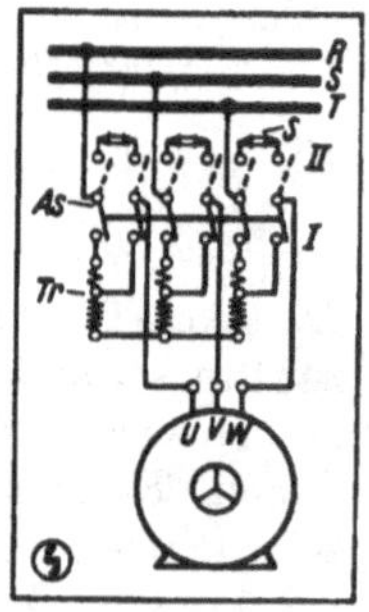

Bild 14. Anlaßtransformator. As = Anlaßschalter, Tr = Transformator.

b) Anlassen mit Läuferanlasser. Wird der Widerstand zwischen den Schleifringen so groß gewählt, daß im Netz der 1,3fache Normalstrom auftritt, so entwickelt der Motor beim Anlauf etwa normales Drehmoment. In dem Maße, wie der Motor anläuft und der Strom abfällt, wird der Widerstand verkleinert, bis er schließlich ganz kurzgeschlossen wird. Das Anlaßdiagramm ist das gleiche wie das in Bild 3 für Gleichstrom dargestellte. Bei Drehstrom sind die Ständerströme mit großen, die Läuferströme mit kleinen Buchstaben zu bezeichnen. Die Formel $J_m = \sqrt{J_1 \cdot J_2}$ gilt auch für Drehstromanlasser, gleichviel ob der Strom im Ständer oder Läufer festgestellt wird. Das Anlassen des Motors geht unter genau den gleichen Bedingungen vor sich wie bei Gleichstrommotoren (Bild 15). Die Anlaßwiderstände werden nach den Leitsätzen und Normen des V. D. E. so gebaut, daß sie den Läuferstromkreis nicht unterbrechen können. Mit Hilfe des Anlassers allein kann daher der Motor nicht stillgesetzt werden, sondern es ist in jedem Fall ein Ständerschalter vorzusehen, der mit dem Anlasser zusammengebaut oder getrennt, mit oder ohne elektrische Verriegelung, angeordnet werden kann. Die im Ständerstromkreis liegenden Sicherungen sind für Nennstrom zu bemessen.

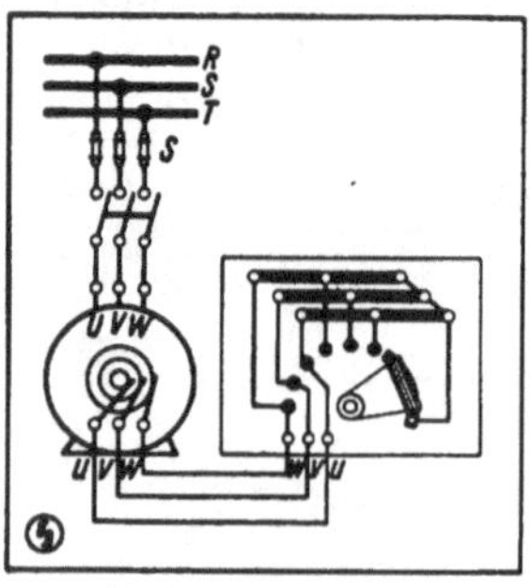

Bild 15. Läuferanlasser.

c) Anlassen von Kollektormotoren. Kollektormotoren werden ohne Anlaßwiderstand lediglich durch Verstellen der Bürsten von der Nullstellung bis zur Betriebstellung angelassen. Es ist darauf zu achten, daß der Netzschalter nur eingelegt wird, wenn die Bürsten in der Anlaßstellung stehen. Bürstenbrücke und Netzschalter können zu diesem Zwecke elektrisch verriegelt werden; für letzteren ist dann ein Spannungsrückgangschalter mit Freiauslösung (gegebenenfalls Überstromauslösung) nach Seite 105 zu verwenden.

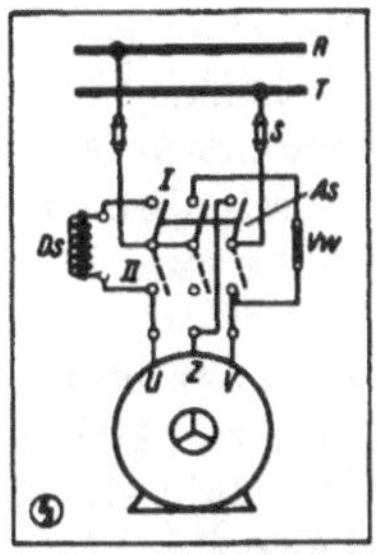

Bild 16. Anlasser für Einphasen-Kurzschlußmotor. *As* = Anlaßschalter, *Ds* = Drosselspule, *Vw* = Vorschaltwiderstand.

B. Einphasenstrom-Induktionsmotoren.

Im Gegensatz zum Drehstrom- und Zweiphasenstrommotor entwickelt der Einphasen-Induktionsmotor beim Anlassen kein nennenswertes Drehmoment. Er darf deshalb nur unbelastet anlaufen und erhält zur Erzeugung des Anlaufmomentes eine besondere Hilfsphase, die beim Anlassen über eine Drosselspule an die Netzleitung angeschlossen wird und ein um 90° nacheilendes Wechselfeld erzeugt.

a) Anlassen von Kurzschlußmotoren mit Anlaßschalter. Einphasenkurzschlußmotoren werden nach Bild 16 mit Hilfe eines dreipoligen Hebelschalters an das Netz gelegt. In der Anlaßstellung erhält die Hilfswicklung Strom, nach dem Anlauf wird in die Betriebstellung weitergeschaltet und dabei die Hilfsphase wieder geöffnet. Der Schalter kann auch als Walze ausgebildet sein; dann wird nach dem Anlauf der Handgriff losgelassen, worauf die eine Hälfte der Walze stehen bleibt, während die andere mit dem Griff verbundene Hälfte zurückgeht und die Hilfsphase abschaltet. Die Sicherungen sind für den 1,5fachen Nennstrom zu bemessen.

b) Anlassen von Schleifringmotoren mit Anlaßwiderstand. Die Schleifringmotoren werden in genau gleicher Weise, wie bei Drehstrom beschrieben, angelassen; nur ist während des Anlaufs ebenfalls die Hilfsphase über eine Drosselspule mit dem Netz zu verbinden. Anlaßwiderstand und Schalter für die Hilfsphase sind in einem Apparat vereinigt (Bild 17). Die Motoren mit Schleifringläufer entwickeln im Anlauf ungefähr $1/2$ (bei den kleinsten Modellen) bis $1/4$ (bei den größten Modellen) des normalen Momentes. Der hierbei auftretende Strom ist das 2 bis 1fache des Stromes bei normaler Leistung.

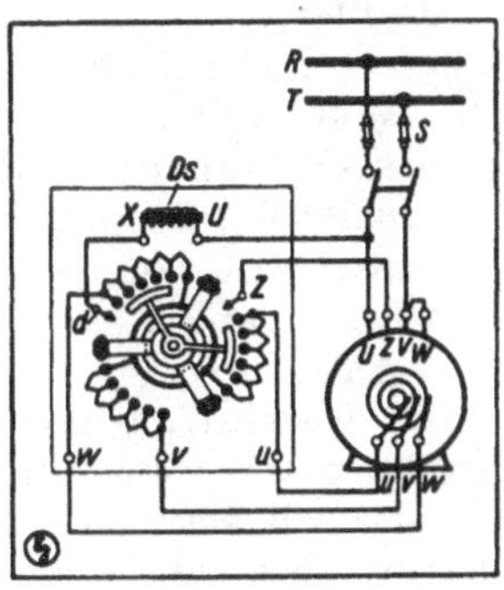

Bild 17. Anlasser für Einphasen-Schleifringmotor. *Ds* = Drosselspule.

III. Anlaßverfahren für Kommutatormotoren.

A. Drei- und Zweiphasenstrom-Motoren.

a) Einschalten ohne Vorschaltwiderstand. Die Kommutatormotoren für kleinere

Leistungen können mit der Bürstenstellung, die der untersten Betriebsdrehzahl entspricht, unmittelbar unter Last an das Netz gelegt werden; besondere Anlasser sind hierzu nicht erforderlich. Netzschalter und Bürstenbrücke sind nach Möglichkeit mechanisch oder elektrisch so zu verriegeln, daß der Netzschalter nur in der Bürstenstellung, die der untersten Betriebsdrehzahl entspricht, eingelegt werden kann.

b) Anlassen mit Bürstenverschiebung. Drehstrom-Reihenschlußmotoren können durch Bürstenverschiebung kurzzeitig auf eine niedrigere Drehzahl eingestellt werden und bedürfen daher keiner besonderen Anlaßapparate. Netzschalter und Bürstenbrücke sind mechanisch oder elektrisch so zu verriegeln, daß der Netzschalter nur in der Anlaufstellung der Bürsten eingelegt werden kann.

c) Anlassen mit Anlaßwiderstand. Drehstrom-Nebenschlußmotoren größerer Leistung können in gleicher Weise, wie bei den übrigen Drehstrommotoren üblich, mit Anlaßwiderstand angelassen werden. Die Sicherungen sind für den Nennstrom zu bemessen.

B. Einphasenstrom-Repulsionsmotoren.

a) Direktes Einschalten ohne Widerstand. Die Einphasenstrom-Repulsionsmotoren für kleinere Leistung können unter Last unmittelbar an das Netz gelegt werden.

b) Anlassen mit Bürstenverschiebung (wie unter A beschrieben).

c) Anlassen mit Anlaßwiderstand (wie unter A beschrieben).

IV. Anlaßverfahren für Umformer.

Das Anwerfen von Umformern geschieht genau in der gleichen Weise wie das Anlassen der betreffenden Motoren. Es sind folgende Anlaßarten möglich:

A. Motor-Generatoren.

1. Wechselstrom-Gleichstrom-Asynchron-Umformer. Das Anwerfen erfolgt von der Wechselstromseite durch Sterndreieckschalter nach S. 8 unter b), durch Anlaßtransformatoren nach S. 5 unter d) bzw. durch Läuferanlasser nach S. 8 unter b).

2. Wechselstrom-Gleichstrom bzw. Gleichstrom-Wechselstrom-Synchron-Umformer.

a) *Anlassen mit Anlaßwiderstand.* Je nach der zur Verfügung stehenden Stromart wird von der Gleichstromseite oder von der Drehstromseite aus angelassen. Über das Anlassen von der Gleichstromseite aus vergleiche S. 2 unter c).

Steht Gleichstrom nicht zur Verfügung, so ist der Umformer von der Drehstromseite aus durch Läuferanlasser nach S. 8 unter b) anzuwerfen, wozu im allgemeinen ein besonderer Anwurfmotor (Drehstrom-Schleifringmotor) verwendet wird.

Nach dem Anlassen wird entweder die Gleichstrommaschine oder die Drehstrommaschine in der bei Generatoren gebräuchlichen Weise auf das

Netz parallel geschaltet. Hierzu muß der Umformer beim Anlassen von der Gleichstromseite aus durch den Nebenschlußregler des Gleichstrommotors, beim Anwerfen von der Wechselstromseite aus durch einen Regelanlasser auf die synchrone Drehzahl gebracht werden.

b) *Selbstanlassen mit Teilspannung.* Falls die Synchronmotoren entsprechend ausgebildet sind, kann das Anlassen von der Drehstromseite auch nach dem Verfahren der Anlaßtransformatoren (S. 5 unter d) mit Teilspannung ausgeführt werden. In diesem Fall läuft der Synchronmotor von selbst in Synchronismus, wobei beim Anwerfen nur zu beachten ist, daß vor dem Umschalten auf volle Spannung auch das Feld auf die günstigste Erregung eingestellt wird.

Neuerdings gibt es auch Motoren, die genau wie Asynchron-Schleifringmotoren angelassen werden; sie haben jedoch ein besonderes Gleichstromfeld, das nach dem Anlassen eingeschaltet wird, den Motor in Tritt bringt und ihn auf synchronem Lauf hält.

B. Einanker-Umformer.

a) Anlassen mit Anlaßwiderstand. Einanker-Umformer werden von der Gleichstromseite aus genau in der bei Gleichstrommotoren üblichen Weise angelassen. Sodann wird mit Hilfe des Nebenschlußreglers synchronisiert und die Drehstromseite auf das Netz geschaltet. Werden beim Anwerfen die Schleifringe des Einankerumformers nicht abgeschaltet, weil der zwischen Netz und Umformer liegende Transformator nur an der Netzseite abschaltbar ist, so fließt im Augenblick des Einschaltens Gleichstrom durch die Transformatorwicklung, der ebenfalls durch den Anlasser seinen Weg nimmt. Der Anlasser ist deshalb reichlicher zu bemessen, als sonst der Anlaufleistung entsprechen würde.

b) Anlassen mit Teilspannung. Von der Drehstromseite aus wird mit Teilspannung angelassen. Hierzu wird der Nebenschlußregler in eine im voraus bestimmte Lage gebracht und die Drehstromseite des Einanker-Umformers an etwa $^1/_3$ Netzspannung gelegt. Der Umformer läuft langsam an. Nun wird der Nebenschlußregler in die Betriebstellung gebracht, der Umformer von $^1/_3$ auf volle Netzspannung umgeschaltet und dann die Gleichstromseite in gewohnter Weise mit dem Gleichstromnetz verbunden. Es ist deshalb ein Spannungsmesser mit beiderseitigem Ausschlag zu verwenden. Je nach dem Ausschlag nach links oder rechts ist der Umformer durch einen nach der einen oder anderen Seite umzulegenden Umschalter aufs Netz zu schalten. Wird an Stelle des Umschalters ein gewöhnlicher Einschalter verwendet, so kann richtige Polarität durch kurzes Öffnen und Wiedereinlegen des Drehstrom-Netzschalters erreicht werden.

C. Kaskaden-Umformer.

Diese werden fast ausschließlich von der Drehstromseite aus angelassen. Zum Anlassen dient ein Läuferwiderstand, dessen Größe bei der Inbetriebsetzung ausgeprobt wird. Nachdem durch einen dreipoligen Hebelumschalter ein Teil des Läuferwiderstandes kurzgeschlossen ist, wird der Hauptschalter eingelegt. Sofort nach dem Anlauf des Umformers wird der Umschalter in die Ausschaltstellung gebracht und dadurch der volle Läuferwiderstand vorgeschaltet. Letzterer ist so bemessen, daß nach Überschreiten der synchronen Drehzahl der Umformer langsam in die synchrone Drehzahl zurückgeht. In dem Augenblick, in dem der Umformer in Tritt fällt, wird der Läuferwiderstand durch Einlegen des Umschalters in die Betriebstellung kurzgeschlossen.

Aufbau des Anlassers.

Wie aus der vorstehenden Zusammenstellung der Anlaßarten ersichtlich, ist der *Anlasser* das am meisten zur Verwendung gelangende Gerät. Man unterscheidet: *Metallanlasser* und *Flüssigkeitsanlasser*.
Der *Metallanlasser* setzt sich aus folgenden Teilen zusammen:

Widerstandskörper, bestehend aus Widerstandsleiter und Träger,
Innere Verbindungen,
Stufenschalter,
Klemmen zum Anschluß der äußeren Leitungen,
Auslöser zur Selbstabstellung des Motors bei Eintritt nicht ordnungsgemäßer Zustände (Spannungsrückgang, Überstrom usw.),
Gehäuse,
Bedienungsteil.

Als Material für den Widerstandsleiter des *Widerstandskörpers* ist für geringere Ströme eine Kupfer-Nickel-Legierung üblich. Für stärkere Ströme

Bild 18. Zusammengebauter Rahmenwiderstand, ohne Abdeckung.

Bild 19. Widerstandsrahmen.

Bild 20. Widerstandsrahmen mit aufgegipsten Reitern.

Bild 21. Widerstandsrahmen, bewickelt.

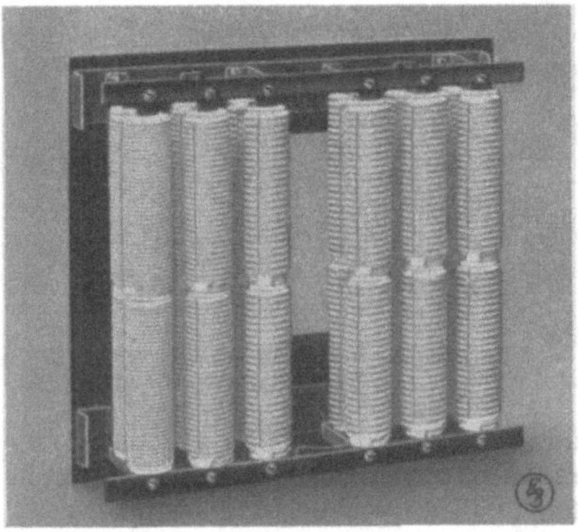

Bild 22.

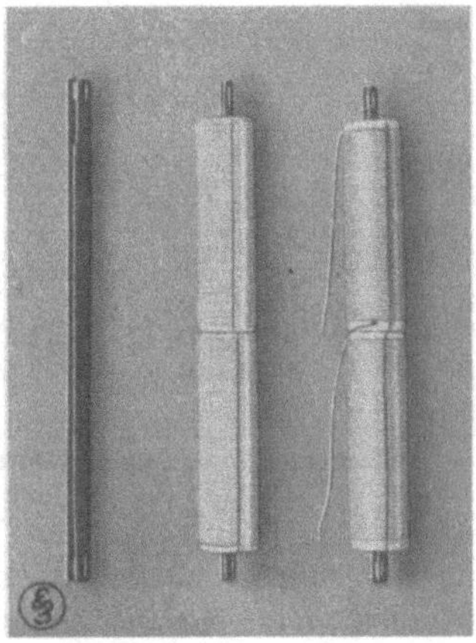

Bild 23—25.

Bild 22. Zusammengebauter Porzellanzylinder-Widerstand ohne Abdeckung. — Bild 23. Blechstreifen für Porzellanzylinder-Widerstand. — Bild 24. Blechstreifen mit Porzellankörper. — Bild 25. Blechstreifen mit Porzellankörper, bewickelt.

verwendet man aus wirtschaftlichen Gründen Eisen, das zum Schutz gegen Rost mit Zink- oder Zinnüberzug versehen wird. Die Form des Widerstandsmaterials ist meistens Draht. Nur für größere Stromstärken und rauhe Betriebe benutzt man auch Gußeisen. Der Draht wird auf Rahmen oder auf Porzellanzylinder aufgewickelt. Die erstere Ausführung zeigt Bild 18. Auf die beiden Längsflacheisen des Widerstandsrahmens (Bild 19) werden Porzellanreiter mit Gips befestigt (Bild 20). Die Porzellanreiter sind mit Rillen versehen, die den Draht aufnehmen (Bild 21). Obwohl die Rillen und demgemäß auch die einzelnen Drahtwindungen sehr nahe zusammen liegen, sind die letzteren doch vor gegenseitiger Berührung geschützt. Für dünnere Drähte ist die Ausführungsform nach Bild 22 üblich. Auf einem Blechstreifen (Bild 23) werden Porzellanzylinder aufgereiht, die mit schraubenförmigen Rillen versehen sind nach Bild 24. In diesen Rillen liegt der Draht fest wie in Bild 25. Die Tiefe der Rillen und damit die Anzahl der Windungen richtet sich nach der Drahtstärke. Ganz dünne Drähte wickelt man auch auf glatte Porzellanzylinder und versieht diese dann mit einem Email-Überzug. Das Email schützt

Bild 26. Zusammengebauter gußeiserner Widerstand ohne Abdeckung.

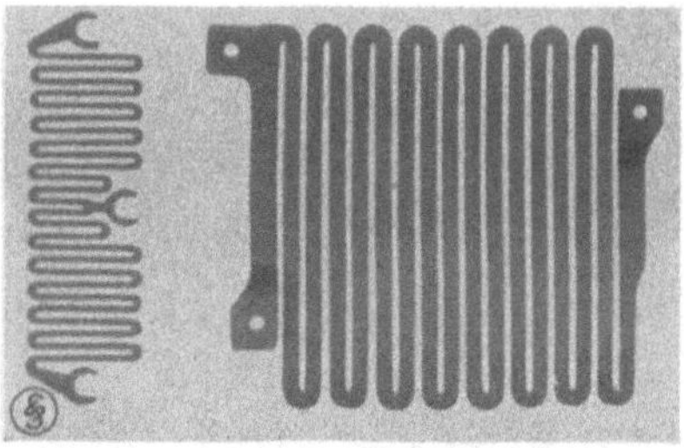

Bild 27.
Gußeiserne Widerstandselemente.

Bild 28. Auf Eisenstäbe aufgereihte gußeiserne Widerstandselemente.

die dünnen Drähte gegen die Einflüsse der Luft und isoliert gleichzeitig die eng nebeneinander liegenden Drahtwindungen voneinander. Für große Stromstärken verwendet man vielfach gußeiserne Widerstände nach Bild 26. Die einzelnen Widerstandselemente werden zickzackförmig gegossen mit Augen oder Löchern an beiden Enden (Bild 27). Die Elemente werden auf Eisenstäbe aufgereiht, die mit Glimmer umpreßt sind und von beiden Seiten gegeneinander geschraubt, nach Bild 28. Abwechselnd wird zwischen je zwei Augen eine Isolierscheibe gelegt. Größere Elemente werden dadurch gegen Erschütterungen geschützt, daß sie unter Beigabe von Zwischenstücken aus Schiefer zusammengepreßt werden. Bild 29 zeigt einen solchen zusammengebauten Widerstand, der ohne besondere Vorkehrungen gegen Bruch geschützt und transportsicher ist[1]).
Die inneren Verbindungen werden an die Gußelemente angeschraubt, an die Drahtwiderstände angelötet. Wenn es der Raum gestattet, ist es am besten, diese Anschlußleitungen aus blankem Rund- oder Flachkupfer herzustellen. Andernfalls verwendet man Leitungen, die mit Baumwolle oder Asbest umklöppelt und imprägniert sind. In Bild 30 ist ein Rahmenwiderstand mit isolierten inneren Verbindungen, die Enden fertig zum Anschluß an den Stufenschalter, dargestellt. Manchmal werden sie auch als blanke Kupferdrähte, mit Glasperlen isoliert, verlegt. Dieses muß aber mit großer Sorgfalt geschehen, damit die Perlen nicht nach-

Bild 29. Bruchsicherer gußeiserner Widerstand.

[1]) Über die Berechnung der Widerstände siehe: „E. Jasse, Die Berechnung der Anlaß- und Regelwiderstände". Verlag Springer, Berlin.

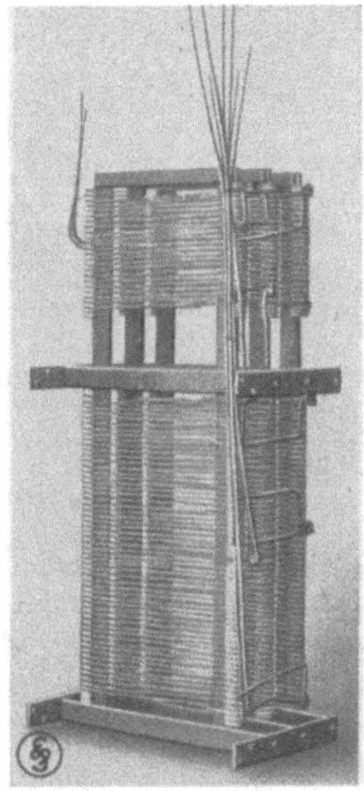

Bild 30. Rahmenwiderstand mit isolierten inneren Verbindungen.

träglich brechen oder sich auf dem Draht verschieben, so daß sich die Drähte berühren. Die Anschlußleitungen werden nun zu Kontakten geführt, die bei der gebräuchlichsten Form, den Flachbahnanlassern, auf einer Platte von Schiefer oder Marmor in entsprechender Anzahl im Kreise angeordnet sind und mit dieser und der Bürste zusammen den Stufenschalter (Bild 31) bilden. Die Kontakte sind entweder rund oder eckig und bestehen aus Messing oder Kupfer. Bild 32 zeigt vollständige Kontakte. Kupfer ist, besonders für höhere Ströme, das geeignetere, um aber an Kosten zu sparen, macht man bisweilen den Kontakt selbst aus Messing und versieht ihn mit einem auswechselbaren Plättchen aus Kupfer. Über die Kontakte streift eine Bürste, die sich mit dem Bürstenhalter in dem Mittelpunkt des von den Kontakten gebildeten Kreises dreht. Die Bürste leitet den Strom von den Kontakten zu einem konzentrisch zu ihnen angebrachten Ring. Den für die Bedienung erforderlichen Handhebel selbst als Stromführung zu benutzen, ist nach den Vorschriften des V. D. E. nicht gestattet, er muß vielmehr mit dem Anlassergehäuse verbunden und geerdet werden. Die Kontaktbürsten werden für kleinere Ströme klotzförmig, für größere geblättert hergestellt. Bei letzteren ist es üblich, sie unter einem Bürstenwinkel von 30° anzuschrauben und die Bürsten unter einem Winkel von 25° zuzuspitzen (Bild 33). Die einzelnen Bleche der Bürsten werden an der hinteren Kante schwach verlötet. Dabei darf aber ihre Federkraft nicht beeinträchtigt werden. Der Stufenschalter wird nun an das Widerstandsgehäuse angebaut und mit einer Schutzkappe versehen. In Bild 34 sind die Hauptteile eines Metallanlassers getrennt dargestellt. Auf diese Weise entsteht der Anlasser in seiner einfachsten Ausführung, wie ihn Bild 35 zeigt. Bild 36 ist ein gleicher Anlasser mit einem größeren Widerstand. Diese Art von Anlassern ist die gebräuchliche für normalen und leichten Betrieb. Für kleinere Leistungen bis etwa 2 kW werden sie auch mit Schalter

Bild 31. Stufenschalter eines Metallanlassers.

Bild 32. Vollständige Kontakte eines Metallanlassers.

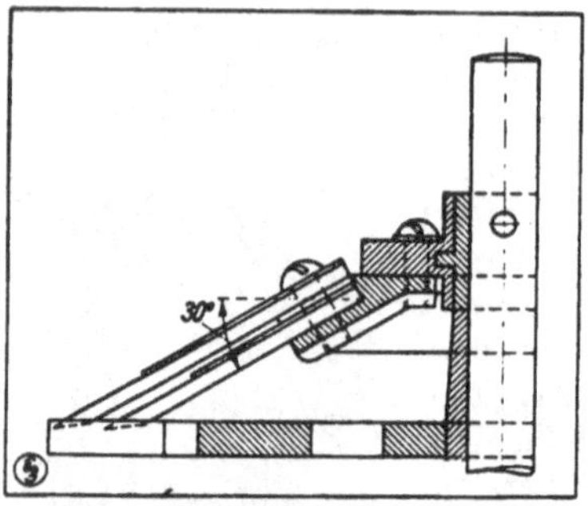

Bild 33. Geblätterte Kontaktbürste für Metallanlasser.

und Sicherungen zu **Schaltrahmen** nach Bild 37 zusammengebaut, die alle nötigen Verbindungsleitungen enthalten. Sie können auch mit Strommesser oder Strom- und Spannungsmesser versehen werden.

Eine andere Form von **Kleinanlassern** ist in den Bildern 38 bis 40 dargestellt. Diese Anlasser werden in gleichartiger Form sowohl für Gleich- und Drehstrom, als auch für Luft- und Ölkühlung (S. 19) ausgeführt. Das Gehäuse ist ganz aus Eisenblech hergestellt, der Deckel kann nach Zurückdrehen von zwei Muttern leicht abgenommen werden; zur Erleichterung der Installation ist die Klemmenschutzkappe herausziehbar angeordnet. Die Kontakte sitzen auf einer Platte aus feuerfestem Baustoff, die beweglichen Schleifkontakte sind Klotzkontakte und werden von einer feuerfesten Isolierbuchse getragen, die gleichzeitig als Knebel zur Betätigung des Anlassers ausgebildet ist. Der Anlaßwiderstand ist auf gerillte Porzellanzylinder gewickelt. Die **Gleichstromanlasser** schalten den Motor einpolig ab. Um den Motor allpolig vom Netz zu trennen, ist noch ein besonderer Hebelschalter erforderlich.

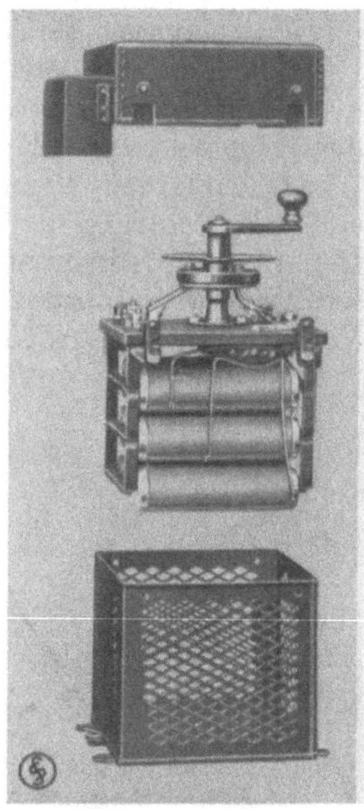

Bild 34. Hauptbestandteile eines Metallanlassers mit luftgekühltem Widerstand.

Die **Drehstromläuferanlasser** für Schleifringmotoren werden mit nicht abschaltbarem Läuferstromkreis ausgeführt. Will man von der Zuverlässigkeit des Bedienenden unabhängig sein, so verwendet man Drehstromanlasser mit eingebautem Ständerschalter. Der gleichzeitig mit dem Anlasserknebel eingeschaltete Ständerschalter bietet den Vorteil, daß der Läuferwiderstand stets vorgeschaltet ist, wenn der Netzschalter eingeschaltet wird, und daß das Kurzschließen des Läuferwiderstandes nach Einschalten des Netzschalters nicht vergessen werden kann. Da bei diesen Anlassern ein besonderer dreipoliger Ständerschalter nicht

Bild 35. Metallanlasser einfachster Ausführung.

mehr nötig ist, so gestaltet sich nicht nur die Montage einfacher, sondern es entsteht hierdurch auch eine Verbilligung der gesamten Anschaffungs- und Montagekosten.

Bild 36. Metallanlasser einfachster Ausführung mit größerem Widerstand.

Der Ständerschalter der kleineren Anlasser besteht aus drei durch einen gemeinsamen Isoliersteg verbundenen Kontakthämmern, die auf der Anlasserplatte befestigt sind. In der Mitte des Isoliersteges befindet sich die Schaltrolle. Beim Einschalten des Anlassers wird zuerst durch einen am Schaltknebel angebrachten Kurvenring vermittels der Schaltrolle der Ständerschalter eingeschaltet und dann werden erst die einzelnen Anlaßstufen kurzgeschlossen. Der Ständerschalter der größeren Anlasser ist dagegen als Walze ausgebildet, die mit dem Bedienungsknebel vereinigt ist und die in zwei Reihen angeordneten Kontakthämmer durch Schleifringe verbindet. Werden diese Läuferanlasser mit Ständerschalter außerdem noch mit Sicherungen nach Bild 40 ausgerüstet, so entsteht eine besonders einfache Montage und eine weitere Verbilligung sowohl der Apparate als auch der Montagekosten. Ein derart kombinierter Apparat stellt gleichsam eine vollständige Schaltanlage dar,

Bild 37. Metallanlasser mit Schalter und Sicherungen zusammengebaut.

Bild 38. Gleichstrom- und Drehstrom Kleinanlasser.

Bild 39. Drehstrom-Kleinanlasser m. eingebautem Ständerschalter, Deckel und Klemmschutzkappe abgenommen.

Bild 40. Drehstrom-Kleinanlasser mit eingebautem Ständerschalter u. eingebauten Sicherungen, geschlossen.

die lediglich die Verbindung mit den Motor- und Netzklemmen erfordert, während alle weiteren Verbindungen in dem kombinierten Apparat enthalten sind. Auch die Versetzung des Antriebes an eine andere Stelle wird dadurch wesentlich erleichtert. Da vor dem Abnehmen des Deckels zwecks Revision der Kontakte erst die Stöpselköpfe der Sicherungen herausgeschraubt werden müssen, wird weiterhin erreicht, daß der Anlasser bei abgenommenem Deckel spannungsfrei ist und ohne Gefahr für das Bedienungspersonal gereinigt werden kann.

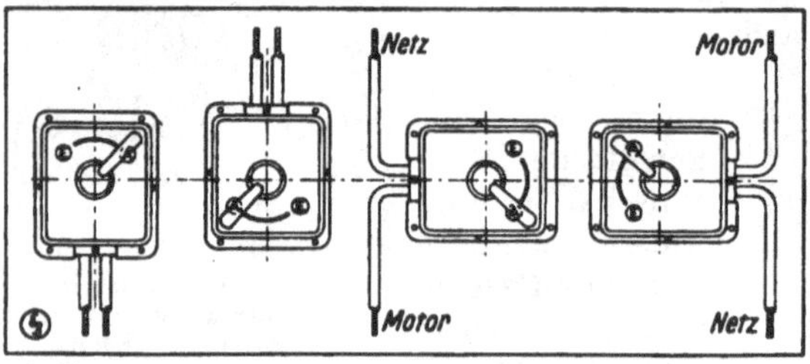

Bild 41. Verschiedene Installationsarten der Kleinanlasser.

Die Anlasser mit Luftkühlung, mit Ausnahme der Anlasser mit eingebauten Sicherungen, können, wie Bild 41 erkennen läßt, in verschiedenen Stellungen montiert werden; zu dem Zweck sind die kleinen Schildchen mit den Stellungsbezeichnungen des Anlassers „*A*“ und „*E*“ (aus- und eingeschaltet) drehbar angeordnet, damit die Bezeichnungen stets aufrecht stehen. Diese Möglichkeit bietet große Vorteile gegenüber der Anordnung, bei der man oft die Zuführungsleitungen um die Anlasser herumführen mußte. Die Montage wird gefälliger und billiger.

Verschiedene Arten von Anlassern.

Je nach der Art des Widerstandsmaterials und seiner Kühlung, ferner nach der Ausführung des Stufenschalters und schließlich nach der Aufgabe, die der Anlasser zu erfüllen hat, unterscheidet man verschiedene Arten von Anlassern, die im folgenden aufgeführt sind.

a) Anlasser mit Luftkühlung.

Der Widerstand wird durch den in ihm fließenden Strom erwärmt. Damit diese Erwärmung besonders bei wiederholtem Anlassen nicht zu stark wird, muß für eine ausreichende Kühlung des Widerstandes Sorge getragen werden. Die einzelnen Widerstandselemente sind daher in genügender Entfernung voneinander anzuordnen. Die Luft muß überall zutreten können und im Umlauf nicht behindert sein. Die obere und untere Fläche des Widerstandsgehäuses werden deshalb mit Drahtgeflecht oder gelochtem Blech versehen, bei kleineren Gehäusen ebenso die Seitenwände. Bei größeren Kästen geschieht das letztere nicht, man erzielt vielmehr durch geschlossene Seitenwände einen schornsteinartig wirkenden starken Luftumlauf.

b) Anlasser mit Ölkühlung.

Bild 42. Anlasser mit Ölkühlung, mit und ohne Schutzkappe.

Luftgekühlte Widerstände erwärmen sich rasch und können nur wenig Energie in Form von Wärme aufnehmen. Das ist ein Nachteil besonders in solchen Fällen, in denen eine lange Anlaßzeit erforderlich ist. Man erhöht dann die Wärmeaufnahmefähigkeit des Widerstandes durch Ölkühlung. Das Gefäß, das den Widerstand enthält, wird als Ölbehälter ausgeführt und bis oben mit Öl gefüllt, so daß die sich entwickelnde Wärme an diese abgeführt wird (Bild 42). Bei dieser Ausführung ist auch das Ansetzen von Staub an dem Widerstandsmaterial vermieden, was für Anlasser, die in staubigen Räumen stehen, wertvoll ist. Es ist zu beachten, daß diesen Anlassern nach jedem Anlassen genügend Zeit zum Abkühlen gelassen wird (näheres hierüber siehe S. 52). Über Anlasser mit Ölkühlung für große Leistungen vgl. S. 37.

Bild 43. Anlaßwalze, Walze ohne Kontaktsegmente.

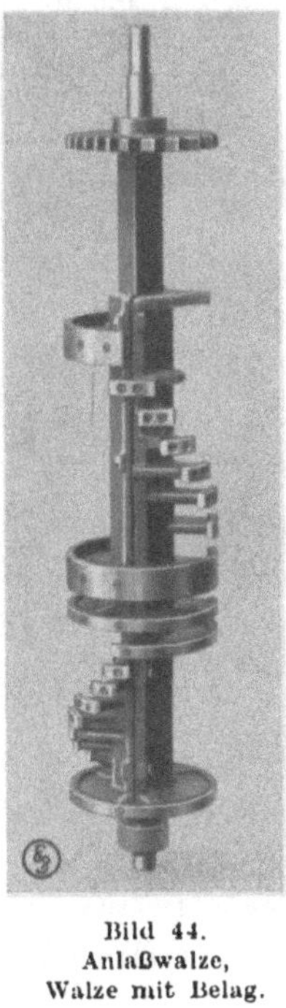

Bild 44. Anlaßwalze, Walze mit Belag.

c) Anlaßwalzen.

Die Leistungsfähigkeit eines Anlassers ist außer durch den Widerstand auch durch die Kontakte bestimmt. Der auf S. 15 beschriebene Stufenschalter eignet sich für seltenes Anlassen sehr gut, soll aber der Anlasser für häufiges Anlassen (bis zu 20 mal in der Stunde) benutzt werden, so nützen sich die Kontakte zu schnell ab. Man verwendet des-

Bild 45. Kontakthammer einer Anlaßwalze.

halb an Stelle des Stufenschalters einen Schalter in Walzenform. Die Kontaktwalze setzt sich aus einzelnen Schaltringhaltern zusammen (Bild 43), deren Anzahl und Zusammenstellung sich nach der beabsichtigten Schaltung richtet. Die gußeisernen Schaltringhalter sind auf einer mit Repelit umpreßten Vierkantachse mittels Schellen und Schrauben befestigt. Auf die Schaltringhalter sind die Kontaktringe mit ihren auswechselbaren Brennstücken geschraubt (Bild 44).

Die einzelnen Schaltstellungen sind durch ein Sperrad in Verbindung mit Sperrhebel und Feder fühlbar gemacht und an einem Skalenring bezeichnet. Ein kräftiger, magnetischer Funkenbläser sorgt bei Gleichstrom-Anlaßwalzen für ein rasches und sicheres Erlöschen des Schaltfeuers in der Aus-

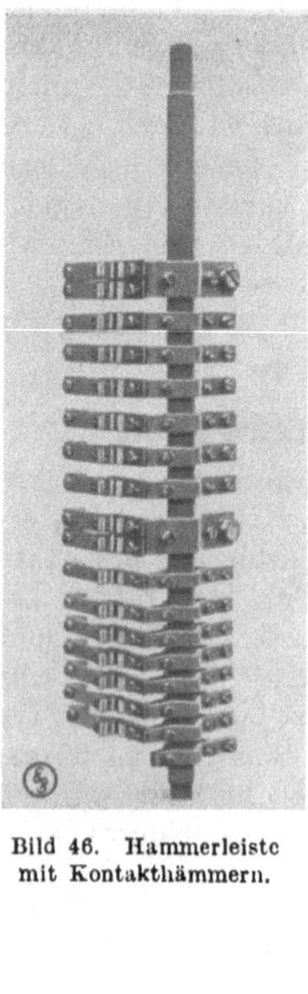

Bild 46. Hammerleiste mit Kontakthämmern.

Bild 47. Gehäuse einer Anlaßwalze und Abdeckung.

schaltstellung. Die für die Abschaltung in Frage kommenden Hämmer sind gegen Überschlag des Schaltfeuers durch Funkenfächer aus nicht leitendem Material geschützt. Die Funkenfächerrückwand besteht aus Isoliermaterial und ist bei Gleichstromwalzen an das Rückschlußeisen des Funkenbläsers angeschraubt.

Bild 48. Anlaßwalze offen und geschlossen.

Die Kontakthämmer sind als Federhämmer ausgeführt (Bild 45) und in ähnlicher Weise wie die Schaltringhalter mit Schellen auf der vierkantigen mit Repelit umpreßten Hammerleiste befestigt (Bild 46). Um die am meisten sich abnützenden Hammerköpfe leicht auswechseln zu können, sind sie angeschraubt. Sie werden durch Einstellschrauben eingestellt. Das Eisengehäuse ist nur in der Rückwand mit einem Schlitz für die Zuleitungen versehen. Es besteht aus drei Teilen: der Rückwand mit dem Fuß, dem Deckel und der Schutzkappe (Bild 47). Die Hammerleiste ist an der Rückwand befestigt, so daß der Deckel nach Lösen einiger Schrauben und bei zurückgeklapptem Rückschlußeisen mit der Kontaktwalze aus dem Gehäuse entfernt werden kann. Alle Verbindungen innerhalb der Anlaßwalze, sowie deren Außenverbindungen sind leicht zugänglich. Vollständige Anlaßwalze siehe Bild 48, offen und geschlossen.

Anlaßwalzen für Umkehrung der Drehrichtung des Motors haben eine besondere, eingebaute Umschaltwalze, die getrennt von der Hauptwalze durch Handhebel zu bedienen ist. Die beiden Walzen sind so untereinander verriegelt, daß die Umschaltwalze nur bei ausgeschalteter

Bild 49. Gußeisenwiderstand für Anlaßwalzen.

Bild 50. Kleine Anlaßwalze.

Hauptwalze betätigt werden kann. Das Umschalten an ersterer geschieht somit stromlos. Die Umschaltwalze ist ähnlich wie die Hauptwalze ausgeführt. Die Widerstände werden stets in einem Kasten zusammengebaut nach Bild 49 und getrennt von der Anlaßwalze aufgestellt. Je nach der Stromstärke kommen Draht- oder Gußeisenwiderstände in Frage, deren Aufbau bereits früher beschrieben ist (S. 12). Für kleinere Leistungen bis 4,4 kW und etwa sechsmaliges Anlassen in der Stunde werden die Anlaßwalzen liegend angeordnet, wie in Bild 50 dargestellt. Nach den gleichen Gesichtspunkten wie die Anlaßwalzen sind auch die Anlaßschalter (Walzenschalter) gebaut, die auf S. 1 erwähnt sind. Bild 51 zeigt ihre äußere Form mit vier verschiedenen Antriebsarten. Bei den Antrieben *F* und *W* sind Anschläge und Sperrstellungen vorgesehen, bei den Antrieben *D* und *Z* müssen diese in das Antriebsorgan (Gestänge oder dgl.) verlegt werden. Die Schalter sind mit Bohrungen zur Einführung von 18 mm Peschelrohr versehen. Gehäuse und Lager bestehen aus kräftigem Guß. Die geschlossene Blechhaube kann mit einem Griff aufgesetzt bzw. entfernt werden. Kontaktsegmente und Kontakthämmer sind leicht und schnell auswechselbar. Der gleiche Apparat wird nach Bild 52 auch als Sterndreieckschalter benutzt (vgl. S. 3). Die erforderlichen Schaltungen können nicht in falscher Reihenfolge ausgeführt werden; man kann nur über die Anlaßstellung (Sternschaltung) in die Betriebstellung (Dreieckschaltung) gelangen. In der Ausschaltestellung des Schalters ist der Motor allpolig vom Netz abgeschaltet.

Bei einem einfachen Sterndreieckschalter ist zwar die Aufeinanderfolge der Schaltungen zwangläufig, es kann aber vorkommen, daß der Schalter beim Anlassen des Motors nur bis in die erste Stellung, also in die Sternschaltung geschaltet wird; die Folge davon ist, daß der Motor überlastet wird, da eine Wicklung in der Sternschaltung nicht die volle Netzspannung, sondern nur die 0,85fache Netzspannung erhält und das erforderliche Drehmoment unter starker Stromaufnahme zu erreichen ver-

Bild 51. Anlaßschalter in Walzenform.

sucht. Es kann aber auch vorkommen, daß die Betätigung des Schalters beim Übergang von der Stern- auf die Dreieckschaltung zögernd erfolgt, wobei der Motor in seiner Drehzahl abfällt und infolgedessen in der Dreieckstellung einen hohen Beschleunigungsstrom aufnimmt. Schließlich ist es möglich, daß die Sternstellung zu rasch überschaltet wird, bevor der Motor nahezu seine asynchrone Drehzahl erreicht hat.

Bild 52. Sterndreieckschalter.

Diese Übelstände werden bei dem Sterndreieckschalter mit Sprungschaltung beseitigt (Bild 53 und 54). Es ist unmöglich, daß der Schalter in der Sternstellung beim Loslassen des Bedienungshebels stehen bleibt, da er aus dieser Stellung durch eine Feder in die Ausschaltstellung wieder zurückgezogen wird. Ein unmittelbares Überschalten von der Sternschaltung auf die Dreieckschaltung ist ebenfalls nicht möglich; der Bedienende wird durch einen Anschlag darauf aufmerksam gemacht, in der Sternschaltung solange zu verweilen, bis der Motor hochgelaufen ist, und das Weiterschalten auf Dreieck wird erst nach einer kleinen Querbewegung des Bedienungshebels ermöglicht; hierbei schnappt der Schalter schnell in die Dreieckstellung, so daß der Motor inzwischen in der Drehzahl nicht abfallen kann und nur ein mäßiger Stromstoß auftritt. Diese Bauart entspricht also den vom V. D. E. aufgestellten „Bedingungen für den Anschluß von Motoren an öffentliche Elektrizitätswerke", in denen unter § 12 gefordert wird, daß ein Drehzahlabfall während des Überganges von der Anlaß- zur Betriebstellung verhindert werden muß.

Bild 53. Sterndreieckschalter mit Sprungschaltung in Blechgehäuse, Deckel abgenommen.

Das Gehäuse ist aus starkem Eisenblech hergestellt, die Schaltwalze besteht aus einem Porzellankörper mit aufgekitteten Kontakten. Die leicht auswechselbaren Kontakthämmer sitzen auf starken Porzellanleisten. Um ein Stauchen der Hämmer zu verhüten, sind sie durch eine entsprechend geformte Unterlage abgefangen. Die Schutzkappe wird durch zwei Kniehebelverschlüsse stramm auf die Stirnflächen des Gehäuses gepreßt.

Der Sterndreieckschalter wird mit und ohne Sicherungen ausgeführt. Die Sicherungen brauchen bei diesen Schaltern nur für den 1,8fachen Nennstrom vorgesehen zu werden.

Bild 54. Sterndreieckschalter mit Sprungschaltung, gußeisengekapselt.

Bild 55. Anlaßwalze mit Ölkühlung.

Für staubige Betriebe sowie für Aufstellung in explosionsgefährlichen und solchen Räumen, die ätzende Dämpfe enthalten, finden **Anlaßwalzen mit Ölkühlung** Verwendung. Bei diesen tauchen die am Deckel befindlichen wagerecht angeordneten Schaltwalzen und der Widerstand bei geschlossener Anlaßwalze in einen mit Öl gefüllten, geschweißten Blechbehälter (Bild 55). Nach Lösen der Anschlußklemmen können bei einigen Konstruktionen Schaltwalze und Widerstand aus dem Behälter herausgenommen werden (Bild 56). Die Gleichstromwalzen *K* 474 werden ausschaltbar geliefert. Die Drehstromwalzen werden für Spannungen bis 1000 V mit oder ohne dreipoligen Ständerschalter ausgeführt, bei höheren Spannungen nur ohne Ständerschalter. In diesem Falle erhalten sie einen Abhängigkeitskontakt, durch den der entsprechend ausgeführte, getrennte Ständerschalter *R* 867 elektromagnetisch derart verriegelt wird, daß er nur in der Ausschaltestellung der Walze eingeschaltet werden kann. Sie können auch mit einem Schütz *K* 270, 276, 376 bzw. 375 oder ähnlichen elektrisch so verbunden werden, daß dieses beim Einschalten von der Nullstellung in die erste Anlaßstellung einspringt. Bei Drehstromwalzen *K* 473 kann der eingebaute Ständerschalter mit Überstrom- und Spannungsrückgangsauslösung versehen werden. Auf die Anlaßwalze kann ein

Bild 56. Anlaßwalze mit Ölkühlung ohne Behälter.

Stromzeiger aufgebaut werden. Anlaßwalzen mit Ölkühlung können bei Drehstrommotoren als Modell *K* 573 auch seitlich an den Motor angebaut werden (Bild 57). Die angebauten Anlaßwalzen entsprechen in Ausführung und Schaltung genau den vorbeschriebenen Walzen, sie sind nur noch mit dem Bürstenabheber des Motors so verbunden, daß am Schluß der Anlaßperiode beim Weiterdrehen des Handrades die Bürsten abgehoben und die Schleifringe kurzgeschlossen werden. Es wird also durch einfaches Drehen des Handrades der Motor an das Netz angeschlossen, der Anlasser und zuletzt der Bürstenabheber betätigt. Die angebaute Anlaßwalze eignet sich daher besonders für Bedienung durch ungeschultes Personal.

Bild 57. Drehstrommotor mit angebauter Anlaßwalze mit Ölkühlung.

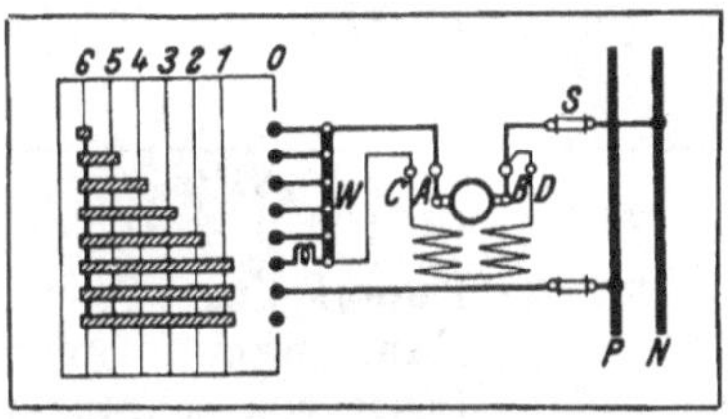

Bild 58. Schaltbild einer Anlaßwalze, normale Ausführung für Gleichstrom.

Ebenso wie die Anlasser mit künstlicher Kühlung sind die Anlaßwalzen mit Ölkühlung nur für seltenes Anlassen zu verwenden. Die Montage ist denkbar einfach, nach Anschluß der drei Zuleitungen ist der Motor betriebsfertig.

In Bild 58 ist die Schaltung einer normalen Anlaßwalze für Gleichstrom dargestellt.

Den Anlaßwalzen ganz ähnlich im Aufbau sind, wie Bild 59 zeigt, auch die **Steuerwalzen**, die zum Anlassen und Steuern der Motoren in aussetzenden Betrieben, z. B. im Kranbetriebe und bei verwandten Transporteinrichtungen verwandt werden, jedoch sind sie, den Anforderungen des Kranbetriebes entsprechend, kräftiger gehalten. Wesentlich verschieden ist nur der Kontakthammer (Bild 60), der sich von denjenigen der Anlaßwalzen dadurch unterscheidet, daß der

Bild 59. Geöffnete Steuerwalze mit herausgeklapptem Funkenbläser-Rückschlußeisen.

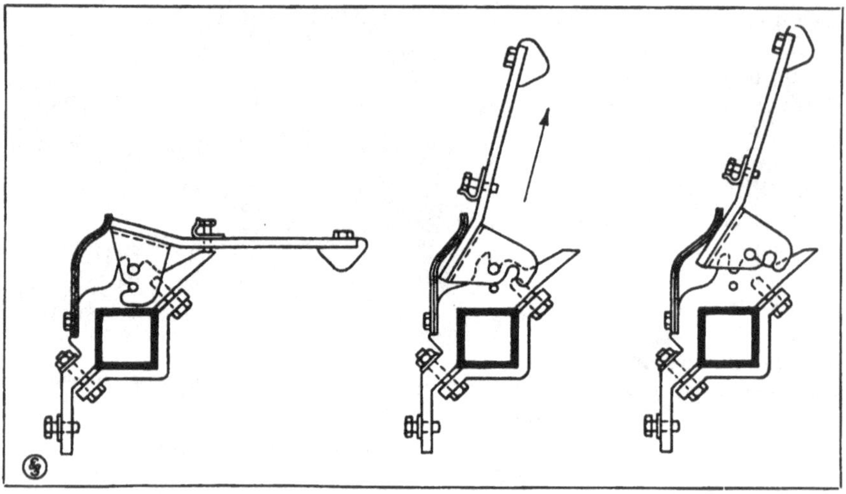

Bild 60. Bild 61. Bild 62.
Kontakthammer der Steuerwalze in verschiedenen Stellungen.

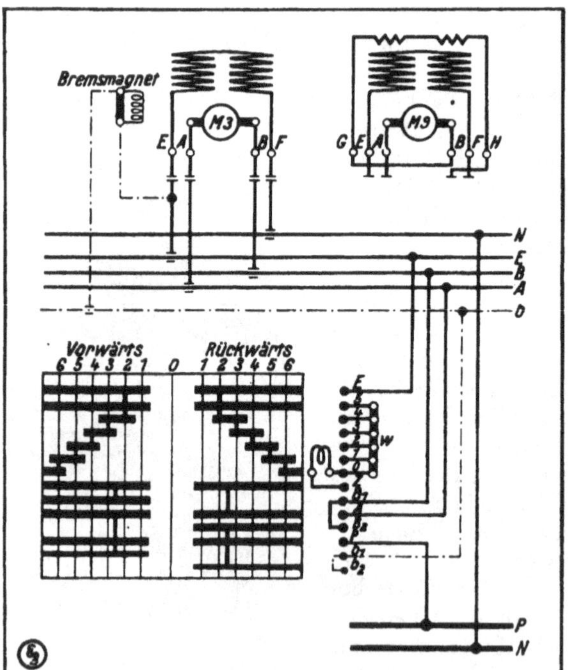

Bild 63. Schaltbild einer Gleichstrom-Steuerwalze für Fahrwerke.

Kontaktfinger mit Hammerkopf ohne Lösen von Schrauben oder sonstigen Verbindungen und ohne Zuhilfenahme von Werkzeugen herausgenommen und ebenso wieder eingesetzt werden kann. Der Hammerkopf kann dann ganz getrennt von der Walze ausgewechselt und die Kontaktfinger können zu neuer Verwendung bereitgehalten werden. Dadurch wird das Auswechseln der dem Verschleiß am meisten unterworfenen Hammerköpfe außerordentlich vereinfacht und beschleunigt, was im Kranbetrieb von nicht geringer Bedeutung ist. Um den Kontaktfinger zu entfernen, ist nur ein Zug in der Richtung des Pfeiles (Bild 61) erforderlich. Beim Wiedereinsetzen wird der Hammer mit der rechten Hand gefaßt, das hintere Ende in die in Bild 62 gezeichnete Stellung gebracht und eingedrückt. — Das Schaltbild einer Gleichstromsteuerwalze in einfachster Ausführung ist in Bild 63 dargestellt. Ebenso wie die Steuerwalzen sind auch die Fahrschalter konstruiert (Bild 64), die im elektrischen Bahnbetriebe Verwendung finden. Es hat sich nur eine andere Form von Kontakthämmern herausgebildet nach Bild 65, die fast allgemein üblich ist. Das Schaltbild eines Straßenbahnfahrschalters normaler Ausführung zeigt Bild 66. Steuerwalzen und Fahrschalter gehören ihrer Bestimmung gemäß zu den im II. Teil beschriebenen Regelanlassern.

Bild 64. Fahrschalter für Straßenbahnbetrieb.

d) Steuerschalter.

In solchen Betrieben, in denen besonders häufiges, Tag und Nacht währendes Anlassen und Umschalten des Motors die Regel bildet, werden vorteilhaft die nachstehend beschriebenen Steuerschalter verwendet. In erster Linie kommen hierfür die verschiedenen Antriebe der Hüttenwerke, Hüttenkrane, Förderhaspel, Rollgänge, schwere Schleppzüge usw. in Frage, die erfahrungsgemäß die angestrengtesten und rauhesten Betriebe aufweisen.

Das Gehäuse und die äußeren Abmessungen des Steuerschalters sind denen der Anlaßwalze ähnlich (Bild 67). Der gußeiserne Rahmen mit Fuß und aufgeschraubtem Gehäusedeckel bildet das Gehäuse, das an der Rückwand und gegen die Standfläche durch Eisenblech abgedeckt ist. An der Vorderseite vervollständigt die Schutzkappe aus Eisenblech den allseitigen Abschluß. Schutzkappe und hinteres Abdeckblech werden mittels kräftiger Kniehebelverschlüsse befestigt, die mit wenigen Handgriffen eine Freilegung des Schalterinnern ermöglichen. Die Kontakte, die als Druckkontakte ausgebildet sind, bestehen aus einem feststehenden, leicht nachzustellenden und auswechsel-

Bild 65. Kontakthammer eines Straßenbahn-Fahrschalters.

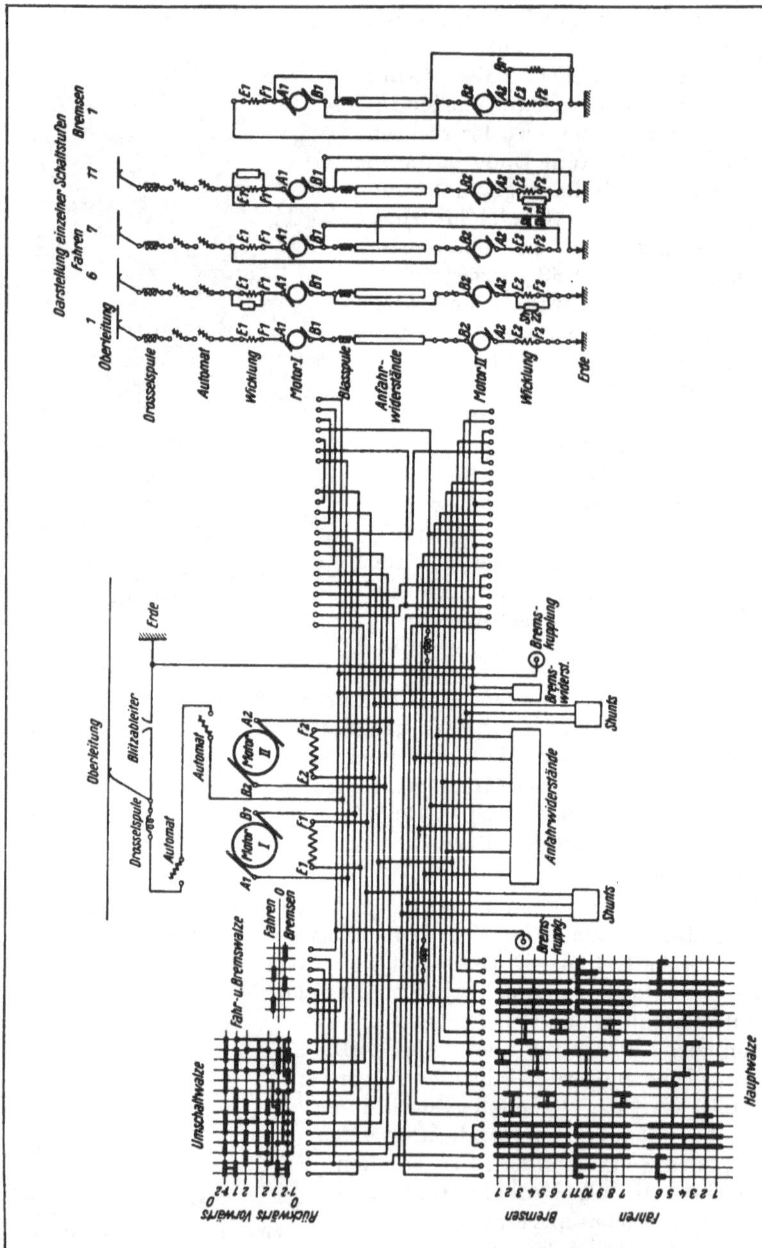

Bild 60. Schaltbild eines Fahrschalters für Straßenbahnen.

Bild 67.
Steuerschalter, geschlossen.

Bild 68.
Steuerschalter, vorderes Schutzblech abgenommen.

baren Kupferkontakt und einem Kontakthammer mit gleichfalls auswechselbarem Kupferkontakt. Der Kontakthammer (Bild 69), der in einem Scharnier beweglich ist, führt keine schleifende Bewegung aus, sondern wird durch Drehen einer mit Kurvenringen versehenen Schaltwelle auf den feststehenden Kontakt aufgelegt bzw. von diesem abgehoben. Der Hauptvorteil dieser Anordnung liegt darin, daß die Sicherheit des Kontaktes auch dann bestehen bleibt, wenn die beiden den Kontakt bewirkenden Teile sich abnutzen. Ferner liegt der Hebelkontakt bei Stromschluß sofort mit der ganzen Fläche auf und hebt sich beim Öffnen gleichzeitig mit der ganzen Fläche ab, ein Abbrennen einzelner Stellen findet daher kaum statt. Zur Erhöhung der Lebensdauer der Kontakte wird im allgemeinen an jedem Kontakt ein magnetischer Funkenbläser angebracht. Nur in leichteren Betrieben wird bei Drehstrom auf die Funkenbläser an den Kontakten des Läuferstromkreises verzichtet. Hat nach längerem Betriebe die Abnutzung einen gewissen Grad erreicht, so können die Kontakte durch Einfügen von metallischen Unterlegplatten nachgestellt

Bild 69. Hammer eines Steuerschalters.

Bild 70. Gleichstrom-Schütz.

werden. Bei vollständiger Abnutzung können sie leicht durch neue ersetzt werden.

Die Reihenfolge in der Betätigung der Hämmer ist von der Anordnung der Kurvenscheiben auf der Schaltwelle abhängig. Mit Hilfe dieser Scheiben können die verschiedensten Schaltungen ausgeführt werden. Die Steuerschalter werden entweder mit Handrad wie in Bild 68 oder mit seitlichem Hebel ausgerüstet.

e) Schützensteuerungen.

Zum Steuern von großen Motoren fallen die handgesteuerten Steuerwalzen, Fahrschalter und Steuerschalter sehr groß aus, und ihre Betätigung erfordert einen Kraftaufwand, dem der Führer vielfach nicht gewachsen ist. Für derartige Betriebe ist die Schützensteuerung durchgebildet worden.

Die Schütze sind elektromagnetisch betätigte Einzelschalter. In Bild 70 ist ein solches dargestellt, wie es im Kranbetrieb verwendet wird.

Die Hauptkontakte sind Wälzkontakte. Beim Schließen und Öffnen wälzt sich der bewegliche Kontakt am feststehenden ab. Hierdurch werden Schmelzperlen und Unebenheiten vermieden und dauernd blanke Kontaktflächen erzielt. Ein kräftiger Funkenbläser mit Funkenschutzkasten sorgt außerdem für ein rasches Erlöschen des Schaltfeuers. Der Hauptkontakt mit Funkenbläser und die Anschlußstücke für die Zuleitungen sind auf einer starken Platte aus Isoliermaterial befestigt. Zum Steuern oder Schalten der Schütze wird eine Steuerwalze, wie auf S. 25 beschrieben, hier Meisterwalze genannt, verwendet. Die mit Steuerwalzen zur unmittelbaren Motorsteuerung üblichen Schaltungen lassen sich auch mit Schützensteuerung ausführen.

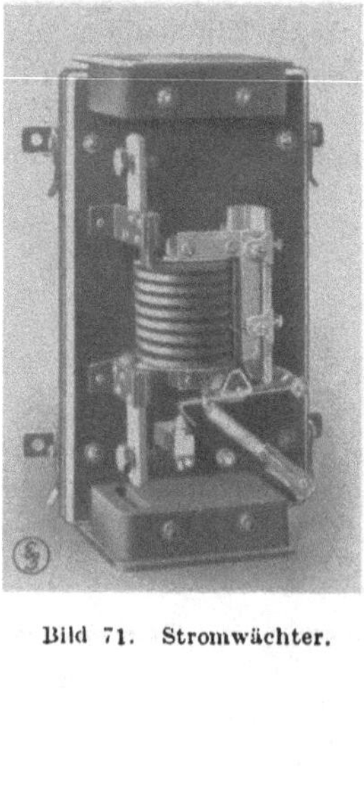

Bild 71. Stromwächter.

Bei großen Motorleistungen und scharfem Betrieb ist es wichtig, den Motor vor zu großem Anlaßstrom zu schützen, dabei aber doch die kürzeste Anlaßzeit zu erreichen. Diese Bedingungen lassen sich bei Gleichstrom leicht erfüllen, weil man die Schützspulen von der zunehmenden Ankerspannung des Motors abhängig machen kann. Bei Drehstrom ist diese Schaltung aber nicht möglich, es hat sich deshalb hierfür die Stromwächterschaltung entwickelt und auch für Gleichstrom eingeführt.

Der **Stromwächter** (Bild 71) ist ein Relais, das bei Gleichstrom vom Motorstrom, bei Drehstrom vom Strom einer Ständerphase durchflossen wird. Die Steuerleitungen für die Erregung der Schützspulen sind so geschaltet, daß das in der Reihe folgende Schütz erst Erregerstrom erhalten kann, wenn das vorausgegangene Schütz eingeschaltet und der Stromwächter den Überwachungskontakt geschlossen hat.

Ein besonders übersichtliches Rollgangs-Schützenschaltwerk mit Stromwächter-Schaltung ist in Bild 72 für Gleichstrom und in Bild 73 für Drehstrom dargestellt.

Die Schaltung ist so getroffen, daß die zu bewegenden Teile des Rollganges in kürzester Zeit und mit geringstem Stromverbrauch, sowohl bei Gleichstrom als auch bei Drehstrom, beschleunigt werden. Besondere Aufmerksamkeit auf die Einhaltung der bei gewöhnlichen Anlaß-Schaltungen erforderlichen Schaltzeiten ist nicht erforderlich. Das Steuerorgan der Meisterwalze kann beim Einschalten gleich bis in die Endlage gebracht werden, ohne daß dadurch

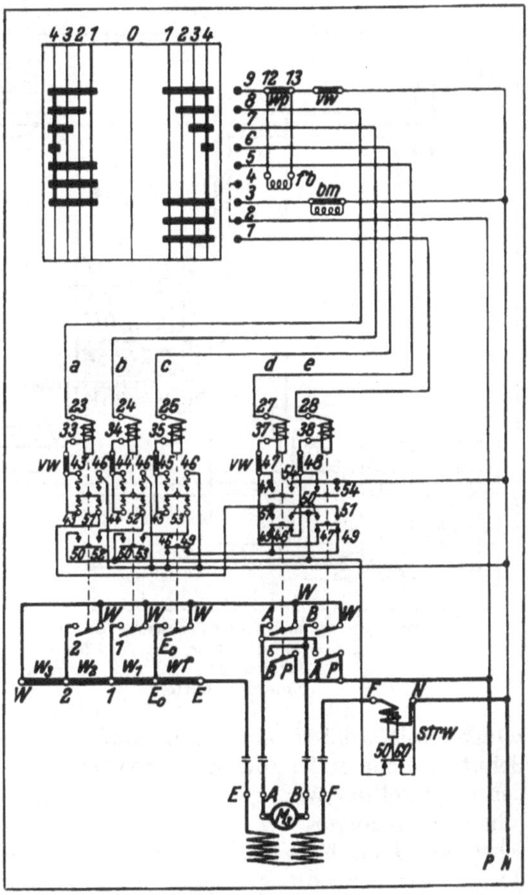

Bild 72. Stromwächter-Schaltung für Gleichstrom (einfache Umkehrung).

a, b, c = Stufenschütze,
d, e = Umschaltschütze,
strw = Stromwächter,
bm = Nebenschlußbremsmagnet,
w_1, w_2, w_3, *wf* = Anlaßwiderstände,
vw = Vorschaltwiderstand.

der Motor durch zu hohe Stromstöße gefährdet wird. Die Größe der auftretenden Stromstöße ist nur von der Stufenzahl des Widerstandes und dem eingestellten Weiterschaltstrom des Stromwächters abhängig. Die Einstellung des Anzugs- und Weiterschaltstromes ist an Ort und Stelle innerhalb größerer Grenzen möglich.

Der Schutz für den Motor bzw. die Beherrschung des Anlaßvorganges ist dadurch erreicht, daß die Kontakte des Stromwächters so auf die ein-

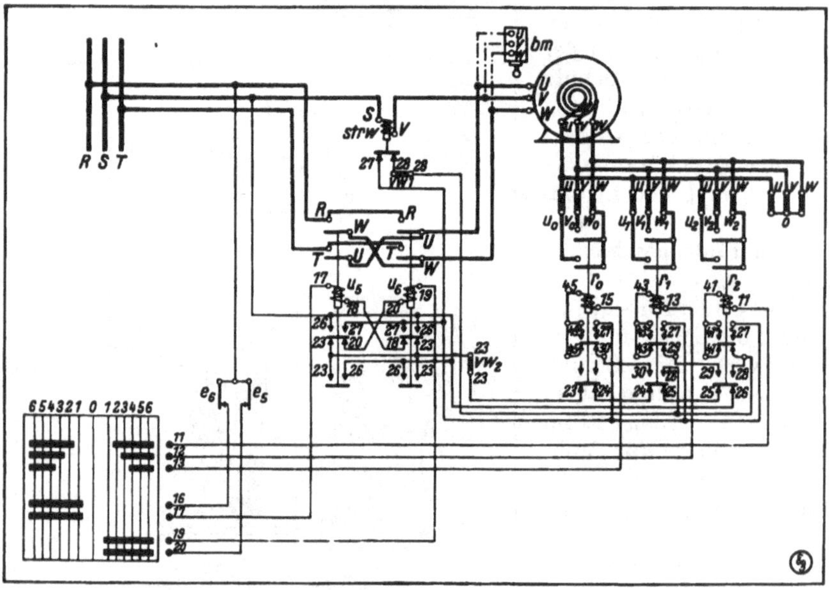

Bild 73. Stromwächter-Schaltung für Drehstrom (einfache Umkehrung).

r_0, r_1, r_2 = Stufenschütze, *bm* = Bremsmagnet,
strw = Stromwächter, *u*, *v*, *w* = Anlaßwiderstände,
U = Umschaltschütze, *vw* = Vorschaltwiderstand.

zelnen Anlaßschütze einwirken, daß das in der Schaltreihe folgende Schütz immer erst dann ausgeschaltet wird, wenn der Anlaßstrom auf den eingestellten Wert gesunken ist, so daß beim Einschalten des nächstfolgenden Schützes der Stromstoß einen bestimmten Wert nicht überschreitet. Auch beim raschen Umschalten der Motordrehrichtung werden durch entsprechend angeordnete Abhängigkeitskontakte an den Schützen im Zusammenarbeiten mit dem Stromwächter unzulässige Stromstöße vermieden.

f) Flüssigkeitsanlasser.

Die Flüssigkeitsanlasser unterscheiden sich in der Bauart grundsätzlich von den bisher beschriebenen Anlassern. Die in den beiden Hauptteilen eines Anlassers, nämlich dem Widerstand und dem Stufenschalter, auftretenden konstruktiven Schwierigkeiten wachsen in dem Maße, wie die Größe des Motors zunimmt, namentlich wenn häufigeres Anlassen verlangt wird. Die Ölkühlung des Widerstandes allein genügt dann nicht mehr, und man muß zu einer künstlichen Kühlvorrichtung in Form von eingebauten Wasserschlangen und dgl. greifen. Ebenso bereitet die Ausbildung des Stufenschalters bei Großanlassern erhebliche Schwierigkeiten, und bei starker Benutzung des Anlassers treten leicht Beschädigungen der Kontakte auf. Diesen Schwierigkeiten geht man aus dem Wege bei den Flüssigkeitsanlassern, wie sie in Bild 74 schematisch dargestellt sind. Der Widerstand wird durch eine Sodalösung gebildet, diese läßt sich auch für die größten Leistungen verhältnismäßig preiswert beschaffen. Die in die Flüssigkeit eintauchenden Elektroden aus Stahlblech treten an die Stelle des Stufenschalters, und die Funktion der Bürste beim Metallanlasser übernimmt hier die veränderliche Eintauchfläche der keilförmigen Elektroden. Die Leitfähigkeit der Flüssigkeit läßt sich durch Änderung des Sodazusatzes in weiten Grenzen ändern (sie beträgt bei einer 10 proz. Sodalösung etwa 84mal soviel wie die Leitfähigkeit von reinem Wasser), die Flüssigkeitsanlasser können daher auch nachträglich noch der Netz- oder Läuferspannung des Motors angepaßt werden, während bei Metallwiderständen von vornherein eine genaue Berechnung der Widerstandstufen unter Berücksichtigung der Spannung und Stromstärke des Motors erforderlich ist. Flüssigkeitsanlasser sind besonders für Hüttenbetriebe, Bergwerke, chemische Fabriken und dgl. geeignet, sie sind aber auch sehr beliebt als Reserveanlasser wegen ihrer Einfachheit und Billigkeit sowie Verwendbarkeit für Motoren verschiedener Größe. Sie können für Gleich- und Drehstrom Verwendung finden, eignen sich aber besonders für letzteren. In Bild 74 sind *Eb* die Eintauchbleche, *Kk* die Kurzschlußkontakte, in welche die Kurzschlußmesser *Km* eingreifen. Da die Anlasser für Drehstrommotoren „nicht abschaltbar“ sein sollen, um zu ver-

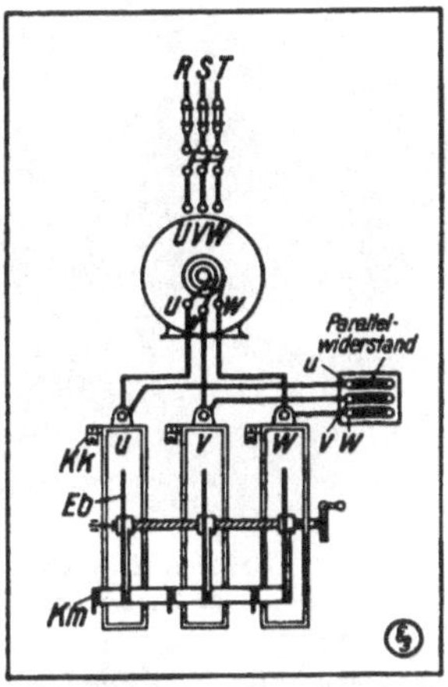

Bild 74. Schematische Darstellung eines Flüssigkeitsanlassers für Drehstrom.
Eb = Eintauchbleche,
Kk = Kurzschlußkontakte,
Km = Kurzschlußmesser.

Bild 75. Kleinerer Flüssigkeitsanlasser für Gleich- und Drehstrom.

Bild 76. Größerer Flüssigkeitsanlasser für Drehstrom.

hindern, daß beim Abschalten mit offenem Läuferstromkreis Überspannungswellen auftreten, die die Ständerwicklung gefährden, sind die Elektroden so ausgeführt, daß sie bei normalem Wasserstand niemals aus dem Wasser austauchen und den Läuferstromkreis unterbrechen können. Trotzdem kann bei unaufmerksamer Bedienung durch Verdunsten des Wassers eine Unterbrechung des Nullpunktes eintreten. Es empfiehlt sich deshalb bei Leistungen über 20 kW, wenn die Netzspannung höher als 2000 V ist, Wasserstandsregler zu verwenden oder zu den Flüssigkeitsanlassern feste Metallwiderstände parallel zu schalten, deren Widerstand so groß ist, daß auch bei ausgetauchten Elektroden (d. h. bei stark verdunstetem Wasser oder abgefressenen Elektroden) Überspannungen in der Ständerwicklung beim Abschalten unschädlich gemacht werden.

Die Flüssigkeitsanlasser können auch als Ständeranlasser für Drehstrommotoren mit Sternschaltung und aufgelöstem Nullpunkt benutzt werden. Die kleineren Anlasser nach Bild 75 haben ein gemeinsames Gefäß, das isoliert in das Gehäuse eingebaut ist und eine der drei Elektroden darstellt, die beiden anderen tauchen in das Gefäß. Dieses sowohl wie die beiden Tauchelektroden werden an die Schleifringe des Motors angeschlossen. Die größeren Anlasser dagegen haben drei voneinander isolierte Gefäße, die mit den Schleifringen des Motors verbunden werden, während die unter sich verbundenen Elektroden den Sternpunkt bilden. Bild 76 zeigt die äußere Form dieser Flüssigkeitsanlasser, und in Bild 77 ist er in seine einzelnen Bauteile zerlegt.

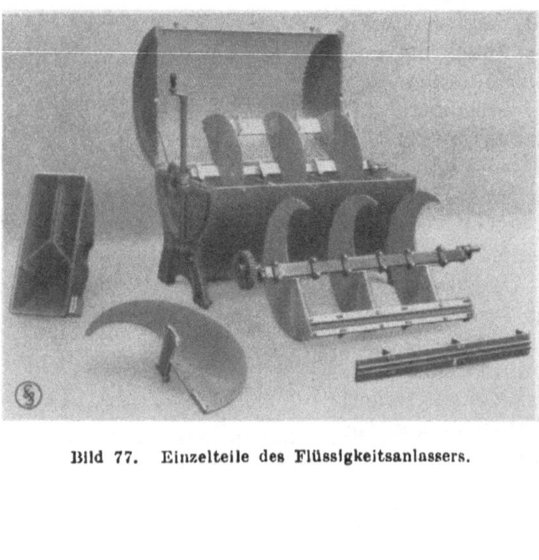

Bild 77. Einzelteile des Flüssigkeitsanlassers.

Für Motoren von über 1000 kW oder für solche Fälle, wo größere Leistungen dauernd abzuführen sind, werden die Anlasser nach Bild 78 verwendet, die auch mit künstlicher Kühlung ausgerüstet werden können. Diese geschieht entweder durch eingebaute Kühlschlan-

Bild 78. Flüssigkeitsanlasser mit eingebauter Kühlschlange.

gen, durch die Kühlwasser fließt, oder durch Oberflächenkühler, die ähnlich gebaut sind, wie die bekannten Wasservorwärmer in Dampfkesselanlagen. Das Kühlwasser wird durch die Röhren geleitet und die zu kühlende Sodalösung durch eine Umlaufpumpe in entgegengesetzter Richtung bewegt.

Eine weitere Bauart von Flüssigkeitsanlassern, besonders für unmittelbaren Antrieb von Fördermaschinen durch einen Drehstrommotor bestimmt, ist in Bild 79 dargestellt. Der Steuerbock dient gleichzeitig zum Steuern des Ständerumschalters. Die Elektroden stehen bei dieser Bauart fest, und zum Zweck des Anlassens wird mittels einer dauernd betriebenen Umlaufpumpe die Flüssigkeit aus dem unteren Sammelbehälter in das obere Gefäß herauf-

Bild 79. Flüssigkeitsanlasser mit Umlaufpumpe für Drehstrom-Fördermaschinen.

gepumpt. Ist ein durch eine Kette angetriebener Rundschieber, der das obere Gefäß abschließt, geöffnet, so fließt das Wasser sofort wieder in das untere Gefäß ab. Wird dagegen der Schieber geschlossen, so steigt der Wasserspiegel im oberen Gefäß langsam aufwärts. Diese Anordnung entspricht daher ohne weiteres der Forderung, daß der Motor nicht zu schnell angelassen werden darf. Zum Ausschalten des Motors wird der Rundschieber geöffnet, so daß das obere Gefäß sich entleeren kann. Die Rückkühlung der Flüssigkeit erfolgt durch Kühlkörper mit Rippen, die in dem Untergefäß eingebaut sind.

Bild 80. Heißwasseranlasser.

Die Flüssigkeitsanlasser haben einen Nachteil; die Leitfähigkeit der Sodalösung ist nicht nur abhängig von ihrer Konzentration, sondern auch von der Temperatur. Bei 100° C ist sie etwa 2,7 mal so groß wie bei 20° C. Der Schlußwiderstand ist daher bei kaltem Anlasser sehr groß, verglichen mit dem eines bereits erwärmten Anlassers. Es wäre daher zweckmäßig, Flüssigkeitsanlasser möglichst mit 100° C zu betreiben, den Elektrolyten in der Zeit bis zum nächsten Anlassen also nicht erst abzukühlen. Das erlaubt aber die Sodalösung nicht, da sie bei dauerndem Kochen Schlamm bildet. Man hat deshalb Heißwasseranlasser gebaut, die mit reinem Wasser ohne Zusatz von Soda mit 100° C betrieben werden und absolut konstanten Widerstand haben. Sie gestatten auch, eine größere Menge von Energie in Form von Dampf abzuführen, als es bei künstlicher Kühlung des Elektrolyten möglich ist. Allerdings erfordern sie wegen der erheblich geringeren Leitfähigkeit des Elektrolyten eine wesentlich größere Elektrodenfläche. In Bild 80 ist ein solcher Heißwasseranlasser dargestellt. Er besteht im wesentlichen aus einem unteren und einem oberen Gefäß, Pumpe mit Elektromotor und Zubehörteilen. Das untere Gefäß bildet den Behälter für das zum Anlassen erforderliche Wasser, das obere enthält eine Anzahl verschieden langer Bleche, die gruppenweise verschieden hoch und isoliert aufgehängt sind. Dadurch wird die Widerstandsabstufung bei steigendem Wasserspiegel gesetzmäßig gestaltet, so daß das Anlassen vollständig stoßfrei und gleichmäßig vor sich geht, wenn die Bleche mit der Flüssigkeit

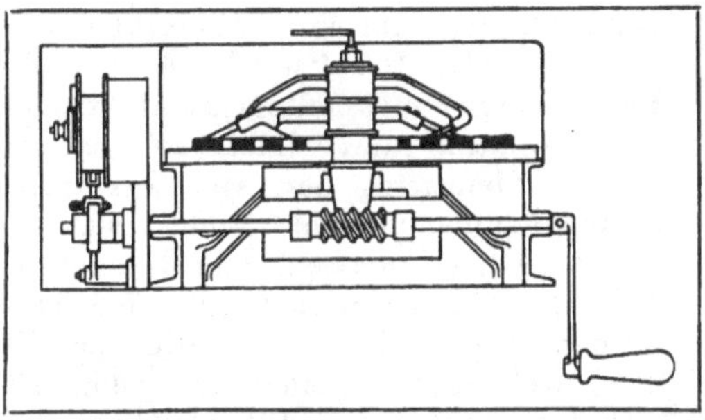

Bild 81. Stufenschalter eines Anlassers mit Funkenentziehung.

mehr oder weniger in Berührung kommen. Die Pumpe fördert das zum Anlassen erforderliche Wasser von dem unteren nach dem oberen Behälter. Die Energie wird in Form von Dampf abgeführt, lediglich die geringe Menge verdampften Wassers ist durch Frischwasser zu ersetzen. Die Anlaßzeit — im kürzesten Falle 3 bis 5 Minuten, je nach Größe des Anlassers — kann durch teilweises Schließen eines Ventils verlängert werden. Diese Heißwasseranlasser werden für Leistungen bis zu 2200 kW (3000 PS) gebaut. Sie können mit Vollast einmal alle 2 bis 3 Stunden oder zweimal kurz hintereinander mit darauf folgender Pause von 6 bis 8 Stunden gebraucht werden.

Bild 82. Anlasser mit Funkenentziehung (Schutzkappe abgenommen).

g) Sonderausführungen.

Für größere Leistungen, von 100 kW an aufwärts, bei stark belastetem Anlauf und um das Kontaktfeuer ganz von den Kontakten wegzunehmen, verwendet man Flachbahn-Anlasser mit stufenweiser Funkenentziehung und verlangsamter Schaltbewegung (Ausführung *f*). Durch eine voreilende Hilfsbürste wird das Kontaktfeuer zu einem seitlich am Anlasser sitzenden Kontakthebel geleitet, der mit einem Funkenbläser ausgerüstet ist und sich bei Bewegung der Hauptbürste von Kontakt zu Kontakt einmal öffnet und schließt. Zur Fortbewegung dient eine Schneckenübertragung, (Bild 81). Auf der Kurbelwelle ist eine exzentrische Scheibe angebracht, die bei jeder halben Umdrehung den Schalter der Funkenentziehung einmal öffnet und schließt, während gleichfalls bei jeder halben Umdrehung der Kurbel die

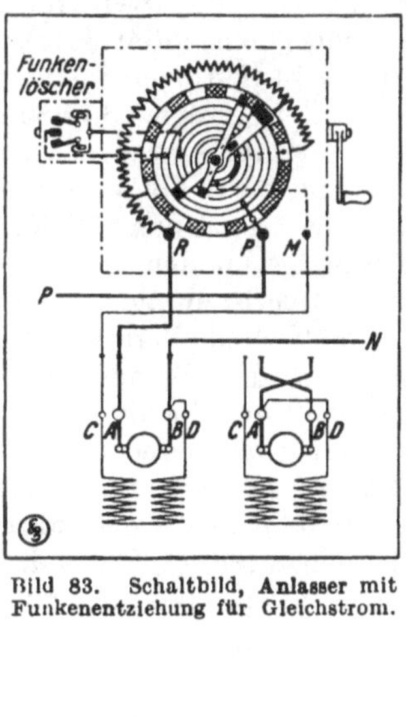

Bild 83. Schaltbild, Anlasser mit Funkenentziehung für Gleichstrom.

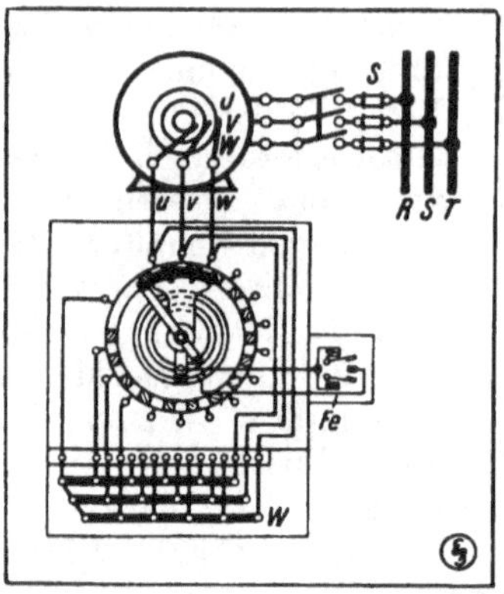

Bild 84. Schaltbild, Anlasser mit Funkenentziehung für Drehstrom.

Kontaktbürste um einen Kontakt weiterbewegt wird. Der feststehende Teil des Funkenentziehungschalters ist als Kupfer-Kohle-Kontakt ausgebildet, an dem die einzige Abnutzung des Anlassers durch Funkenbildung entsteht. Bild 82 zeigt den Aufbau eines Anlassers mit Funkenentziehung. Für Leistungen von 260 bis 600 kW werden 2 bzw. 3 Stufenschalter parallel geschaltet und miteinander gekuppelt, während das Widerstandsmaterial in einem gemeinsamen Ölbehälter untergebracht wird, der gleichzeitig als Träger für die Stufenschalter dient. Bild 83 gibt das Schaltbild eines solchen Anlassers für Gleichstrom, Bild 84 für Drehstrom. Für noch höhere Leistungen wird die Kontaktbahn des Stufenschalters geradlinig angeordnet, und die Kontaktbürsten werden mittels einer doppelgängigen Spindel über die Kontaktbahn bewegt (Modell K 1114). Die Steigung der Spindel ist hier so gewählt, daß bei jeder ganzen Umdrehung die Bürsten um e i n e n Kontakt weitergeschaltet werden. Ein solcher Anlasser mit gerader Kontaktbahn für einen Gleichstrommotor ist in Bild 85 dargestellt. Derselbe Stufenschalter kann auch für Drehstrom verwendet werden unter folgender Anordnung der Widerstandsgruppen:

Bild 85. Gleichstromanlasser mit stufenweiser Funkenentziehung und geradliniger Kontaktbahn.

Die drei Gruppen werden so ineinander geschachtelt, daß die einzelnen Stufen nacheinander abgeschaltet werden (Bild 86). Dadurch ergibt sich zwar eine etwas ungleichmäßige Belastung der einzelnen Widerstandszweige in den verschiedenen Anlaßstellungen, was aber praktisch überhaupt nicht bemerkt wird. Wendet man diese Schaltung, die als „*uvw*"-Schaltung bezeichnet wird, n i c h t an, so sind für einen Drehstromanlasser 3 getrennte Stufenreihen nötig. Es ist daher ersichtlich, daß die *uvw*-

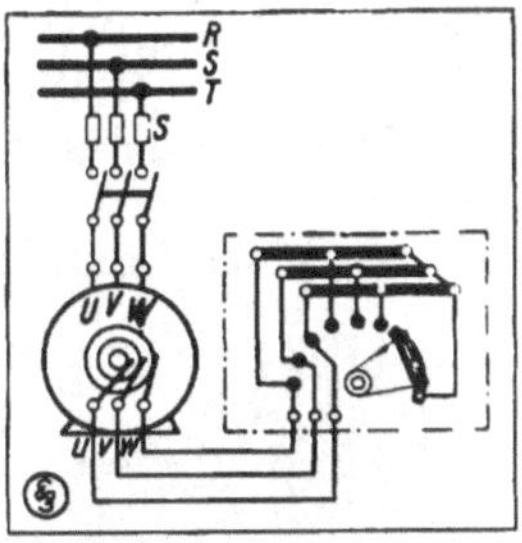

Bild 86. *uvw*-Schaltung bei Drehstromanlassern.

Schaltung, die nur eine Stufenreihe erfordert, eine wesentlich gedrängtere Form der Anlasser ergibt und daher wirtschaftlich von großer Bedeutung ist. Eine ähnliche Schaltung ist auch für Gleichstromstufenschalter ausgebildet worden, indem man den Widerstand in zwei Teile für die halbe Stromstärke teilt, wie in Bild 87 angedeutet. Hierbei benötigt man zwar die doppelte Anzahl Kontakte, aber jeder Kontakt braucht nur für die halbe Stromstärke bemessen zu sein. Die Funken beim Übergang der Bürste von einem Kontakt zu dem nächsten werden dadurch ganz erheblich geringer. Außerdem werden die Verbindungsleitungen zwischen der Kontaktbahn und dem Widerstand wesentlich handlicher. Die Teilung der Widerstandsgruppen ist daher bei großen Gleichstromanlassern allgemein durchgeführt.

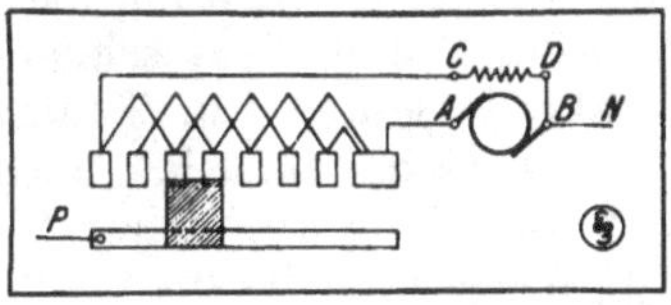

Bild 87. Unterteilung der Anlaßwiderstände in zwei Gruppen für Gleichstromstufenschalter großer Stromstärken.

Anlasser mit selbsttätiger Ausschaltung werden viel seltener verwendet als die normalen Anlasser, in manchen Fällen sind sie aber doch von Wert. Sie haben den Zweck, Motor und Anlasser vor Beschädigungen zu schützen bei Unregelmäßigkeiten, die im Betriebe auftreten können. Man unterscheidet:

Für Gleichstrom Ausführung *h*, mit selbsttätiger Spannungsrückgangs - Auslösung, und Ausführung *i*, mit selbsttätiger Spannungsrückgangs- und Überstrom - Auslösung.

Für Drehstrom Ausführung *n*, mit selbsttätiger Auslösung, wie bei Ausführung *h* bzw. *i*.

Bei Ausführung *h* und *i* wird die Anlasserkurbel durch eine Feder in die Ausschaltestellung zurückgezogen und in der Betriebstellung durch einen Haltemagneten gehalten. Die federnde Rückstellung verhindert auch, daß der Kontakthebel dauernd auf einem Anlaßkontakt stehen bleibt und schützt somit den Widerstand vor dauernder Einschaltung.

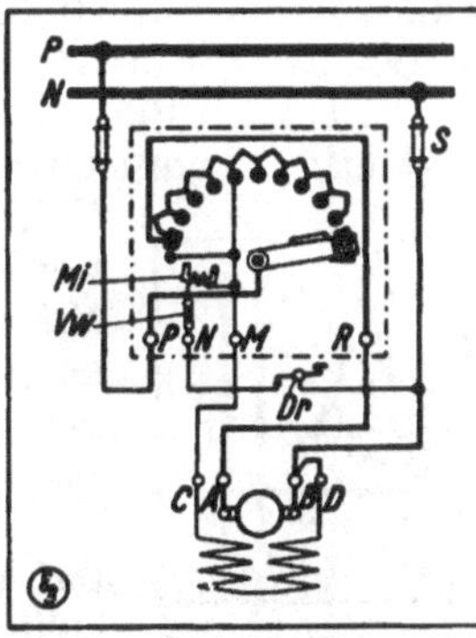

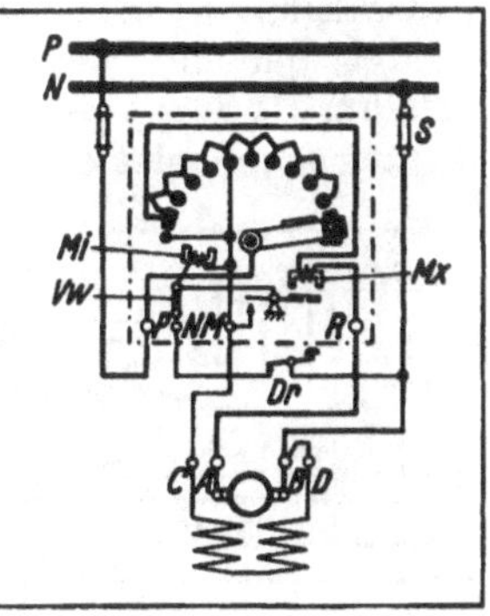

Bild 88. Anlasser, Ausführung *h*, Gleichstrom.
Bild 89. Anlasser, Ausführung *i*, Gleichstrom.

Mi = Minimal-Relais, *Mx* = Überstrom-Relais, *Vw* = Vorschaltwiderstand, *Dr* = Druckknopf.

Bei Ausführung *h* erfolgt die Schaltung nach Bild 88 in der Weise, daß die Wicklung des Haltemagneten mit einem Vorschaltwiderstand direkt an die Spannung gelegt wird. Für Ausführung *i* kommt noch ein Strommagnet hinzu, der bei Überschreitung des normalen Stromes den Haltemagneten mittels einer Kontaktvorrichtung kurzschließt oder unterbricht, wie aus Bild 89 ersichtlich. Dabei kann die Hauptstromauslösung durch Veränderung einer Feder geregelt werden. Das Ausschalten kann auch von einer oder mehreren vom Anlasser entfernt liegenden Stellen durch einen Schalter (Druckknopf) geschehen, der die Haltespule unterbricht. Die bauliche Ausführung eines solchen Anlassers zeigt Bild 90.

Bild 90. Anlasser, Ausführung *i*, Gleichstrom. Bauliche Ausführung.

Für sehr große Anlasser, etwa von 100 kW an, und auch für Anlaßwalzen wird die federnde Rückstellung zu schwerfällig. Man verwendet dann die sogenannte Sicherheitschaltung nach Bild 91. Zu Beginn des Einschaltens schließt hierbei der Kontakthebel einen Hilfskontakt, wodurch ein Schütz eingelegt wird und durch einen Nebenkontakt eingeschaltet bleibt, auch nachdem sich der Hilfskontakt wieder geöffnet hat. Beim Ausbleiben der Spannung öffnet das Schütz. Es kann aber bei Wiederkehr der Spannung nicht eher wieder anziehen, bis der Anlasserhebel wieder in die Ausschaltestellung zurückgebracht worden ist. Für Ausführung *i* wird durch einen Magnetanker die Erregerwicklung des Schützes unterbrochen. Die Verwendung eines Schützes gewährt auch den Vorteil, daß eine Ausschaltung bei Überlastung auch während der Anlaßperiode erfolgt, was in vielen Fällen erwünscht ist. Selbsttätige Ausschaltung für Drehstromanlasser (Ausführung *n*) wird bei allen Größen durch den Ständerschalter bewerkstelligt, der entweder als Schütz, wie in Bild 92, oder als selbsttätiger Schalter (R 867) ausgebildet ist, nach Bild 93. Im ersteren Falle fällt das Schütz beim Anlassen selbsttätig ein, im letzteren muß der Schalter in der Nullstellung von Hand eingelegt werden.

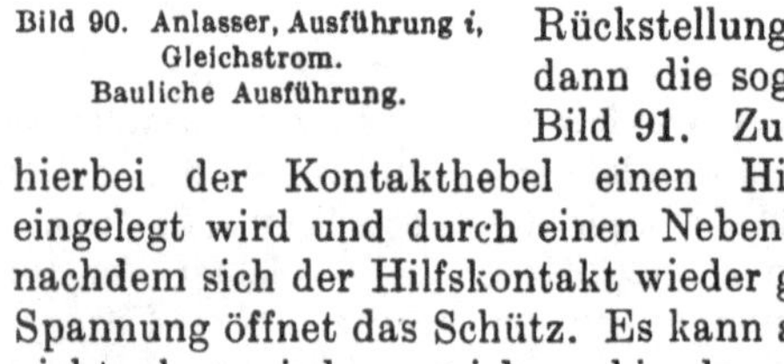

Bild 91. Sicherheitschaltung mit Gleichstrom-Anlaßwalze.
AW = Anlaßwalze, *W* = Widerstände.
SS = Sicherheitschütz, *Vw* = Vorschaltwiderstand,
Mx = Überstromrelais, *Dr* = Druckknopf.

Mit selbsttätiger Auslösung können auch die Anlaßwalzen für Gleich- und Drehstrom ausgerüstet werden.

Bei Drehstromanlassern mit Luftkühlung sowohl wie mit Ölkühlung kann zur Vermeidung von Fehlschaltungen der Ständerschalter mit dem Anlasser gekuppelt werden (Ausführung *b*).

h) Selbstanlasser finden hauptsächlich dann Verwendung, wenn die durch den Motor angetriebene maschinelle Einrichtung nur zeitweise im Betrieb ist und ständiges Bedienungspersonal nicht zur Verfügung steht. Das Anlassen des Motors wird durch einen Schalter entweder von Hand oder selbsttätig eingeleitet. Die Anlaßbewegung selbst aber geht in der zur Ingangsetzung des Motors erforderlichen Zeit selbsttätig vor sich. Selbstanlasser kommen in erster Linie in Frage für Pumpen und Kompressoren. Die Apparate für Aufzüge, Rotationsmaschinen, Drehbankantriebe, Hobelmaschinen usw. sind in diesem Band nicht behandelt.

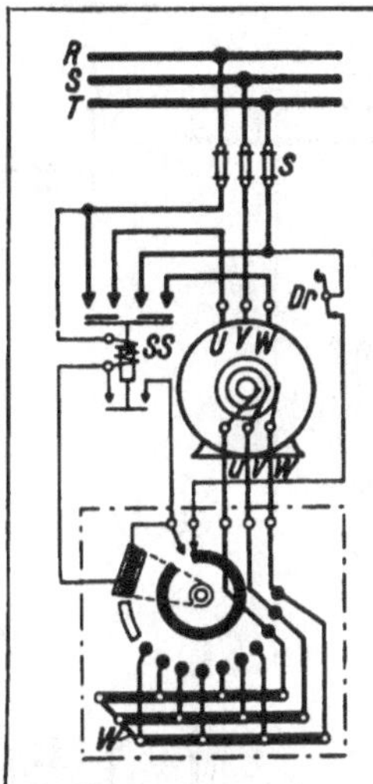

Bild 92. Anlasser, Ausführung *n* mit Schütz, Drehstrom.

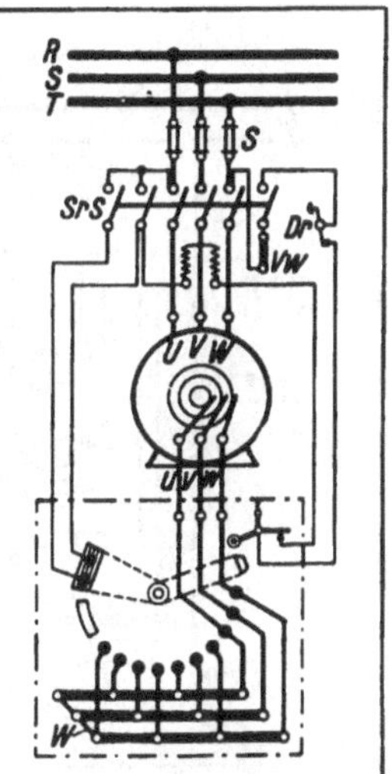

Bild 93. Anlasser, Ausführung *n* mit Spannungs-Rückgangs-Ausschalter, Drehstrom.

SrS = Spannungsrückgangs-Ausschalter, *Dr* = Druckknopf, *Vw* = Vorschaltwiderstand, *SS* = Sicherheitschütz.

Der Selbstanlasser K 910 mit Einschaltmagnet ist für Gleichstrommotoren bis 12,5 kW bestimmt. Er hat kräftige, von einer Schaltwelle betätigte Kohlekontakte. Ein Windflügelhemmwerk verhindert zu schnelles Einschalten, gestattet aber schnelles Ausschalten. Die Schaltwelle wird durch einen Hubmagneten gedreht. In der Betriebstellung wird der Anlasser durch einen zweiten Magneten gesperrt und der Hubmagnet abgeschaltet, so daß dieser während des Betriebes keine Energie verbraucht. Bild 94 zeigt diesen Anlasser, Bild 95 das Schaltbild dazu.

Bild 94.
Selbstanlasser mit Einschaltmagnet für Gleichstrommotoren.

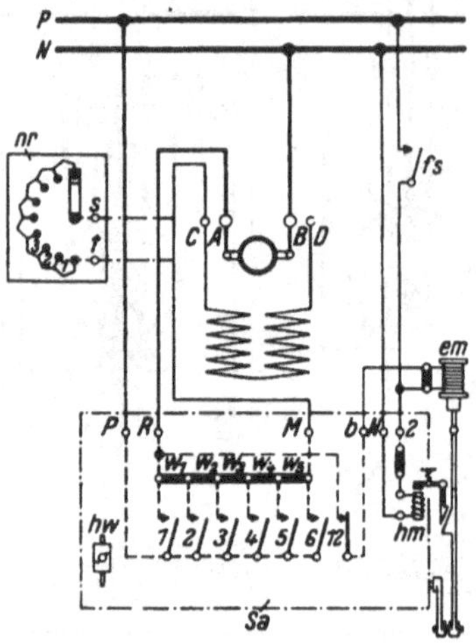

Bild 95. Schaltbild zum Selbstanlasser mit Einschaltmagnet für Gleichstrommotoren.
fs = Fernschalter, *em* = Einschaltmagnet,
Sa = Selbstanlasser, *hw* = Hemmwerk,
hm = Haltemagnet, *nr* = Nebenschlußregler.

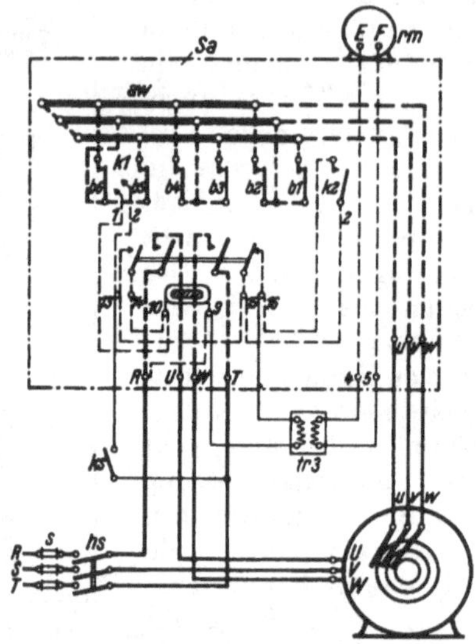

Bild 96. Schaltbild zum Selbstanlasser mit Hilfsmotor für Drehstrommotoren.
Sa = Selbstanlasser, *hs* = Hauptschalter,
aw = Anlaßwiderstände, *ks* = Kommandoschalter,
rm = Hilfsmotor.

Bild 97. Selbstanlasser mit Hilfsmotor für Drehstrommotoren.

Der Selbstanlasser K 811 mit Hilfsmotor ist zum Anlassen von Drehstrommotoren bis 20 kW bestimmt. Er hat auf der Vorderseite einen Stufenschalter mit Kohlekontakten zum Kurzschließen des Anlaßwiderstandes, zwei Endausschalter für den Hilfsmotor sowie ein Schütz zum Einschalten des Ständers und des Hilfsmotors. Ein- und Ausschalten (das letztere schnell) erfolgen im gleichen Drehsinne. Der seitlich angeordnete Hilfsmotor treibt über eine Schnecke eine Nockenwelle zur Betätigung der Anlaßkontakte und der beiden Endausschalter, die den Hilfsmotor in der Nullstellung und der Betriebstellung abstellen. Der Hilfsmotor verbraucht also während des Betriebes keine Energie. Große Stromstöße werden vermieden, da mit normalem Motorstrom eingeschaltet wird. Der Anlaßwiderstand befindet sich auf der Rückseite, die Vorderseite ist mit Blech abgedeckt. Bild 97 zeigt den Aufbau des Selbstanlassers mit abgenommener Blechkappe, Bild 96 gibt das Schaltbild wieder.

Bild 98. Selbstanlasser mit Hilfsmotor für Gleichstrommotoren.

Ein weiterer Selbstanlasser mit Hilfsmotor ist der in Bild 98 dargestellte. Er wird als Modell K 1214 für Gleichstrom und in ähnlicher Ausführung als Modell K 1273 für Drehstrom bis 30 kW gebaut. Die Wirkungsweise ist aus dem Schaltbild 99 zu ersehen. Beide Anlasser können auch von Hand bedient werden. Der Stufenschalter ist als Flachbahnstufenschalter ausgebildet. Für größere Leistungen wird dieser mit einer Funkenentziehvorrichtung versehen, die auf S. 37 beschrieben ist und kann dann als Modell K 916 für Gleichstrom bis zu 140 kW und als Modell K 917 für Drehstrom bis zu 280 kW verwendet werden. Bild 101 zeigt den Aufbau eines Selbstanlassers K 916, Bild 100 ist das zugehörige Schaltbild. Die Modelle K 1214 und K 916 für Gleichstrom sind mit einem selbsttätigen Ausschalter, die Modelle K 1273 und K 917 für Drehstrom mit einem selbsttätigen Ständerschütz, bei Ausbleiben der Spannung wirkend, versehen. Sämtliche vorerwähnten Selbstanlasser mit Hilfsmotor werden bei etwaigem Ausbleiben der Netzspannung selbsttätig abgeschaltet und bei Rückkehr der Spannung wieder angelassen.

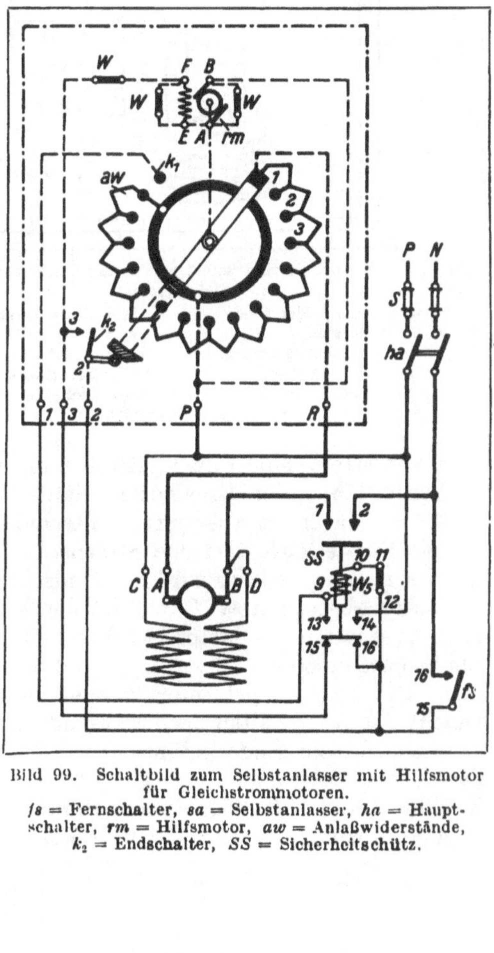

Bild 99. Schaltbild zum Selbstanlasser mit Hilfsmotor für Gleichstrommotoren.
fs = Fernschalter, sa = Selbstanlasser, ha = Hauptschalter, rm = Hilfsmotor, aw = Anlaßwiderstände, k_2 = Endschalter, SS = Sicherheitschütz.

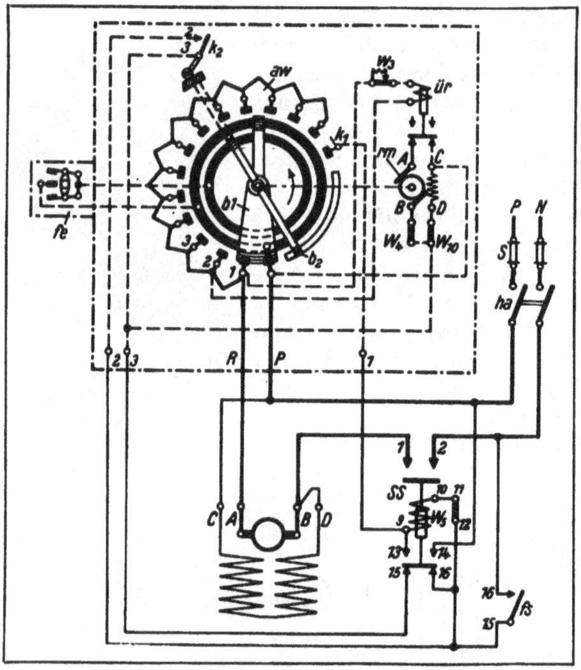

Bild 100. Schaltbild zum Selbstanlasser mit Funkenentziehung für Gleichstrom.

aw = Anlaßwiderstände,	k_1 = Einzelkontakt,
b_1, b_2 = Bürsten,	k_2 = Endschalter,
fe = Funkenentziehung,	rm = Regelmotor,
fs = Fernschalter,	sa = Selbstanlasser,
ha = Hauptausschalter,	SS = Sicherheitschütz,

ür = Überstromrelais.

Bild 102 auf S. 48 läßt die Wirkungsweise des Selbstanlassers besonders deutlich erkennen. Die Schaltvorgänge sind nacheinander dargestellt:

1. Ruhestellung. Fernschalter *fs* und Endschalter *k*2, sowie Arbeitskontakte *e* des Sicherheitschützes *SS* geöffnet, Ruhekontakt *r* geschlossen;
2. Durch Schließen des Fernschalters erhält der Hilfsmotor Strom und setzt die Bürsten in Bewegung;
3. Endschalter *k* 2 schließt sich;
4. Kontakt *k* 1 schließt, wodurch Sicherheitschütz *SS* eingeschaltet wird.
5. *SS* schaltet den Hauptstrom ein, öffnet den Ruhekontakt *r*, schließt den Arbeitskontakt *e*. Der Hilfsmotor erhält über Endschalter *k* 2 Strom, *k* 1 öffnet, dafür ist aber jetzt *e* geschlossen;
6. Die Bürste läuft über den Stufenschalter, der Hauptmotor wird angelassen. Zum Schluß wird der Endschalter *k* 2 geöffnet und der Hilfsmotor abgeschaltet. Damit ist der Anlaßvorgang beendet.

Zum Abschalten des Motors wird der Fernschalter *fs* geöffnet, wodurch das Sicherheitschütz *SS* stromlos und der Hauptstromkreis unterbrochen wird. Der Anlasser ist sofort wieder zu erneutem Anlassen bereit. Geschieht das Ausschalten noch während der Anlaßbewegung, so wird diese erst stromlos zu Ende geführt.

Für kleine Leistungen bis 5,5 kW werden Schütz-Selbstanlasser K 810/814 und K 914 für Gleichstrommotoren gebaut. Bild 103 auf S. 49 zeigt die Ausführungsform K 810. Bei dieser liegen parallel zum Anker des

Motors Schützspulen, die bei zunehmender Ankerspannung und Drehzahl ihren Anker anziehen und die Widerstandstufen des Anlassers nacheinander kurzschließen. Die Schaltung ist aus Bild 104 ersichtlich. Der Stromstoß beim Einschalten erreicht den 2,5- bis 3fachen Wert des normalen Motorstroms.

Bild 101. Selbstanlasser K 916 mit Funkenentziehung für Gleichstrom, ohne Abdeckung.

Die Anlasser arbeiten bei ± 10 % Änderung der Spannung noch sicher. Ist die Entfernung zwischen Kontaktapparat und Anlasser sehr groß, so muß der Spannungsabfall berücksichtigt werden.

Für Motoren kleiner Leistungen ist ein Selbstanlasser nicht immer erforderlich. Es genügt in vielen Fällen für Gleichstrom das auf S. 1 unter b) und für Drehstrom das auf S. 3 unter a) angegebene Anlaßverfahren.

Zum selbsttätigen Ein- und Ausschalten von elektrisch betriebenen Pumpen gibt es eine Reihe von Kontaktapparaten, wie Schwimmerschalter, Schaltertöpfe, Druckschalter und Kontaktmanometer, die in Verbindung mit Druckkesseln arbeiten usw. Auf diese Apparate soll in dem vorliegenden Band nicht näher eingegangen werden.

Wahl der Anlassertype.

a) Nach Ausführung.

Wie aus dem vorstehenden Abschnitt ersichtlich, stehen Anlasser verschiedener Bauart zur Verfügung, und es ist manchmal nicht ganz leicht, den geeignetsten für den vorliegenden Fall auszusuchen. In der Tafel auf S. 46 sind allgemeine Richtlinien für die Auswahl eines Anlassers aufgestellt. Abweichungen hiervon können jedoch im Einzelfalle unter genauerer Berücksichtigung der besonderen Betriebsverhältnisse, der Kosten und der etwaigen Sonderwünsche des Bestellers angebracht sein.

b) Nach Schutzart.

Bei der Auswahl des Anlassers spielt ferner die Schutzart eine Rolle. Nach den REA unterscheidet man folgende Arten:

1. Offen. Keine Abdeckung oder eine Abdeckung mit so großen Öffnungen, daß Berührung stromführender Teile nicht verhindert ist. Diese Abdeckung darf nicht entflammbar sein.

<table>
<tr><th>Art des Anlassers</th><th>Modell-Bezeichnung</th><th colspan="2">Verwendungszweck</th><th>Häufigkeit des Anlassens in der Stunde *)</th></tr>
<tr><td>Anlasser mit Luftkühlung</td><td>K 393, 394, 533
K 2000—2005
K 3004 u 3005</td><td colspan="2">für normale, leichte Betriebe in staubfreien Räumen</td><td>8 mal</td></tr>
<tr><td>Anlasser mit Ölkühlung</td><td>K 403, 404
K 443, 444
K 1144, 2014
K 3019 u. 3015</td><td colspan="2">für normale, leichte Betriebe in staubigen Räumen, ferner für lange Anlaßzeiten bei seltenem Anlassen</td><td>½—4 mal</td></tr>
<tr><td>Flüssigkeitsanlasser</td><td>K 410, K 413, K 414
K 614, K 415, K 416
K 612</td><td colspan="2">hauptsächlich für Drehstrommotoren (weniger für Gleichstrommotoren) größerer Leistung geeignet. Aufstellung nur in frostfreien Räumen</td><td>2—3 mal</td></tr>
<tr><td>Heißwasseranlasser</td><td>K 1133</td><td colspan="2">Anlasser für große Drehstrommotoren, z. B. Walzenzugsmotoren und dgl.</td><td>seltenes Anlassen</td></tr>
<tr><td>Anlaßwalzen</td><td>K 1250—53
K 1350—53</td><td colspan="2">für schweren Anlauf und häufiges Anlassen</td><td>6 mal bei 30 s Anlaßdauer od. 20 mal bei 10 s Anlaßdauer</td></tr>
<tr><td>Anlaßwalzen mit Ölfüllung</td><td>K 473
K 474
K 3300</td><td colspan="2">für staubige Betriebe, für explosionsgefährliche Räume und solche mit ätzenden Dämpfen</td><td>für seltenes Anlassen b. lang. Anlaßzeiten</td></tr>
<tr><td>Angebaute Anlaßwalzen mit Ölfüllung</td><td>K 3301
K 573</td><td colspan="2">für staubige Betriebe, für explosionsgefährliche Räume und solche mit ätzenden Dämpfen. Für ungeschultes Personal. Nur Drehstrom</td><td>für seltenes Anlassen b. lang. Anlaßzeiten</td></tr>
<tr><td>Walzenschalter</td><td>K 2811, K 84
K 3811, K 83
K 83</td><td colspan="2">für kleinere Motoren, die ohne Anlasser eingeschaltet werden können, für Webstuhlmotoren und dgl. Zum Anlassen in Stern-Dreieck-Schaltung</td><td>beliebig</td></tr>
<tr><td>Selbstanlasser mit motor. Antrieb</td><td>K 811
K 1214
K 916, K 2200
K 1273
K 3200
K 917</td><td rowspan="3">Für Pumpen und Kompressoren</td><td>Drehstrom bis 20 kW
Gleichstrom „ 30 kW
„ „ 140 kW
Drehstrom „ 30 kW
„ „ 280 kW</td><td>etwa 6 mal</td></tr>
<tr><td>Selbstanlasser mit Einschaltemagnet</td><td>K 910</td><td>Gleichstrom bis 12,5 kW</td><td>etwa 6 mal</td></tr>
<tr><td>Schütz-Selbstanlasser</td><td>K 810, 814, 914</td><td>Gleichstrom bis 5,5 kW
„ „ 6,2 kW</td><td>etwa 20 mal</td></tr>
<tr><td>Anlasser m. stufenweiser Funkenentziehung</td><td>K 444 f } Öl-
K 443 f } anlasser
K 533 f Luftanlasser
K 1144 f Ölanlasser</td><td colspan="2">für große Leistungen über 100 kW</td><td>½ mal bei Ölanlassern
3 mal bei Luftanlassern</td></tr>
<tr><td>Anlasser m. selbsttätiger Spannungsrückgangsauslösung (h)</td><td>K 394 h
K 404 h
K 2004 h</td><td colspan="2">wenn ein Schutz gegen Wegbleiben der Spannung während des Betriebes notwendig ist.
Nur für Gleichstrom</td><td>3—8 mal</td></tr>
<tr><td colspan="5">*) Die kleinen Werte beziehen sich auf Anlasser für etwa 100 kW, die großen auf solche für etwa 3 kW.</td></tr>
</table>

Art des Anlassers	Modell-Bezeichnung	Verwendungzweck	Häufigkeit des Anlassens in der Stunde*)
Gleichstromanlasser mit selbsttätig. Spannungsrückgangs- und Überstromauslösung (i)	K 394 i K 404 i K 2004 i	wenn ein Schutz gegen Wegbleiben der Spannung und Überlastung während des Betriebes notwendig ist. — Nur für Gleichstrom	3—8 mal
Drehstromanlasser mit selbsttätiger Spannungsrückgangsauslösung (an)	K 393 a n } Öl- K 403 a n } anlasser K 443 a n Luftanlasser	wenn ein Schutz gegen Wegbleiben der Spannung während des Betriebes notwendig ist. Für Drehstrom	3—8 mal bei Luftanlassern ½—4 mal bei Ölanlassern

*) Die kleinen Werte beziehen sich auf Anlasser für etwa 100 kW, die großen auf solche für etwa 3 kW.

2. Geschützt. Nicht entflammbare Abdeckung (z. B. gelochtes Blech oder dgl.), die nur Öffnungen für Zuleitungen oder Kühlluft enthält. Zufällige oder fahrlässige Berührung stromführender Teile ist verhindert. Mit Einrichtung, die das Eindringen fallender Wassertropfen verhindert, auch tropfwassersicher. Diese Bauart verhindert Beschädigungen durch vorübergehendes oder dauerndes Eindringen größerer Fremdkörper, wie Stangen, Drehspäne, Schrauben usw.

3. Geschlossen. Vollständige, nicht entflammbare Abdeckung ohne ausgesprochene Öffnungen, die eine Berührung spannungführender Teile und das Eindringen von Fremdkörpern wie Putzlappen, Holzspäne, Papier verhindert, die durch Entzündung Feuergefahr hervorrufen können. Vollständiger Schutz gegen Staub, Feuchtigkeit oder Gasgehalt der Luft wird aber nicht erzielt.

4. Gekapselt. Gedichteter Abschluß ohne Öffnung. Die Berührung spannungführender Teile, Eindringen von Staub und kleinen Fremdkörpern wie Sägemehl, Baumwollfasern und dgl. sowie von Feuchtigkeit und Gasen ist verhindert. Ein vollständiger Abschluß wird nicht erzielt. Das Innere kann bei Temperatur- und Druckwechsel atmen.

5. Gasgeschützt. Alle spannungführenden Teile mit Ausnahme der Anschlußklemmen liegen unter Öl. Bei Flüssigkeitsanlassern bezieht sich diese Vorschrift nur auf die Kurzschlußkontakte, nicht auf die Elektroden. Diese dürfen jedoch nicht aus der Flüssigkeit austauchen können.

Von den unter 1. bis 5. angeführten Schutzarten führen die Siemens-Schuckertwerke nur die unter 2. und 5. genannten aus, letztere erfüllt auch die Bedingungen nach 3. und 4. In Bild 42 links ist die geschützte und in Bild 105 die gasgeschützte Schutzart dargestellt.

Nachfolgende Tafel gibt an, welche Anlasserarten für die verschiedenen Schutzarten in Anwendung kommen und für welche Betriebe sie zu empfehlen sind.

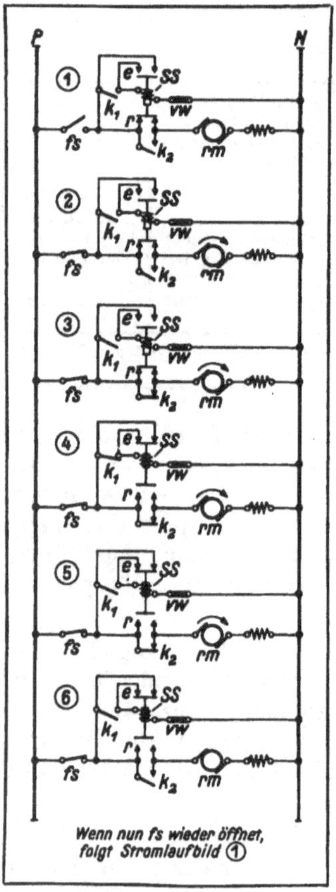

Bild 102. Steuerstromkreise des Selbstanlassers.

e = Arbeitskontakte
fs = Fernschalter
k_1 = Einzelkontakte
k_2 = Endschalter
r = Ruhekontakt
rm = Regelmotor
SS = Sicherheitschütz
vw = Vorschaltwiderstand

Schutzart	Verwendung	Anlasserart
geschützt	In elektrischen Betriebstätten, soweit es sich nicht um feuchte oder durchtränkte Räume handelt	normale Anlasser mit normaler Abdeckung
gasgeschützt	In solchen Betriebstätten, in denen ein erhöhter Schutz gegen das Eindringen von Fremdkörpern erforderlich ist, z.B. bei Holzbearbeitungs- und Werkzeugmaschinen In durchtränkten Räumen und in solchen mit ätzenden Dünsten In explosionsgefährlichen Betrieben und Schlagwettergruben	Anlasser mit Kontakten unter Öl, Anlaßwalzen mit Ölfüllung. Angebaute Anlaßwalzen

c) Nach Größe.

Für die Bemessung der Anlassergröße sind folgende Werte maßgebend:

1. die zur Beschleunigung der anzutreibenden Maschine erforderliche mittlere Anlaßaufnahme;
2. die Anlaßzahl;
3. die Anlaßhäufigkeit;
4. die Anlaßzeit;
5. die zulässige Belastung des Endkontaktes;
6. die Anlaßarbeit (Erwärmung).

Anlaßaufnahme.

Die zum Anlauf erforderliche Leistung berechnet sich aus dem Drehmoment, das der Motor entwickeln muß, um aus seinem Ruhezustand in Bewegung zu kommen, wobei er außer dem Arbeitsmoment der angetriebenen Maschine seine eigenen Massen und die Massen der angetriebenen Maschine zu beschleunigen hat. Erfahrungsgemäß muß ein Motor, der während der Anlaufperiode außer der Reibungsarbeit auch noch das volle Arbeitsmoment abgibt, zum Anlauf etwa den 1,3fachen Normalstrom aufnehmen. 30 % des Normalstromes müssen also aufgewendet werden, um die Widerstandsmomente zu überwinden und die Beschleunigung zu decken. Derartigen Anlauf nennt man Vollastanlauf.

Bild 103. Schütz-Selbstanlasser für Gleichstrommotoren.

Bei dem Halblastanlauf hingegen hat der Motor beim Anlauf nur einen Teil des normalen Arbeitsmomentes abzugeben, so daß er mit geringerem als dem Normalstrom anlaufen kann.

Die Schwere des Anlaufes wird durch das Verhältnis

$$\frac{\text{mittlere Anlaßaufnahme}}{\text{Leistungsaufnahme des Motors bei Vollast}} = \frac{E \cdot J_m}{E \cdot J} = \frac{J_m}{J}$$

gekennzeichnet. Für dieses Verhältnis sind nach den REA folgende Werte festgesetzt:

für Flüssigkeitsanlasser und Flachbahnanlasser:
0,65 bei Halblastanlauf und 1,3 bei Vollastanlauf,
für Walzenanlasser:
0,75 bei Halblastanlauf und 1,5 bei Vollastanlauf.

Die Halblastanlasser können also nur verwendet werden, wenn das Anwurfsmoment höchstens das 0,65fache bzw. 0,75fache des normalen beträgt.

In den Preislisten sind dementsprechend in der Rubrik „kW" Werte für Vollast und Halblast angegeben, was bei der Auswahl der Anlassergröße zu berücksichtigen ist. Ist ein der Motorleistung und Spannung entsprechender Anlasser nicht vorhanden, so ist ein solcher der nächst höheren Leistung zu wählen.

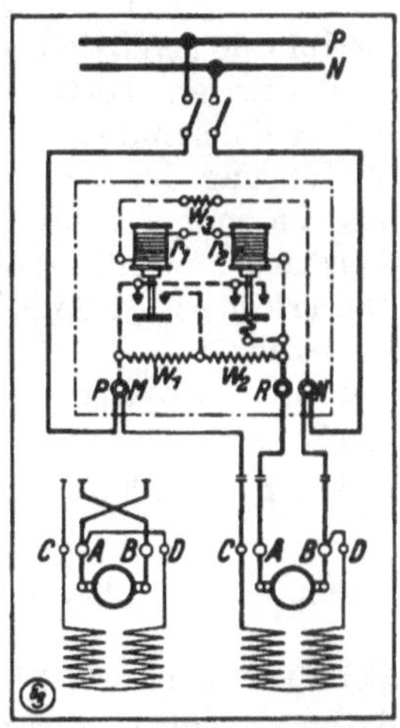

Bild 104. Schaltbild, Schützanlasser für Gleichstrommotoren.
w_3 = Vorschaltwiderstand
r_1 u. r_2 = Anlaßrelais
w_1 u. w_2 = Anlaßstufen

Motorleistung und Spannung genügen zur Bestimmung der Größe eines Gleichstromanlassers, nicht aber eines Drehstromanlassers. Der Läufer der Drehstrommotoren hat nämlich eine Wicklung, die von der Ständerwicklung vollständig unabhängig ist; je nach der Anzahl der Stäbe, die in die Nuten des Läufers gewickelt werden, kann daher ein Motor von gleicher Leistung und gleicher Netzspannung ganz verschiedene Läuferdaten aufweisen. Diese Daten sind aber für die Bestimmung des An-

Bild 105. Öl-Anlasser in gasgeschützter Bauart.

lassers ausschlaggebend, es ist deshalb erforderlich, die im Läufer auftretende Stromstärke und die sogenannte Läuferspannung zu berücksichtigen, d. h. die Spannung, die an den Schleifringen des stillstehenden Läufers auftritt, wenn der Ständer an das Netz gelegt ist und die Bürsten nicht überbrückt sind. Beide Werte sind normalerweise auf den Maschinenschildern angegeben. Sollten sie fehlen, so läßt sich die Spannung einfach nachmessen. Der Läuferstrom läßt sich aus der Spannung und der Leistung berechnen. In den Preislisten über Drehstromanlasser ist nun das Verhältnis $\frac{e}{i} = \frac{\text{Läuferspannung}}{\text{Läuferstrom}}$ angegeben und als Motorkennziffer bezeichnet. Soll also z. B. zu einem Motor von 3 kW, Läuferspannung 170 V, Läuferstrom 11 A ein Anlasser bestimmt werden, so ist dieser zu wählen für 3 kW und $\frac{e}{i} = \frac{170}{11} = 15{,}5$. Hierbei ist vorausgesetzt, daß der Läufer dreiphasig geschaltet ist, d.h., daß die Spannungen zwischen den einzelnen Schleifringen gleich sind. Abweichende Schaltungen sind im allgemeinen auf dem Leistungschild der Motoren angegeben und erfordern eine Sonderausführung der Anlasser.

Bei besonders schwerem Anlauf muß der Anlasser für eine größere Leistung gewählt werden.

Die erforderliche Anlaßleistung läßt sich in der Regel aus der Erfahrung schätzen.

Bei einem Anlaufmoment = zweifachem Normalmoment wählt man beispielsweise

den Flachbahnanlasser für die $\frac{2}{1{,}3} = 1{,}55$fache Leistung,

den Walzenanlasser für die $\frac{2}{1{,}5} = 1{,}35$fache Leistung.

Bei Drehstrom-Läuferanlassern ist außerdem die aus den Motordaten errechnete Kennziffer proportional verkleinert zu wählen. Soll z. B. ein Drehstrommotor 10 kW, bei $e = 74$ V, $i = 95$ A bei zweifachem Normalmoment mit Flachbahnanlasser angelassen werden, so ist die Leistung zu $10 \cdot 1{,}55 = 15{,}5$ kW anzunehmen und der Anlasser für die Motorkennziffer

$$\frac{e}{i} = \frac{74 \cdot 10}{95 \cdot 15{,}5} = 0{,}5$$

zu wählen.

Bei Leeranlauf von Umformern ist für die Wahl des Anlassers fast ausschließlich die Reibung der Ruhe maßgebend.

Bezeichnet G das Gewicht der umlaufenden Teile einer Zweilagermaschine in t, so ist das Anwurfsmoment in mkg nach Versuchen der Siemens-Schuckertwerke:

$M = 15 \sqrt{G^3}$ für Maschinen mit G bis 1,5 t

$M = 11 \sqrt{G^3}$ für Maschinen mit G über 1,5 t

und die Anlasser-Nennleistung $N = \frac{M \cdot n}{973}$ kW,

wenn n die Motordrehzahl in der Minute ist.

Die Werte für M sind allerdings sehr ungenau, weil der Reibungskoeffizient der Ruhe zwischen 0,1 bis 0,4 schwanken kann. Es empfiehlt sich daher, den Anlasser reichlich zu wählen.

Zur Erleichterung der Rechnung ist der Wert $\frac{M}{973}$ in Abhängigkeit von G in Bild 106 aufgetragen.

Eine Dreilagermaschine kann ebenfalls als zwei Zweilagermaschinen behandelt werden. Sind mehrere Maschinen miteinander gekuppelt, so ist M für jede Maschine für sich zu wählen und aus der Summe der einzelnen Momente N zu berechnen; also

$$N = n \cdot \Sigma \left(\frac{M}{973}\right) \text{kW}$$

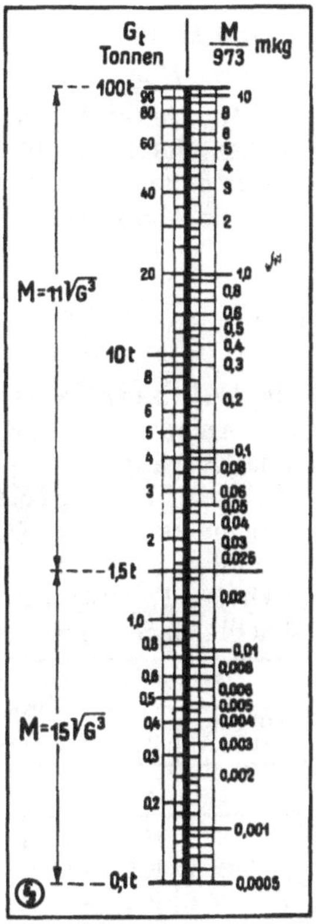

Bild 106. Skala zur Bestimmung der Anlassergröße bei Leeranlauf von Umformern.

Beispiel: Ein Umformer, bestehend aus zwei Gleichstrommaschinen GM 302, 110 V, 100 kW und einem Drehstrommotor R 294n/600, 200 kW, 430 V Läuferspannung und 285 A Läuferstrom, soll mit einem Ölanlasser von der Drehstromseite aus angelassen werden.

Der Anker GM 302 wiegt 780 kg. Der Anker mit Welle des Schleifringmotors wiegt 950 kg. Auf jede Gleichstrommaschine entfällt, da sie beiderseits des Drehstrommotors gekuppelt sind, die Hälfte des Kupplungsgewichtes (85 kg), auf den Drehstrommotor die ganze Kupplung. Für jede Gleichstrommaschine ist bei $G = 780 + 85 = 865$ kg $= 0{,}865$ t laut Maßstab in Bild 106

$$\frac{M}{973} = 0{,}0123$$

erforderlich und für den Drehstrommotor bei $G = 950 + 170 = 1120$ kg $= 1{,}12$ t

$$\frac{M}{973} = 0{,}0182,$$

so daß sich eine Anwurfsleistung von

$$N = 600 \cdot (0{,}0123 + 0{,}0123 + 0{,}0182) = 25{,}7 \text{ kW}$$

ergibt. Gewählt wird ein Ölanlasser für 40 kW Vollastanlauf.

Da der Motor bei 200 kW Nennleistung und voller Ausnutzung des Anlassers nur mit 40 kW angeworfen werden soll, ist der Ölanlasser *Kn* 403 *I* für eine Motorkennziffer von

$$\frac{e}{i} = \frac{430}{285} \cdot \frac{200}{40} = 7{,}5$$

zu wählen.

Anlaßzahl, Anlaßhäufigkeit, Anlaßzeit.

Die Anlaßzahl z ist die Zahl der hintereinander — mit einer Pause $= 2 \times$ Anlaßzeit — bis zur Erreichung der Endtemperatur zulässigen Anlaßvorgänge.

Die Anlaßhäufigkeit h ist die Zahl der je Stunde in gleichmäßigen Abständen dauernd zulässigen Anlaßvorgänge.

Nach den REA sind t, z und h für Anlasser mit Luft- und Ölkühlung festgelegt und gelten für die von den Siemens-Schuckertwerken geführten Modelle nach folgender Tafel:

Modell		Anlasser-Daten	Motorleistung in kW bei Vollast										
Gleichstrom	Drehstrom		3,1	4,4	6,2	8,8	12,5	17,5	25	35	50	70	100
Anlasser mit Luftkühlung													
K 2000 I K 2004-6 Kn 394	K 3000 I K 3001 IIIb K 3004-6 Kn 393 Kn 533	t	8	8	9	10	11	12	14	16	18	21	24
		z	4	3	3	3	3	3	3	2	2	2	2
		h	8	7	7	6	6	5	5	4	4	3	3
Anlasser mit Ölkühlung													
K2014-16 Kn 404 Kn 424 Kn 444	K 3014-16 Kn 403 Kn 423 Kn 443 Kn 407	t	8	—	9	—	11	—	14	—	18	—	24
		z	5	—	4	—	3	—	3	—	3	—	3
		h	4	—	3	—	3	—	2	—	1,5	—	0,6

Bild 107 zeigt als Beispiel den Temperaturverlauf nach den REA bei einem Anlasser mit einer Anlaßzahl $z = 3$ ($t = 14\,s$) und einer

Anlaßhäufigkeit $h=2$ i. d. Std. (Pause 30 min).

Anlaßzeit und Anlaßhäufigkeit richten sich nach den Betriebsverhältnissen. Bei einem Umformer würde beispielsweise $h = 1/4$ (alle vier Stunden einmal) und $z = 2$ angemessen sein, bei einer Arbeitsmaschine, die alle 10 min eingeschaltet wird, wäre die Anlaßhäufigkeit $h = \frac{60}{10} = 6$.

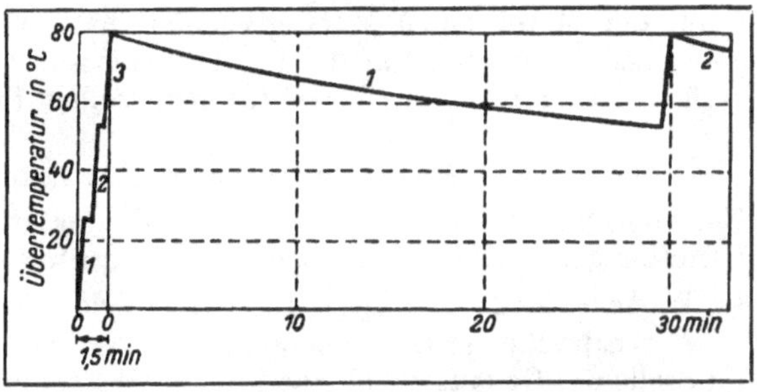

Bild 107. Temperaturverlauf bei einem Anlasser, nach den REA.

Zur Bestimmung der Anlaßzeit muß das Schwungmoment der bewegten Massen bekannt sein. Die für die Beschleunigung erforderliche Anlaßarbeit $N_b \cdot t$ in kW läßt sich nach folgenden Formeln berechnen:

$$N_b \cdot t = \frac{GD^2 n^2 + 364\, Q v^2}{28\,500\,000} \text{ für Flachbahnanlasser,}$$

$$N_b \cdot t = \frac{GD^2 n^2 + 364\, Q v^2}{32\,900\,000} \text{ für Walzenanlasser.}$$

Hierin ist GD^2 in kg m^2 die Summe der Schwungmomente aller umlaufenden Teile bezogen auf die Motorwelle

n = Drehzahl des Motors,

Q = geradlinig bewegte Massen in kg,

v = deren Geschwindigkeit,

t = Anlaßzeit in min.

Die Anlaßzeit läßt sich also ohne weiteres berechnen, wenn die für die Beschleunigung aufgewendete Anlaßleistung N_b angenommen wird.

Zulässige Belastung des Endkontaktes.

Ist der Anlasser nicht für Vollastanlauf des Motors gewählt, sondern nur für Halblast oder nach der Anwurfleistung, so kann der Fall eintreten, daß der Endkontakt des Anlassers für den Vollaststrom des Motors nicht mehr ausreicht. Dann ist der Anlasser in Betrieb durch einen Hebelschalter, der für den vollen Motorstrom ausreicht, zu überbrücken, der bei Gleichstromanlassern einpolig, bei Drehstromanlassern zwei- bzw. dreipolig gewählt werden muß. Bei Drehstrom-Läuferanlassern ist diese Überbrückung nicht erforderlich, wenn der Motor einen Bürstenabheber hat und die Schleifringe kurzgeschlossen werden können. Ist der Anlasser mit Ständerschalter ausgerüstet, so muß auch dieser für den vollen Ständerstrom ausreichen.

Anlaßarbeit und Erwärmung.

Nach den REA soll die Erwärmung der Widerstände bei ordnungsgemäßer Benutzung folgende Werte nicht überschreiten:

1. Widerstände mit Luftkühlung. Die Übertemperatur soll, an der Austrittstelle der Luft gemessen, nicht höher als 175° C sein, und keine Stelle des Gehäuses soll eine höhere Übertemperatur als 125° C zeigen.
2. Widerstände mit Ölkühlung. Das Öl soll an der wärmsten Stelle zwischen den Widerstandselementen nicht mehr als 80° C Übertemperatur zeigen.
3. Wasserwiderstände mit Zusatz von Soda u. dgl. Die Übertemperatur des Elektrolyten soll 60° C nicht überschreiten.

Besonders bei Anlassern mit Ölkühlung ist die Frage der Erwärmung von Wichtigkeit, weil die Gefahr des Überkochens vorliegt. Wenn ein Anlasser für die angegebene Anlaßzeit nicht ausreicht, so kann diese in folgender Weise berechnet werden:

Für die Erwärmung sind nachstehende Werte ausschlaggebend:

A_e: die einmalige Aufnahmefähigkeit in kW min,
A_s: die stündlich zulässige Aufnahmefähigkeit in kW min,
D: die dauernd zuführbare Leistung in kW,

wobei unter kW min das Produkt aus normaler Motorleistung und Anlaßzeit $(N \cdot t)$ zu verstehen ist.

Es ist die erforderliche einmalige Aufnahmefähigkeit:

$$A_e = \mathrm{Ntz},$$

oder die gesamte höchst zulässige Anlaßzeit $t \cdot z$ des Anlassers:

$$t \cdot z = \frac{A_e}{N}.$$

Die erforderliche stündliche Aufnahmefähigkeit in kW min ist:

$$A_s = \mathrm{Nth}$$

und die stündlich zulässige Anlaßzeit:

$$t \cdot h = \frac{A_s}{N},$$

wobei angenommen ist, daß das Öl stets nach dem Anlassen die Höchsttemperatur von 80° C erreicht.

Für Öl- und Flüssigkeitsanlasser sind die zulässigen Werte A_e, A_s und D folgender Tafel zu entnehmen, außerdem noch die Werte T_e, d. h. die für volle Abkühlung erforderliche Zeit in Minuten.

Modell	Größe	A_e kW min	T_e min	A_s kW min	D kW
Flüssigkeitsanlasser					
K 412	III	80	110	45	1,5
	IIIv	120	110	70	2,2
K 413	III	310	170	200	3,5
	IIIv	515	170	335	5
K 414	III	480	280	230	5
	IIIw	440	50	430	25
K 614	III	1400	420	490	10
	IIIw	1300	70	1200	50
K 415	III	3000	610	780	15
	IIIw	2800	110	2200	70
K 416	III	4400	660	1060	20
	IIIw	4200	130	3200	90
K 450	I	710	25	710	65
	II	1400	23	1400	130
	III	2000	16	2000	260
	IV	3100	17	3100	390
	V	4800	20	4800	500
	VI	5600	21	5600	650
	VII	8000	22	8000	750
Ölanlasser					
2 Kn 443	IV	580	900	105	1,5
	V	1000	1000	170	2,3
2 Kn 444	IV	580	900	105	1,5
	V	1000	1000	170	2,3
3 Kn 443 3 Kn 444	V	1600	1150	240	3,3
K 1144		2200	1300	290	4

Modell	Größe	A_e kW min	T_e min	A_s kW min	D kW
Ölanlasser					
K 450	I	270	25	270	25
	II	500	23	500	50
	III	700	16	700	100
	IV	1100	17	1100	150
	V	1750	20	1750	200
	VI	2100	21	2100	250
	VII	3000	22	3000	300
Kn 403 Kn 404	000	4,7	200	2,8	—
	00	12	220	6,7	—
	0	21	290	10	—
	I	45	400	16	—
	II	80	450	26	—
	III	—	—	—	—
Kn 423	0	47	340	19	—
	I	90	410	32	—
	II	156	470	50	—
Kn 424	0	29	340	12	—
	I	62	410	22	—
	II	110	470	35	—
Kn 443 Kn 444	0	9	200	5,4	—
	I	24	280	12	—
	II	44	350	18	—
	III	100	440	33	—
	IV	240	640	60	—
	V	400	700	92	—
Ölanlaßwalzen					
Kn 405	—	18	225	10	—
K 473 K 474 K 573	0	24	280	11	—
	I	42	375	16	—
	II	62	475	20	—
	III	110	520	33	—
	IV	200	620	51	—
	V	330	750	71	—
	VI	500	900	92	—
	VII	820	1050	140	—
	VIII	1400	1250	190	—

Soll z. B. ein Gleichstrommotor mit 80 kW Halblast bei einer Anlaßzeit von 20 s anfangs dreimal nacheinander, dann alle 30 min je einmal anlaufen, so ergibt sich aus obigen Gleichungen

$$A_e = N \cdot t \cdot z = \frac{80}{2} \cdot \frac{20}{60} \cdot 3 = 40 \text{ kW min}$$

$$A_s = N \cdot t \cdot h = \frac{80}{2} \cdot \frac{20}{60} \cdot 2 = 26{,}6 \text{ kW min.}$$

Diesen Werten entsprechen nach der Tafel die Anlasser *Kn* 404 *I* und *Kn* 404 *II*. Das kleinere Modell würde zwar in bezug auf die Anlaßzahl (einmalige Aufnahmefähigkeit), nicht aber hinsichtlich der Anlaßhäufigkeit oder der Erwärmung genügen, es ist deshalb *Kn* 404 *II* für 80 kW Halblastanlauf zu wählen.

Leistungschild. Nach den REA sollen Anlasser, Anlaßschalter, Anlaßtransformatoren, Schütze und elektromagnetisch betätigte Wächter ein Leistungschild haben, auf dem die nachstehend aufgezählten Angaben deutlich lesbar sind. Das Schild soll so angebracht werden, daß es auch im Betriebe bequem abgelesen werden kann. Der Verwendungszweck des Gerätes braucht nicht verzeichnet zu werden.

Allgemeine Angaben:

1. Hersteller oder Ursprungszeichen (falls nicht ein besonderes Firmenschild angebracht wird).
2. Modellbezeichnung oder Listennummer.
3. Fertigungsnummer (kann bei Massenerzeugnissen fortfallen).

Zusätzliche Angaben:

a) für Anlasser:

1. die Stromart (Gleichstrom *G*, Einphasenstrom *E*, Drehstrom *D*),
2. die Vollbelastung, $^1/_1$, des zugehörigen Motors (kW), unter Umständen daneben die Halblastleistung, $^1/_2$, z. B. $^1/_1$ 4,4 kW, $^1/_2$ 8,8 kW oder eine beliebige Minderleistung, z. B. $^3/_4$ 5,9 kW,
3. bei Gleichstromanlassern die Netzspannung (V),
4. bei Einphasen- und Drehstromanlassern für Schleifringmotoren die Grenzwerte

des zulässigen Läuferstromes i (A) und

des zulässigen Verhältnisses $\frac{e}{i} = \frac{\text{Läuferspannung}}{\text{Läuferstrom}}$ (Ω).

Ist mit dem Anlasser auch ein Ständerschalter verbunden, so ist auch die Netzspannung *E* (V) und der Ständerstrom *J* (A) anzugeben.

b) Für Anlaßschalter und Anlaßtransformatoren:

1. Die Stromart (*G* bzw. *E* oder *D*),
2. die Leistung des zugehörigen Motors (kW), z. B. $^1/_2$ 100 kW.

c) Für Schütze:
1. Die Stromart (G bzw. E oder D),

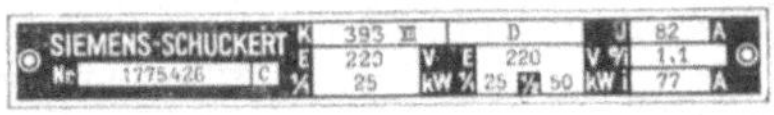

Bild 108. Leistungschild eines Anlassers.

2. die Stromstärke der Hauptkontakte für aussetzenden Betrieb (a) bzw. für Dauerbetrieb (d),
3. die Spannung der Erregerwicklung e (V),

d) Für Wächter:
1. Für Spannungswächter Stromart (G bzw. E oder D) und Spannung (V),
2. für Stromwächter Stromart (G bzw. E oder D) und Stromstärke (A).

In Bild 108 ist das Leistungschild eines Anlassers wiedergegeben.

Aufstellung, Betrieb und Behandlung der Anlasser.

Aufstellung. Der Aufstellungsort des Anlassers ist im allgemeinen in nächster Nähe des Motors zu wählen, damit nur kurze Verbindungsleitungen zwischen Anlasser und Motor notwendig werden und der Motor während des Anlaufens gut beobachtet werden kann. Bild 109 gibt ein Beispiel eines zweckmäßig aufgestellten Anlassers.

Bei Drehstrommotoren mit Schleifringläufer ohne Kurzschluß- und Bürstenabhebevorrichtung ist die Stärke der Verbindungsleitungen durch die am Motor angeschraubten Kabelschuhe oder bei kleinen Typen durch die heraushängenden Anschlußdrähte gegeben, wenn der Anlasser in unmittelbarer Nähe des Motors steht. Bei größerer Entfernung zwischen Motor und Anlasser müssen die Leitungsquerschnitte verstärkt werden, da sonst die Umlaufzahl des Motors vermindert wird. Wie weit diese Verstärkung nötig ist, hängt von der Verminderung der Umlaufzahl ab, die man bei Betrieb mit normaler Zugkraft außer der normalen Schlüpfung noch zulassen will.

Bild 109. Motor mit Anlasser im Betriebe.

Für einen angenommenen zusätzlichen Verlust s_z der Umlaufzahl kann der Querschnitt der Anlasserleitungen nach folgender

Formel bestimmt werden:

$$q = \frac{\sqrt{3} \cdot l \cdot i \cdot n_s}{S_z \cdot k \cdot e}$$

Hierin bedeutet:

q = Drahtquerschnitt der Anlasserleitung in mm²
l = Länge einer Leitung in Metern
n_s = synchrone Drehzahl
k = Leitfähigkeit (Kupfer = 57)
i = Läuferstromstärke
e = maximale Bürstenspannung (bei Stillstand des Läufers).

Die zusätzliche Schlüpfung ist also der Widerstandsvergrößerung durch die Verbindungsleitungen proportional.

Aus der auf dem Leistungschild der Drehstrommotoren angegebenen Bürstenspannung läßt sich dann die für normale Zugkraft erforderliche Läuferstromstärke nach folgender Gleichung mit genügender Genauigkeit bestimmen:

$$i = \frac{\text{Motorleistung in PS} \cdot 736}{e \cdot 1{,}73 \cdot 0{,}85}.$$

Beträgt z. B. bei einem Drehstrommotor von 12 PS Leistung, Drehzahl 1430, die einfache Länge der kupfernen Verbindungsleitung von den Schleifringen des Motors zum Anlasser 25 m und soll der zusätzliche Verlust bei voller Leistung 30 Umdr/min nicht überschreiten, so ist bei einer maximalen Bürstenspannung von 78 V:

$$i = \frac{12 \cdot 736}{78 \cdot 1{,}73 \cdot 0{,}85} = 77 \text{ A},$$

hieraus ergibt sich

$$q = \frac{\sqrt{3} \cdot 25 \cdot 77 \cdot 1500}{30 \cdot 57 \cdot 78} = \text{rd. } 37 \text{ mm}^2.$$

Der nächstliegende normale Querschnitt ist 35 mm², es ist also der Querschnitt jeder der 3 Verbindungsleitungen von 25 mm², der bei unmittelbar neben dem Motor aufgestellten Anlasser ausreicht, auf 35 mm² zu erhöhen.

Die Anlasser mit Luft- und Ölkühlung müssen vor Nässe und Staub geschützt werden. Anlasser mit Luftkühlung insbesondere sollen nicht in feuchten Räumen oder gar in säurehaltiger Luft aufgestellt werden, da in diesen das Widerstandsmaterial angegriffen wird: sie sind ferner so aufzustellen, daß die zur Abkühlung erforderliche Luft gut durchstreichen kann. Die **Kleinanlasser** mit Luftkühlung können in jeder Lage montiert werden. Die drehbaren Schildchen *A* und *E* zur Kennzeichnung der Stellungen sind dann in die richtige Lage zu bringen. Bild 110

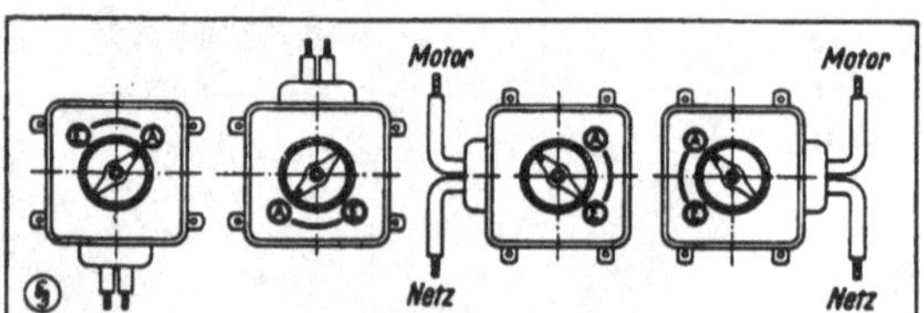

Bild 110. Kleinanlasser für Gleichstrom.

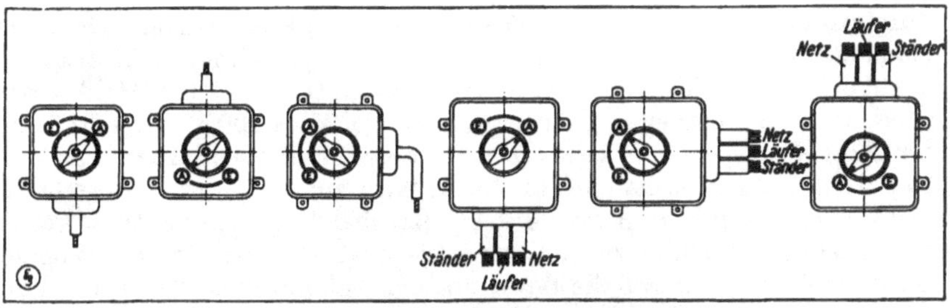

Bild 111. Kleinanlasser für Drehstrom.

zeigt die verschiedenen Anschlußmöglichkeiten für Gleichstrom, Bild 111 für Drehstrom. Kleinanlasser mit Sicherungen dürfen jedoch nur nach Bild 112, Ölanlasser nur stehend aufgestellt werden. Bei Anlassern mit Ölfüllung darf nur reines, wasserfreies Schalteröl verwendet werden, mit dem sie bis zur Marke zu füllen sind.

Anlaßwalzen können sowohl in gedeckten Räumen als auch im Freien aufgestellt werden. Im letzteren Falle verwendet man Kabelschutzkappen zur Abdeckung der Kabeleinführungen, wenn nicht eine besondere regensichere Abdeckung über der Anlaßwalze angeordnet wird. Bei Aufstellung in besonders feuchten und in säurehaltigen Räumen ist ein Schutzanstrich erforderlich; ferner soll der Raum gut gelüftet sein. Flüssigkeitsanlasser dürfen nur in frostfreien Räumen aufgestellt werden.

Die Klemmen des Anlassers sind entsprechend dem beigegebenen bzw. in der Abdeckung eingeklebten Schaltbild mit den Klemmen des Motors und dem Netz zu verbinden. Vor Inbetriebnahme des Anlassers sind die Schleifflächen und Kontaktschienen gut von Staub zu reinigen und mit Vaseline leicht einzufetten. Anlaßwalzen sind eingehend zu untersuchen, wenn nötig, zu säubern, die Lagerstellen der Kontaktwalze zu schmieren. Bei Flüssigkeitsanlassern wird die Sodamenge, die in der Flüssigkeit aufzulösen ist, am besten durch einen Versuch bestimmt.

Im allgemeinen soll der Gehalt an Soda so hoch sein, daß bei einer Eintauchtiefe der Bleche von $^2/_5$ ihrer Bogenlänge (am äußeren Rand gemessen) bei normaler Belastung der normale Betriebstrom auftritt bzw. der Motor anläuft. Läuft der Motor zu spät an, so ist mehr Soda hinzuzufügen. Am einfachsten wird in der Weise verfahren, daß nach beendetem Einbau die Flüssigkeitsgefäße bis auf etwa 2—3 cm unter der Marke mit Wasser gefüllt werden. Dann werden die Elektroden um $^2/_5$ der Bogenlänge in das Wasser hineingedreht. Nachdem nun der Ständerschalter eingelegt ist, wird in den drei Gefäßen gleichmäßig so lange konzentrierte Sodalösung zugesetzt, bis der Einschaltstrom dem normalen Betriebstrom gleich ist. Nach jedesmaligem

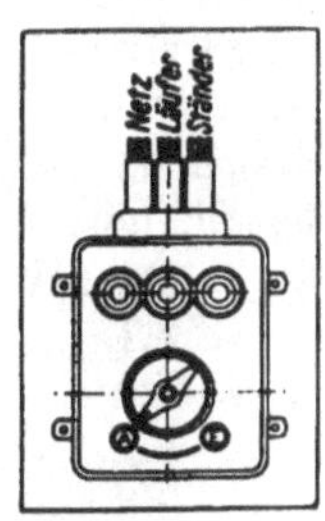

Bild 112. Kleinanlasser für Drehstrom, mit eingebauten Sicherungen.

Zusetzen der Lösung muß die Flüssigkeit gut gemischt werden. Der obere Rand der Gefäße ist etwa 3 cm breit mit Fett (Vaseline) zu bestreichen, um das Auskristallisieren von Soda zu verhüten. — Bei Heißwasseranlassern sind außer einer kleinen Sodamenge (etwa 200 g) zur Verhütung der Rostbildung dem Wasser keine weiteren Zusätze hinzuzufügen.

Betrieb. Zum Einschalten des Motors wird zunächst der Hauptschalter geschlossen, dann bewegt man die Anlaßkurbel langsam (bei Anlaßwalzen ruckweise) von Stellung zu Stellung entgegengesetzt der Drehrichtung des Uhrzeigers, und zwar soll die Bewegung der Anlaßkurbel entsprechend der sich steigernden Drehzahl des Motors vorwärtsschreiten. Bei zu schnellem Einschalten kann der Strom eine unzulässige Größe annehmen, und es treten an den Kontakten des Anlassers und am Kollektor des Motors schädliche Funken auf. Bei größeren Motoren ist während des Anlassens das Beobachten eines Stromzeigers zu empfehlen. Die Anlaßkurbel soll erst dann weitergeschaltet werden, wenn die Stromstärke, die beim jeweiligen Weiterschalten ansteigt, mit dem Nachlaufen des Motors wieder nahezu auf ihren normalen Betrag gesunken ist. Die Anlasser mit Funkenentziehung werden durch eine seitlich sitzende Kurbel betätigt. Das Schalten erfordert mehrere Kurbelumdrehungen, bei denen die Kurbel nur senkrecht (nach oben oder unten) gerichtet angehalten werden soll, damit der Funkenentzieher nur vorübergehend eingeschaltet ist. Ferner ist darauf zu achten, daß die Kurbel in der Endstellung des Anlassers so weit gedreht wird, daß beide Funkenlöscher geöffnet sind (Bild 113) und die Hauptbürste ganz auf dem Kontakt steht. Bei Drehstrom muß sofort nach dem Schließen des Ständerschalters angelassen werden, da sonst die Läuferwiderstände, die im Nullpunkt geschlossen sind, überlastet werden. Anlasser dürfen entweder nur ganz eingeschaltet oder ganz ausgeschaltet sein. Bei dauernder Stellung der Anlasserkurbel auf einer Zwischenstufe würde das Widerstandsmaterial überhitzt werden. Anfangs- und Betriebstellung sind am Anlasser bezeichnet. — Als normale Anlaßzeit gilt bei Motoren:

Bild 113. Anlasser mit Funkenentziehung, Hilfschalter geöffnet.

bis	1,5 kW	Anlaufleistung	6 s	bis	25 kW	Anlaufleistung	14 s
,,	3,1 ,,	,,	7 s	,,	35 ,,	,,	16 s
,,	4,4 ,,	,,	8 s	,,	50 ,,	,,	18 s
,,	6,2 ,,	,,	9 s	,,	70 ,,	,,	21 s
,,	8,8 ,,	,,	10 s	,,	100 ,,	,,	24 s
,,	12,5 ,,	,,	11 s	,,	130 ,,	,,	27 s
,,	17,5 ,,	,,	12 s	,,	185 ,,	,,	31 s

Zum Abstellen des Motors ist bei Drehstrom zuerst der Ständerschalter zu öffnen. Das Ausschalten muß bei Gleichstrom rasch geschehen außer bei Anlassern mit Funkenentziehung, bei denen langsam ausgeschaltet werden kann. Ausschalten vor Anlauf des Motors ist zu vermeiden. Ölanlasser sind nur für seltenes Anlassen bestimmt. Auf jeden belasteten Anlauf muß eine Abkühlperiode folgen (vgl. auch S. 52).

Behandlung. Die Betriebsicherheit elektrischer Schaltapparate ist zum großen Teil von ihrer Instandhaltung abhängig; Schaltapparate müssen ebenso wie Maschinen sachgemäß überwacht werden, wobei besonders den Kontakten Aufmerksamkeit zuzuwenden ist.

Anlasser, insbesondere die Kontakte und ihre Zwischenräume, sind wiederholt zu reinigen und mit einem Blasebalg auszublasen, die Kontakte mit Vaseline leicht einzureiben. Die Kontaktbürsten müssen mit der ganzen Fläche unter entsprechendem Druck aufliegen, was von Zeit zu Zeit zu prüfen ist. Wenn sich Brandstellen oder Perlen an den Kontakten zeigen, wie in Bild 114, so sind diese sofort zu entfernen und die Kontakte zu glätten. Dabei ist darauf zu achten, daß die Flächen wieder genau planparallel werden, es genügt also nicht, die Brandstellen blank zu reiben, sondern die ganze Kontaktfläche muß sorgfältig und gleichmäßig übergangen werden, bis die Vertiefungen verschwunden sind. Wenn der Kontakt durch irgendeinen Umstand oxydiert ist, so entferne man die Oxydschicht durch sorgfältiges Abschaben mit einem scharfen Schaber, dabei ist stets darauf zu achten, daß möglichst wenig Metall mit weggeschabt wird.

Bild 114. Anlasser mit Brandperlen an den Kontakten.

Die Behandlung der Kontaktflächen geblätterter Federn mit Schmirgel oder Schmirgelleinen ist unter allen Umständen zu vermeiden, weil Schmirgelreste sich in den Federn festsetzen und die Kontaktflächen zerstören. Anlasser mit selbsttätiger Ausschaltung müssen stets eine besonders glatte Kontaktbahn haben, damit beim Ausschalten die Feder auch sicher die Kurbel ganz in die Ausschaltstellung bewegt. Bei Anlassern mit Ölfüllung muß durch zeitweises Nachfüllen der Ölstand auf seiner normalen Höhe erhalten werden. Merklich verunreinigtes Öl ist vollständig zu erneuern. Vorher jedoch sind Widerstandsmaterial und Behälter mit Petroleum und Bürste zu reinigen.

Bei Anlassern mit Funkenentziehung ist dem Funkenentzieher besondere Aufmerksamkeit zuzuwenden. Er arbeitet richtig, wenn beim Einschalten die voreilende, im Querschnitt schwächer gehaltene Hilfsbürste in dem Augenblick, in dem der seitlich am Anlasser vorgesehene Hilfschalter (Funkenentzieher) sich eben schließt, den vor ihm liegenden Kontakt mit etwa $1/2$ bis $2/3$ ihrer Breite überdeckt, wie in Bild 115 dargestellt ist.

Dies ist von Zeit zu Zeit nachzuprüfen, nötigenfalls ist durch Einstellen der Kohlen am Hilfsschalter etwas nachzuhelfen. Unter allen Umständen muß dies geschehen, sobald sich Funken an den Metallkontakten der Kontaktplatte zeigen. Wenn die Kohlen des Hilfschalters abgenutzt sind, müssen sie nachgearbeitet werden. Hierzu werden die Kohlen an den Kontaktflächen so abgeschliffen, daß der Hebel in der ganzen Fläche gut aufliegt. Zu diesem Zweck wird der Kupferbügel des Hebels gegen die Kohle gedrückt und zwischen beiden ein Streifen Schmirgelleinen so lange hin und her gezogen, bis die Kohle glatt abgeschliffen ist (Bild 116). Sind die Kohlen zu stark abgenutzt, so müssen sie erneuert werden. Flüssigkeitsanlasser müssen nach Bedarf gründlich gereinigt und frisch gefüllt werden. Verdunstetes Wasser ist durch regelmäßiges Nachfüllen

Bild 115. Richtige Stellung der Funkenentzieher-Kontakte im Vergleich zur Kontaktbürste.

Bild 116. Nacharbeiten der Kohlen des Funkenentziehers.

zu ersetzen, so daß die Gefäße stets bis zur Marke mit Flüssigkeit gefüllt sind. Die Reibungsflächen sind ab und zu mit etwas Öl zu versehen; angegriffene Kontaktbleche sind zu erneuern.

An Heißwasseranlassern sind etwa entstehende Schlammablagerungen auf dem Boden des Ober- und Untergefäßes sowie Rostbildungen an den Porzellanteilen von Zeit zu Zeit durch kräftiges Ausspülen zu entfernen. Bei Reinigung des Anlassers und bei Ausbesserungen ist streng darauf zu achten, daß die Bleche nicht verbogen werden oder sich berühren und daß sie sämtlich in gleichem Abstande parallel aufgestellt sind. Wenn im Laufe der Zeit die Bleche durchrosten — was unvermeidlich ist —, so müssen sie erneuert werden. Anlaßwalzen sind mindestens jede Woche einmal zu öffnen und einer genauen Untersuchung und Reinigung zu unterziehen, um Betriebstörungen vorzubeugen. Schrauben, die sich gelockert haben sollten, sind wieder fest anzuziehen und zu sichern. Vor allem sind die Kontakthämmer durch Herausnehmen des Funkenlöschers (Bild 117) bzw. Fächerhalters freizulegen und sorgfältig zu untersuchen, weil von ihrem guten Zustand das betriebsichere Arbeiten der Anlaßwalze in erster Linie abhängt. Bei der Untersuchung ist darauf zu achten, daß die Kontaktfinger mit genügendem Druck auf ihre Kontaktringe gepreßt sind. Die

Kontaktfinger sollen so eingestellt sein, daß sie ungefähr 2 mm herunterfedern, wenn sie die Kontaktringe verlassen. Ein zu weites Herunterfedern verringert die Funkenstrecken und ist daher ebenso schädlich wie ein zu geringes Spiel, das einen ungenügenden Kontakt mit dem Kontaktring verursacht. Die Kontaktfinger werden durch Verstellen einer Stellschraube eingestellt, wie Bild 118 zeigt. Brandstellen an den Kontaktringen sind mittels Schmirgelleinen glatt und blank zu machen, und zwar nach Bild 119 in der Weise, daß Schmirgelleinen auf die Walze gelegt, der Kontaktfinger gegengepreßt wird und dann die Kontaktwalze hin und her gedreht wird. Die Schmirgelreste sind aber sorgfältig zu beseitigen,

Bild 117. Anlaßwalze mit herausgenommenem Funkenlöscher.

Bild 118. Einstellen der Kontaktfinger durch Verstellen der Stellschraube.

Bild 119. Behandlung von Brandstellen an den Kontaktringen von Anlaßwalzen.

am besten durch vorsichtiges Nachschaben mit scharfem Schaber. Stark abgenutzte Hämmer und Kontaktplättchen sowie unrund gewordene Kontaktringe, die sich nicht mehr abdrehen lassen, sind durch neue zu ersetzen, und es ist darauf die ganze Walze abzudrehen. Die Kontaktringe und Hämmer sind mit Vaseline leicht einzufetten. Die Lager der Walzen sind mit reinem Öl zu schmieren. Einzelne Fächerstücke des Funkenlöschers brennen mit der Zeit durch und müssen noch vor dem Durchbrennen erneuert werden. Es ist daher notwendig, von Zeit zu Zeit die Funkenfächer daraufhin zu untersuchen, wie weit die Abnutzung der einzelnen Fächerstücke vorgeschritten ist.

Bei allen Nacharbeiten an Anlassern jeder Art ist der Apparat durch Herausnahme der Sicherungen oder durch Öffnen des Hauptschalters von dem Netz abzutrennen. Bevor die Sicherungen wieder eingesetzt werden oder der Hauptschalter eingelegt wird, ist der Anlasser auszuschalten.

II. Teil: Regler.

Zweck und Verwendung der Regler.

Die Netzspannung fällt bei steigender Belastung ab, die an das Netz angeschlossenen Stromverbraucher (Motoren, Lampen usw.) verlangen aber gleichbleibende Spannung. Diese erzielt man bei den das Netz speisenden Generatoren durch einen Regelwiderstand, der in den Stromkreis eingeschaltet wird. Ebenso wird die Geschwindigkeit von Motoren durch Änderung der Größe eines Widerstandes geregelt.

Der Verwendung nach unterscheidet man folgende Arten von Reglern:

a) Feldregler, bei denen Widerstände in den Erregerstromkreis elektrischer Maschinen geschaltet werden.

1. Spannungsregler zur Regelung der Spannung von Generatoren. Bei Gleichstrom unterscheidet man Fremderregung (nach Bild 120), bei der die Spannung der Generatoren, wenn Drehzahl und Strom unverändert bleiben, von ihrem normalen Wert im Verhältnis von 1 bis etwa 0,1 verringert werden kann, und Selbsterregung (nach Bild 121), bei der eine Verringerung im Verhältnis von 1 bis 0,6 zulässig ist.
   Bei Drehstrom befindet sich der Regelwiderstand im Erregerstromkreis des Generators oder in dem der Nebenschluß-Erregermaschine. Verschiedene Schaltungen sind in Bild 122 bis 125 dargestellt und weiter unten (S. 68 und 69) erläutert.
2. Drehzahlfeldregler zur Drehzahlerhöhung von Motoren (Bild 126).
   Durch Änderung der Feldstärke ändert man die Drehzahl des Motors. Je mehr Widerstand eingeschaltet wird, desto schwächer wird das Feld, um so schneller muß also der Motor laufen, um dieselbe elektromotorische Gegenkraft zu erzeugen.

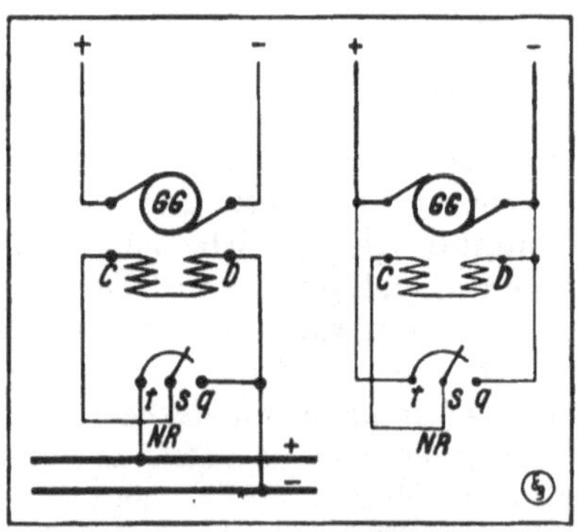

Bild 120 und 121.
Bild 120. Nebenschlußregler für fremderregte Gleichstrom-Generatoren.
Bild 121. Nebenschlußregler für selbsterregte Gleichstrom-Generatoren.
GG = Gleichstrom-Generator,
NR = Nebenschlußregler.

b) Regelanlasser dienen sowohl zum Anlassen als auch zum Regeln der Drehzahl von Motoren.

1. Hauptstrom - Regelanlasser haben zur Drehzahlverminderung

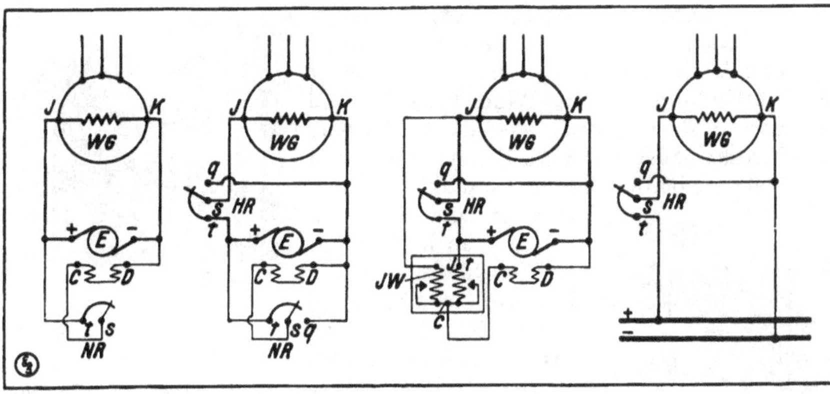

Bild 122 bis 125.

Bild 122. Regelung der Generatorspannung ausschließlich durch Feldänderung der Erregermaschine von Hand.

Bild 123. Regelung der Generatorspannung durch Hauptstromregler; Erregerspannung durch Nebenschlußregler konstant gehalten.

Bild 124. Regelung der Generatorspannung durch Hauptstromregler mit Justierwiderstand für die Erregermaschine.

Bild 125. Regelung der Generatorspannung durch Hauptstromregler; Erregung von einem Gleichstromnetz mit konstanter Spannung.

WG = Wechselstrom-Synchronmaschine, *E* = Erregermaschine, *HR* = Hauptstromregler, *JW* = Justierwiderstand, *NR* = Nebenschlußregler.

in dem Haupt- oder Läuferstromkreis eingeschaltete Widerstände, die auch zum Anlassen dienen.

2. Feldregelanlasser sind Anlasser, die mit einem Drehzahlfeldregler vereinigt sind (Bild 127).

3. Hauptstrom- und Feldregelanlasser; bei diesen sind die vorstehend unter 1 und 2 genannten Geräte vereinigt (Bild 128).

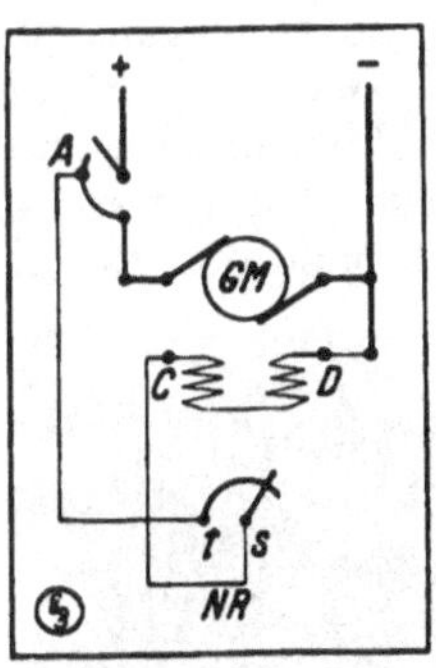

Bild 126. Nebenschlußregler für Gleichstrommotoren.
GM = Gleichstrommotor, *NR* = Nebenschlußregler, *A* = Anlasser.

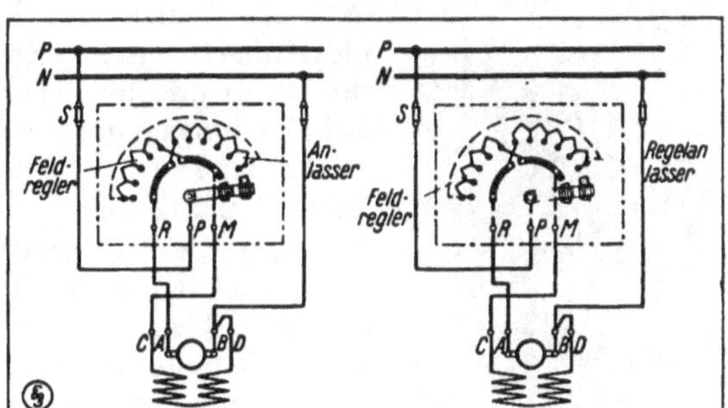

Bild 127. Feldregelanlasser.

Bild 128. Hauptstrom- und Feldregelanlasser.

Aufbau der Regler.

Der Aufbau der gebräuchlichsten Handregler ist ähnlich demjenigen der Flachbahnanlasser mit Luftkühlung. Das Widerstandsmaterial und dessen Form ebenso wie die Ausführung auf Rahmen oder auf Porzellanzylindern sind dieselben wie bei Anlassern. Kontakte, Stufenschalter und Bürsten kehren auch hier in gleicher Form wieder. Der Aufbau eines Reglers nach Bild 129 ist ganz ähnlich demjenigen eines einfachen Anlassers nach Bild 35 und 36. Es gilt deshalb sinngemäß das auf S. 12 u. ff. über Anlasser Gesagte auch für Regler. Sämtliche Regler können mit einer gegen Berührung schützenden Abdeckung der Kontakte versehen werden, von der aber bei Reglern für Generatoren Abstand genommen werden kann. Die Regler werden entweder durch Handkurbel oder mittels Kettenrad bzw. Kupplung betätigt, im letzteren Falle auch von der Rückseite.

Bild 129. Regler mit Handkurbel K 374.

Bild 130. Elmoregler A 122.

Die Elmoregler nach Bild 130 sind vorzugsweise zur Feldregelung von kleinen Maschinen bestimmt und können mit dem zu jedem Generator nötigen Zubehör, wie Meßgeräten, zweipoligem Netzschalter und Sicherungen, in gußeisernem Rahmen zu gefälligen Schalteinheiten zusammengestellt werden (Bild 131), wie sie für Beleuchtung von Einzelgehöften und Landhäusern, kleinen Industriestätten, Mühlen, für Lehrzwecke, Umformer für elektromedizinische Zwecke, Projektion u. dgl. oft Bedürfnis sind. Die Schaltrahmenanordnung ergibt eine wesentliche Vereinfachung und Verbilligung der Montage und eignet sich auch für transportable Anlagen. Die Stufenschalter dieser Regler haben spannungslose Mittelachse, gut fühlbare Rast für jede Stufe

Bild 131. Elmo-Generator-Schaltrahmen A 1225.

Bild 132. Regelanlasser K 394 II.

und Abdeckung aus Gußeisen, die sicher und doch leicht abnehmbar befestigt ist. Die Apparate werden nur für unmittelbare Handbedienung eingerichtet.

Bild 133.
Regelanlasser K 394 IV.

Der gebräuchlichste Regelanlasser ist hervorgegangen aus einem einfachen Anlasser nach Bild 35 bzw. 36 und einem Regler nach Bild 129. Er gleicht in seiner inneren Einrichtung und in seinem äußeren Aufbau ganz diesen Apparaten, wie aus Bild 132 und 133 ersichtlich ist. Es gilt deshalb sinngemäß das auf S. 12 u. ff. über Anlasser Gesagte auch für Regelanlasser. Im Gegensatz zu Reglern werden sie ebenso wie Anlasser stets mit einer gegen Berührung schützenden Abdeckung der Kontakte versehen. Die zum Anlassen und zum Regeln bestimmten Stellungen sind auf der Abdeckung bezeichnet. Auf den letzteren Stellungen kann die Kurbel beliebig lange stehenbleiben.

Verschiedene Arten von Reglern.

a) Nebenschlußregler für Gleichstromgeneratoren (Schaltbild 120 und 121).

Die Ausführung ist aus Bild 129 ersichtlich, für größere Erregerleistungen ist Modell K 544 nach Bild 134 bestimmt. Für gewöhnlich ist die Anordnung des Stufenschalters nach Bild 135 mit Kurzschlußkontakt, für umfangreiche Regelung wird vorteilhaft die Anordnung nach Bild 136 gewählt, bei der ein fester Widerstand am Netz und die Magnetwicklung *w* parallel dem regelbaren Teil des Widerstandes liegen. Man verwendet diese Anordnung besonders bei Zusatzmaschinen, um den Widerstandswert nicht zu groß werden zu lassen. Der Schalter *t* trennt in der Nullstellung den Widerstand vom Netz ab. Wenn es erwünscht ist, eine möglichst große Anzahl von Stufen zu erhalten, so verwendet man Regler mit Grob- und Feinreglung nach Bild 137. Bei 20 Grob- und 10 Feinstufen, entsprechend 21 und 11 Kontakten, ergeben sich 11 × 21 = 231 Regelstellungen. Dabei ist eine grobe Stufe gleich 11 feinen Stufen zu wählen. Der Nachteil der

Bild 134.
Regler für größere Leistungen K 544.

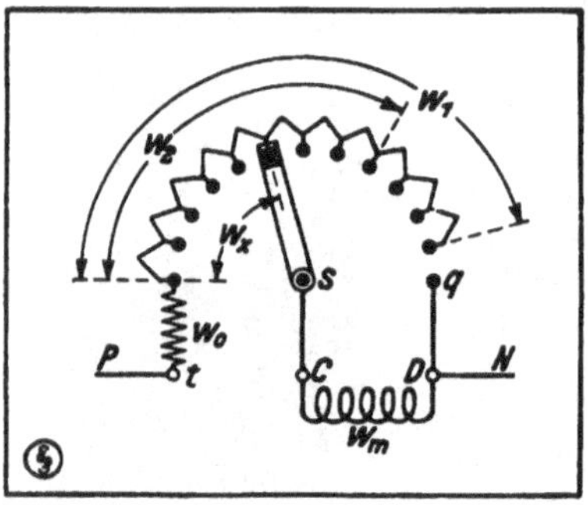

Bild 135.
Übliche Anordnung des Stufenschalters.

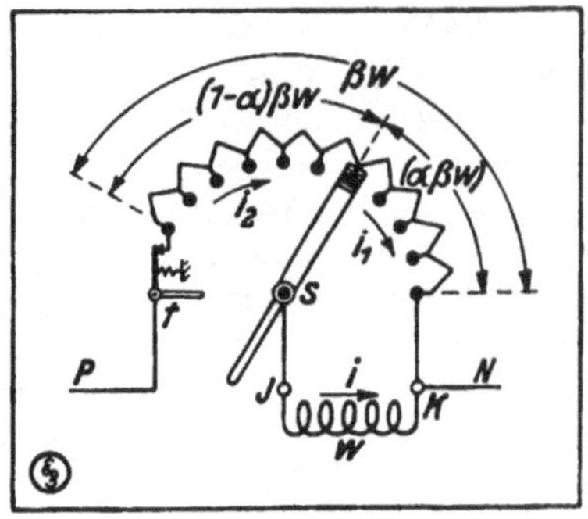

Bild 136. Anordnung des Stufenschalters für umfangreiche Regelung.

Grob- und Feinreglung liegt in der Unstetigkeit der Regelung; wenn nämlich die Feinkurbel am Ende angelangt ist, muß die Grobkurbel einen Kontakt weiterbewegt und die Feinkurbel in die andere Endlage zurückgebracht werden, so daß ein der Grobstufenzahl entsprechender Regelsprung entsteht, der erst durch die Feinkurbel wieder ausgeglichen werden muß. Diesen Nachteil vermeidet der Potenzstufenschalter nach Bild 138. Die Feinstufen des unteren Stufenschalters werden parallel zu der jeweiligen letzten Grobstufe geschaltet. Die beiden Kontakthebel sind durch Schalträder zwangläufig verbunden in der Weise, daß nach einer Drehung des Feinschalters der Grobschalter sprungweise um einen Kontakt weitergeschaltet wird. Bei 20 Grob- und 30 Feinstufen ergeben sich 600 Regelstellungen.

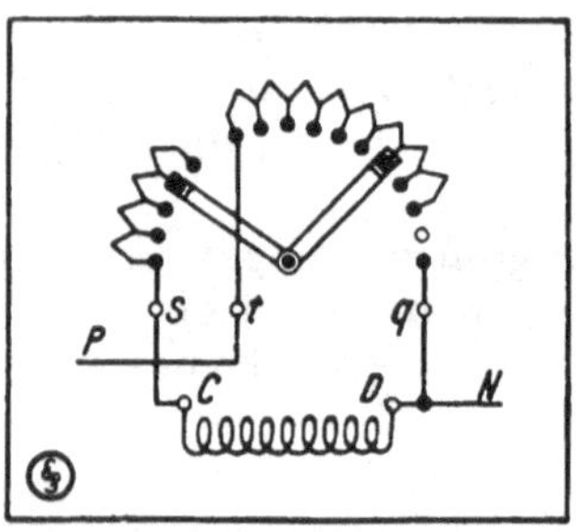

Bild 137.
Regler mit Grob- und Feinregelung.

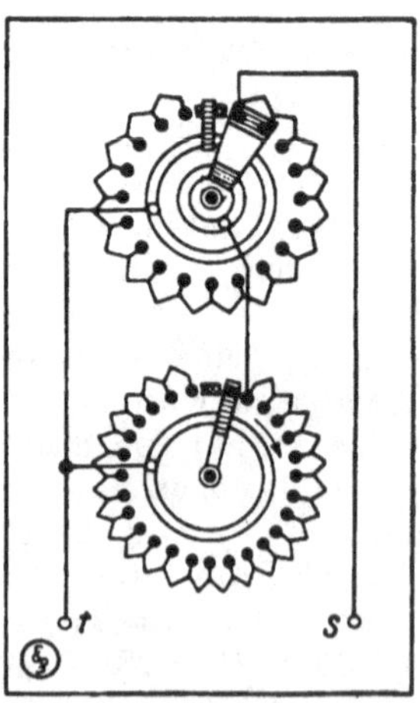

Bild 138.
Potenz-Stufenschalter.

b) Regler für Erregermaschinen von Wechselstrom-Synchronmaschinen (Schaltbild 122) und für Synchronmotoren mit Selbstanlauf.

Die Generatorspannung wird ausschließlich durch Feldänderung der Erregermaschine geregelt. Die Regler liegen im Nebenschluß der Erregermaschine; die Spannung der Wechselstromgeneratoren kann mit ihnen in feinen Stufen, bis auf 80 % der Nennspannung herab, durch Veränderung der Spannung der Erregermaschine eingestellt werden, außerdem in mehreren groben Stufen auf 50 % der Nennspannung. Hierbei bleibt aber die Spannung der Erregermaschine nicht konstant, sondern ändert sich etwa im Verhältnis 1:5, also z. B. von 20 bis 110 V, Notbeleuchtung und Hilfsantriebe können deshalb an die Erregerspannung nicht gelegt werden.

Die gleichen Regler kommen für Synchronmotoren mit Selbstanlauf in Betracht, weil hierbei die Läuferwicklung des Synchronmotors über den Anker der Erregermaschine stets kurz geschlossen ist und das Auftreten von hohen transformatorischen Spannungen im Erregerstromkreis beim Anlauf vermieden wird. Die Erregerstromkreise können daher für Niederspannung isoliert werden.

Die Ausführung ist die gleiche wie unter a).

c) Hauptstromregler für Wechselstrom-Synchronmaschinen (Schaltbild 123 bis 125).

Diese Regler liegen unmittelbar im Erregerstromkreis des Wechselstromgenerators.

Da sie mit konstanter Erregerspannung zu arbeiten gestatten, werden sie hauptsächlich verwendet:

1. wo Notbeleuchtung und Hilfsantriebe von der Erregermaschine gespeist,
2. wo von einer gemeinsamen Erregermaschine mehrere Generatoren erregt werden und
3. wo für die Erregung ein Gleichstromnetz mit gleichbleibender Spannung zur Verfügung steht.

Die Regler gestatten Feinreglung bis auf 80 % der Nennspannung herab mit ± 1 % Genauigkeit. Außerdem kann in etwa 5 Stufen die Spannung auf 50 % der Nennspannung herabgedrückt werden.

Ist die für die Erregung zur Verfügung stehende Spannung E größer als die Erregerspannung e, so muß wegen des erforderlichen festen Vorschaltwiderstandes der Regler für eine scheinbar größere Erregerleistung N' nach folgender Formel bestimmt werden: $N' = \left(2{,}5\,\frac{E}{e} - 1{,}5\right) N$ kW, wobei N den Wert des als „Magneterregung" bezeichneten Leistungsbedarfs bedeutet.

Zur Konstanthaltung der Spannung der Erregermaschine ist ein Nebenschlußregler nach a) vorzusehen, oder es kann ein Justierwiderstand verwendet werden (D. R. P.), wenn die Erregermaschine nur für einen Generator bestimmt ist. Ausführung wie unter a).

d) Nebenschlußregler für Gleichstrommotoren (Schaltbild 126).

Die Regler dienen zur Regelung der im Feld regelbaren Motoren und werden stets nicht ausschaltbar gebaut; sie sind mit einer Schutz-

abdeckung versehen, die das Berühren der Kontakte verhindert. Ausführung sonst wie unter a), Modell K 374.
Die Auswahl des zu einem Motor gehörigen Reglers erfolgt unter Zugrundelegung der in den Maschinenlisten angegebenen „Kilowatt“-Werte.

e) Nebenschlußregler für Wechselstrom-Gleichstrom-Einankerumformer.

Das Schaltbild ist in Bild 139 dargestellt. Ausführungsform Modell K 374.

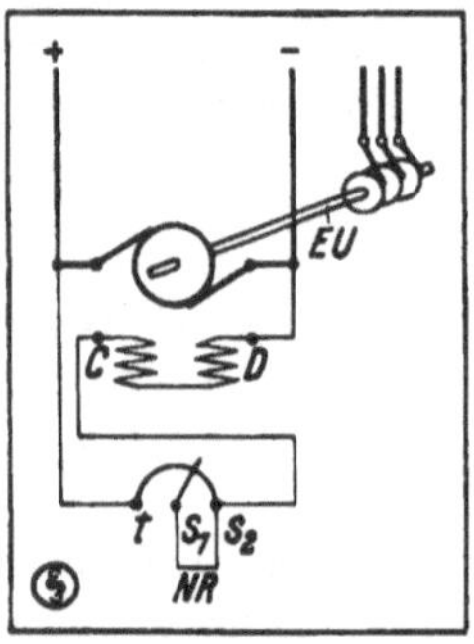

Bild 139.
Nebenschlußregler für Einankerumformer.
EU = Einankerumformer,
NR = Nebenschlußregler.

f) Regler für Motorgeneratoren.

Als Regler sind solche der entsprechenden Motoren bzw. Generatoren zu wählen.

g) Regelanlasser (Schaltbild 127 und 128).

Regelanlasser gestatten für Nebenschluß- und Hauptstrommotoren eine dauernde Abwärtsregelung um 50 %, für Nebenschlußmotoren außerdem eine Aufwärtsregelung durch Feldschwächung um 15, 50, 100 oder 200 % nahezu unabhängig von der Drehzahl des Motors. Vorausgesetzt ist dabei, daß das Drehmoment während des ganzen Regelbereiches gleich bleibt (Ausführung *u*).
Bei Drehstrommotoren mit Schleifringläufer gestatten sie eine dauernde Abwärtsregelung um 25, 50 oder 75 % (Ausführung *t*). Der Widerstand ist so bemessen, daß die angegebene Regelung noch bei 80 % des normalen Drehmomentes möglich ist. Bei geringerem Drehmoment verringert sich der Regelbereich entsprechend. Es ist aber zu beachten, daß der Motor nicht dauernd das volle Drehmoment bei verminderter Drehzahl abgeben kann. Es ist deshalb bei dauernder Abwärtsregelung ein größerer Motor zu wählen.
Die einmal eingestellte Drehzahl bleibt bei der Abwärtsregelung nur bei konstantem Drehmoment dieselbe. Je größer die Verminderung der Drehzahl und je kleiner das Drehmoment ist, desto größere Schwankungen der Drehzahl sind bei Schwankungen des Drehmomentes zu erwarten. Sollen Regelanlasser Verwendung für Ventilatoren und Zentrifugalpumpen finden (Ausführung *v*), so ist eine Sonderausführung mit besonderer Abstufung der Anlasser erforderlich.
Als normaler Regelanlasser kommt die Ausführung Modell K 394, 393, 533, ferner für kleine Nebenschluß- und Hauptstrommotoren Modell A 120/121 nach Bild 140 in Betracht. Es können aber auch die auf S. 19 angeführten Anlaßwalzen als Regelanlaßwalzen ausgeführt werden, und zwar für Nebenschlußmotoren zur Aufwärtsregelung um 15, 50, 100 oder 200 % und bei Drehstrommotoren mit Schleifringläufer zur Abwärtsregelung der Drehzahl.

Selbsttätige Regelanlasser für Motoren mit Nebenschlußregelung werden hergestellt, indem die auf S. 43 beschriebenen Selbstanlasser K 1214 und K 834 mit einer Einrichtung versehen werden, die während der Anlaßperiode den Nebenschlußregler kurzschließt. Der Nebenschlußregler kann von Hand oder selbsttätig betätigt werden.

Bild 140. Regelanlasser für kleine Hauptstrom- und Nebenschlußmotoren.

Die auf S. 32 bzw. 36 genannten Flüssigkeitsanlasser und Heißwasseranlasser können ebenfalls als Regelanlasser verwendet werden, auch in anderen Bauarten, auf die aber in diesem Band nicht eingegangen werden soll, da sie nicht normale Apparate sind, sondern für Sonderfälle bestimmt sind (selbsttätige Schlupfregler, Walzenstraßenapparate u. dgl.). Schließlich sind noch die auf S. 25 bzw. 27 erwähnten Steuerwalzen für Kranbetrieb und Fahrschalter für Bahnbetrieb als Regelanlasser anzusprechen. Sie dienen sowohl zum Anlassen als auch zur Regelung der Drehzahl von Hauptstrommotoren.

Selbstregler.

Je nach der Regelgeschwindigkeit unterscheidet man 3 Arten von Selbstreglern, nämlich Trägregler, Eilregler und Schnellregler.

Der Trägregler arbeitet in der Weise, daß ein Hilfsmotor durch ein Relais beeinflußt wird, das an die zu regelnde Spannung angeschlossen ist. Bei Gleichstrom hat das Relais ein Solenoid, in dem ein Kern mit einem Kontakt schwebt, der sich bei zu hoher oder niedriger Spannung gegen einen oberen oder unteren Kontakt legt. Die Spule des Relais liegt über einem hochohmigen Widerstand an der konstant zu haltenden Spannung. Durch Verkleinern oder Vergrößern des Vorschaltwiderstandes kann die Netzspannung erniedrigt oder erhöht werden.

Das Gleichstromrelais R 648 hat kleinen Kontaktdruck und einen fest eingestellten Widerstand. Für größeren Kontaktdruck ist das Relais K 1227 (Bild 141) bestimmt. Seine Energieaufnahme ist entsprechend größer. Die dämpfende Wirkung einer Glyzerinpumpe macht das Relais gegen kurze Schwankungen unempfindlich.

Bild 141. Gleichstromrelais für Trägregler.

Das Spannungsrelais für Wechselstrom K 1226 ist genau wie das Relais K 1227 für Gleichstrom ausgeführt, nur hat es Kontaktverstärker, die nach dem Berühren des Kontaktes den Kontaktdruck verstärken und so die leisen, von der Periodenzahl herrührenden Schwankungen nicht als Kontaktöffnungen auftreten lassen. In Verbindung mit K 1226 wird das erforderliche Schaltwerk für den Hilfsmotor stets für

Bild 142. Trägregler K 1224 t.

Wechselstrom ausgeführt und liegt mit am Spannungswandler des Relais.
Erhält nun der Hilfsmotor Strom, so verstellt er die Bürste des im Generatorfeld liegenden Reglers so lange, bis bei erreichtem Sollwert das Spannungsrelais durch Zurückkehren in die Mittellage zwischen die beiden Kontakte das Schaltwerk abstellt und den Hilfsmotor stillsetzt. Als Mittelwert für Durchlaufen des gesamten Regelbereiches gilt etwa 45 s.
Da sämtliche Feldregler für Generatoren ausschaltbar geliefert werden, könnte es vorkommen, daß der Regler im Betrieb versehentlich in die Ausschaltstellung läuft, was Störungen verursacht, wenn andere Maschinen auf das Netz parallel arbeiten. Um die schwächste Erregung zu begrenzen und den Hilfsmotor am Weiterlaufen zu hindern, öffnet deshalb ein Endabschalter den Hilfsmotorstromkreis. Ein gleicher Endschalter sorgt dafür, daß die Bürste des Reglers in der Stellung für stärkste Erregung nicht gegen den Anschlag gedrückt wird und der Hilfsmotor festgebremst unter Strom bleibt und Schaden leidet.
Wird das vollständige Ausschalten des Reglers durch einen Druckknopf bewirkt, so ist in der voll ausgeschalteten Stellung der Hilfsmotor durch einen dritten Endausschalter ebenfalls abzuschalten. Wird aber von Hand ausgeschaltet, ohne Zuhilfenahme des Verstellmotors, so kann der dritte Endausschalter wegfallen. Bei kleineren Reglern für Einzelantriebe werden Regler, Hilfsmotor und Schaltwerk unmittelbar zusammengebaut, Modell K 1224 (Bild 142), während bei größeren Reglern (Modell K 544) der Hilfsmotor mit den zugehörigen Übersetzungen als Einzelantrieb K 1230 (Bild 143) geliefert und das Schaltwerk auf den Regler aufgebaut wird.

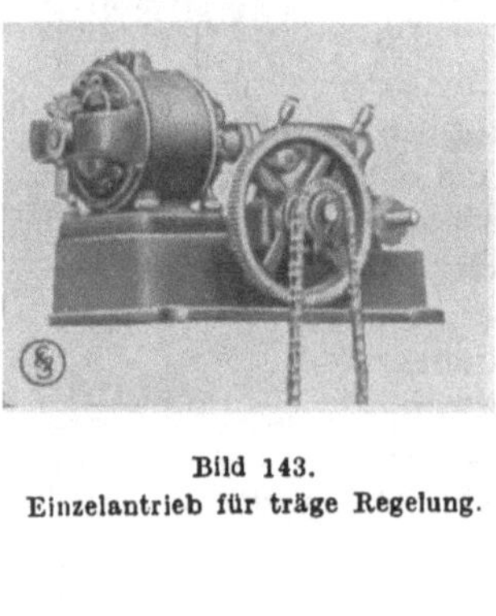

Bild 143.
Einzelantrieb für träge Regelung.

Das Schaltbild eines Trägreglers mit Relais K 1227 ist in Bild 144 dargestellt.
Die Trägregler wirken auf den Feldregler der Generatoren und setzen nahezu konstante Erregerspannung voraus.
Sie werden für Gleich- und Wechselstromkraftwerke verwendet. Die einfachen Relaisanordnungen bedingen langsames Verstellen des Feldreglers, um dem Erregerstrom Zeit zum Erreichen seines Endwertes zu geben, bevor eine neue Änderung des Erregerstromes eintritt. Deshalb sind die Träg-

regler nur für solche Zentralen geeignet, in denen Spannungsänderungen selten auftreten und langsam verlaufen, die also überwiegend Lichtbelastung haben. und in denen bei sorgfältigster, wenn auch angestrengter Bedienung des Feldreglers eine Regelung von Hand einwandfreie Verhältnisse ergeben würde.

Über gleichzeitiges Verstellen mehrerer Regler durch Gruppenantrieb N 1233 vgl. S. 84.

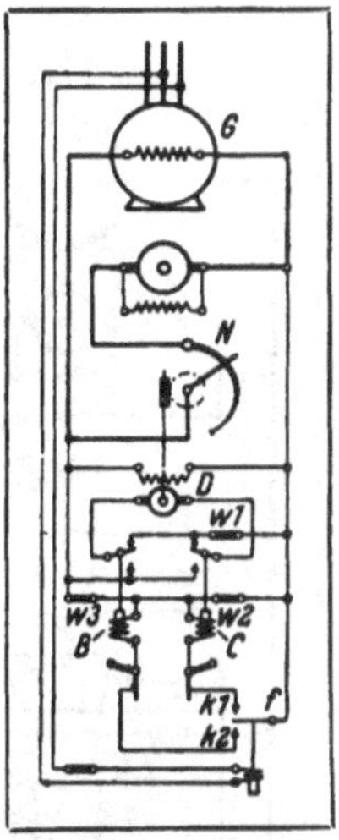

Bild 144. Schaltbild des Trägreglers.

Der Eilregler entspricht in seinem Aufbau und der Wirkungsweise dem Trägregler, nur ist die Übersetzung zwischen Hilfsmotor und Schnecke so ausgeführt, daß die Umlaufzeit der Bürsten etwa 10 s beträgt. Es wird ausschließlich ein Gleichstromhilfsmotor verwendet, der von einer vorhandenen Gleichstromquelle oder einer Erregermaschine gespeist wird. Um jede Erregermaschine dafür verwenden zu können, sind sie alle für die gleiche Spannung auszuführen und ist ein zweipoliger Umschalter vorzusehen, mit dem die Hilfstromkreise auf jeden Erreger geschaltet werden können.

Der wesentliche Unterschied gegenüber dem Trägregler liegt im Spannungsrelais. Bei Gleichstrom wird das Relais K 1229 verwendet, das dem Relais K 1227 (Bild 141) des Trägreglers gleicht, aber Kontaktverstärkungspulen erhält, deren Wirkung durch eine dem Anker des Hilfsmotors parallel liegende Rückführspule aufgehoben wird (Bild 145). Durch die Rückführspule wird dem Relais eine Kraft zugeführt, die den Kontakt vorzeitig öffnet, wodurch eine Erhöhung der Regelgeschwindigkeit möglich wird.

Bei Wechselstrom kann eine ähnliche einfache Anordnung nicht ausgeführt werden. Hier wird die vorzeitige Kontaktöffnung durch eine Wirbelstromrückführung bewirkt, Relais K 1228. Die Wirbelströme werden von einem umlaufenden Magneten in einer mit dem Kontaktsystem verbundenen Trommel erzeugt. Der Antriebsmotor der Wirbelstromrückführung liegt parallel zum Bürstenverstellmotor und wird somit gleichzeitig mit diesem ein- und umgeschaltet (Bild 146).

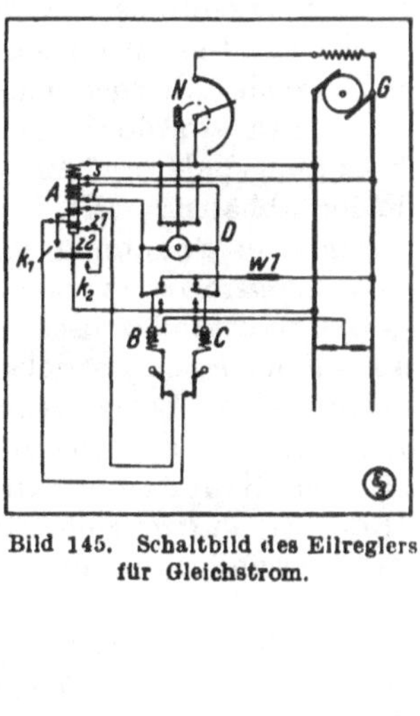

Bild 145. Schaltbild des Eilreglers für Gleichstrom.

Der Eilregler gleicht in seiner Wirkungsweise dem Trägregler, da aber die Verstelldauer der Bürste nur etwa 10 s beträgt, kann er auch für rasch verlaufende Spannungschwankungen, und wenn eine Handregelung keine genügende Konstanthaltung der Spannung ergeben würde, Verwendung finden.

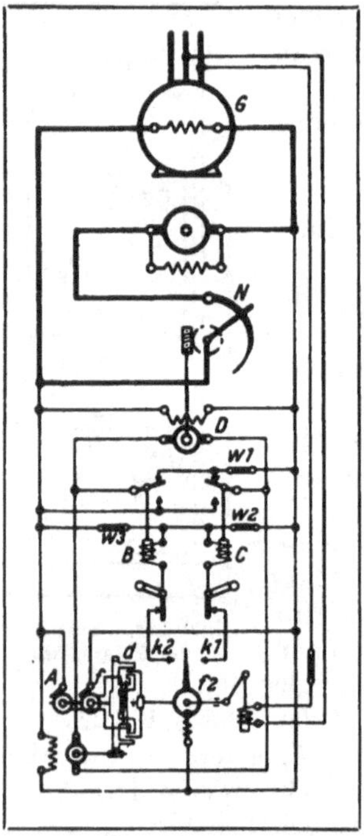

Bild 146. Schaltbild des Eilreglers für Wechselstrom.

Der Schnellregler beeinflußt im Gegensatz zum Träg- und Eilregler den Nebenschlußregler der Erregermaschine. Er arbeitet ohne Hilfsmotor lediglich mit Relais.

Der Schnellregler hat 3 Relaissysteme: das Spannungs-, das Zitter- und das Zwischenrelais. Das Spannungsrelais liegt über einem hochohmigen Widerstand an der gleichzuhaltenden Spannung und ist durch ein Federsystem mit dem Zitterrelais verbunden, das von der Spannung der Erregermaschine gespeist wird. Die Hauptkontakte des Zitterrelais schließen die gewöhnlich ebenfalls an der Erregermaschinenspannung liegende Spule des Zwischenrelais periodisch kurz. Die Zwischenrelaiskontakte wiederum schließen bei kurzgeschlossener Spule den im Betrieb ganz vorgeschalteten Nebenschlußregler der Erregermaschine kurz, so daß deren Spannung auf den höchsten Betrag anzusteigen sucht. Diese ansteigende Spannung erhöht die Zugkraft des sehr empfindlichen Zitterrelais. Es zieht seinen Anker an und gibt die Spule des Zwischenrelais frei, so daß dessen Anker angezogen und der Nebenschlußregler des Erregers ganz vorgeschaltet wird. Die Erregerspannung sinkt jetzt wieder, das Zitterrelais schließt seinen Kontakt und damit die Spule des Zwischenrelais kurz, so daß die Erregerspannung wieder ansteigt und so der beschriebene Vorgang von neuem beginnt. Das Zitterrelais stellt also eine pulsierende Erregerspannung ein, deren Mittelwert von der Zugkraft der zwischen Spannungspule und Zitterrelais liegenden Feder abhängt. Die Feder wird bei abweichender Spannung so lange durch das Spannungsrelais verändert, bis Gleichgewichtszustand zwischen ihr und der den augenblicklichen Betriebsverhältnissen entsprechenden Erregerspannung hergestellt ist. Beim Arbeiten des Schnellreglers ist der Hauptstrom-Erregerstromregler *w* (Bild 147) kurzgeschlossen. Er kann daher ganz wegfallen, wenn bei Handbedienung

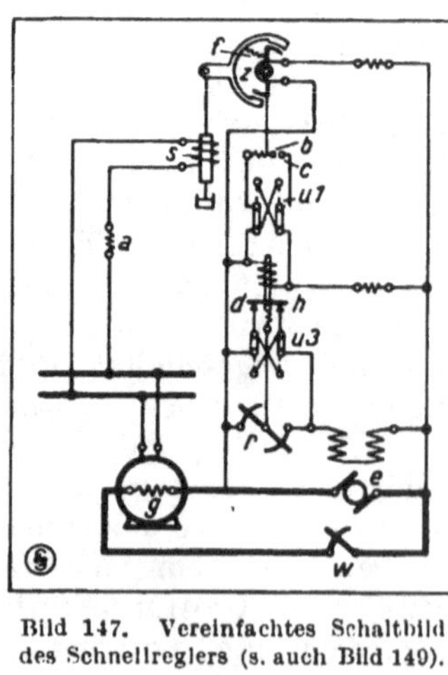

Bild 147. Vereinfachtes Schaltbild des Schnellreglers (s. auch Bild 149).

die Spannung mit dem Nebenschlußregler *r* des Erregers eingestellt werden kann. Den Aufbau des Schnellreglers zeigt Bild 148. Der Schnellregler arbeitet nur im Feld der Erregermaschine. Er ist deshalb, von Ausnahmefällen abgesehen, nur für Drehstromgeneratoren geeignet. Er erfordert stets eine besondere Erregermaschine, die infolge ihrer schwankenden Spannung für andere Zwecke, wie Beleuchtung des Maschinenraumes, nicht verwendet werden kann, und ist daher auch nicht für Anschluß an eine etwa vorhandene Erregerbatterie zu verwenden. Der Schnellregler ist nie in Ruhe und arbeitet auch bei vollständig gleichmäßiger Last. Da er lediglich durch längere oder kürzere Berührung eines einzigen Kontaktes bzw. Kontaktsatzes den ganzen Regelbereich beherrscht, so eignet er sich besonders für solche Betriebe, bei denen eine Handregelung nicht mehr möglich ist. Der Schnellregler kommt in erster Linie für raschlaufende Erregermaschinen, also für Turbogeneratoren, in Betracht, während bei langsamlaufenden Generatoren und großen Erregermaschinen im allgemeinen der Eilregler zu wählen ist, der einfacher in der Unterhaltung ist.

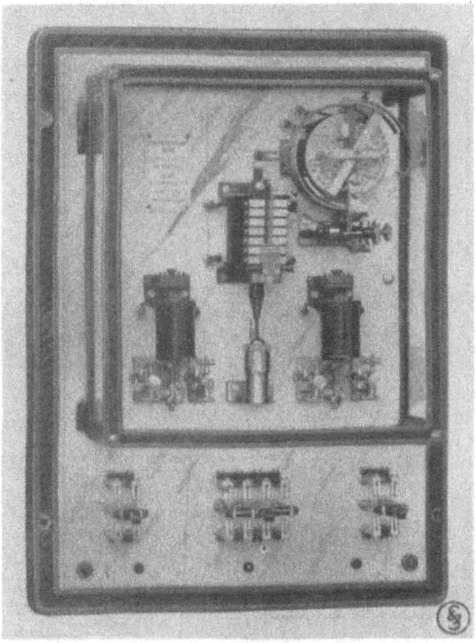

Bild 148. Schnellregler K 1200.

Die Wahl der Regleranordnung und die Anzahl der aufzustellenden Regler wird bestimmt durch die Anzahl und Größe der Maschinen, ferner durch die Anzahl der etwa getrennt arbeitenden Sammelschienensysteme, die Größe der plötzlich auftretenden Lastschwankungen und schließlich durch die Stromart. Auf diese Verhältnisse soll in diesem Band nicht näher eingegangen werden [1]).

Aufstellung, Betrieb und Behandlung der Regler.

Aufstellung. Die verschiedenen Möglichkeiten der Aufstellung von Reglern sind im Abschnitt III auf S. 79 eingehend behandelt.

Die Träg- und Eilregler sind in einem trockenen, säurefreien Raum so aufzuhängen, daß sich der Stufenschalter unten, die Relais oben befinden. Der Luftzutritt von unten und der Austritt der Luft oberhalb des Widerstandes darf nicht behindert sein.

[1]) Näheres über Schnellregler siehe: „Dr. Natalis, Die selbsttätige Regulierung der elektrischen Generatoren". Verlag Vieweg, Braunschweig.

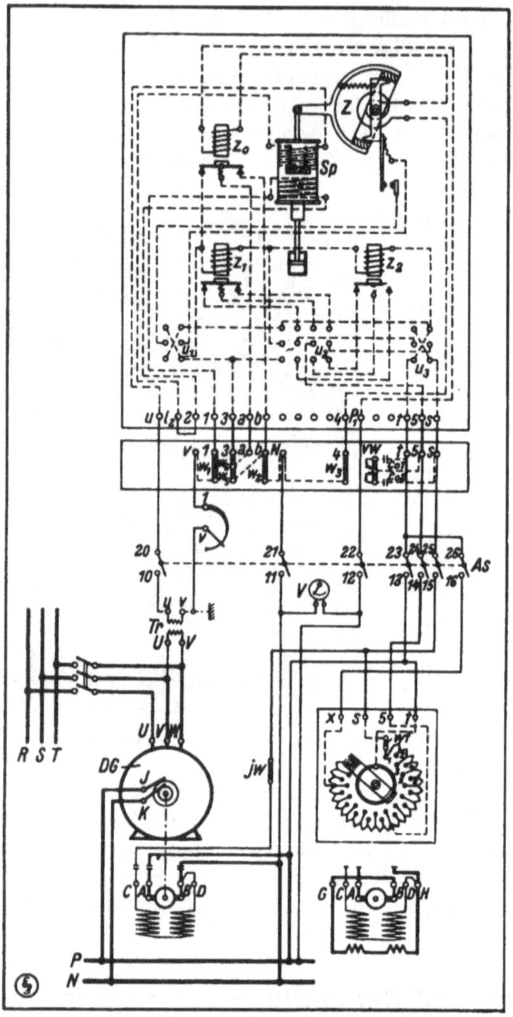

Bild 149.
Vollständiges Schaltbild des Schnellreglers.

Co_{1-2} = Kondensatoren, W_{1-4}, VW = Vorschaltwiderstände, As = Abschalter, DG = Drehstromgenerator mit Erregermaschine, Sp = Spannungspule, Tr = Spannungswandler, U_{1-3} = Umschalter, V = Spannungsmesser für die Erregung, W = Nebenschlußregler, X = Regulierwiderstand, Z = Zitterspule, Z_{1-2}' = Zwischenrelais, Zo = Hilfsrelais.

Der Schnellregler soll leicht übersichtlich in Augenhöhe eingebaut sein, und zwar, wenn irgend möglich, zusammen mit den Zubehörapparaten auf einem Felde der Schalttafel.

Betrieb. Die Betätigung der Regler, die auf der Vorderseite der Schalttafel untergebracht sind, ergibt sich von selbst. Über solche Regler, die nicht zugänglich sind, ist Näheres auf S. 79 u. ff. gesagt.

Bei **Träg- und Eilreglern** sind vor dem ersten Inbetriebsetzen die Anschlüsse genau zu prüfen, insbesondere sollte man sich vergewissern, daß der Hilfsmotor bzw. die Kontaktkurbel dem vom Spannungsrelais gegebenen Befehl im richtigen Drehsinn folgt. Berührt das Spannungsrelais den oberen Kontakt (Spannung zu hoch), so müssen die Bürsten im Uhrzeigersinne laufen. Anderenfalls sind die beiden Drähte, die vom oberen und unteren Kontakt des Relais nach dem Endausschalter des Reglers führen, zu vertauschen. Die Kontaktkurbel ist bei Modell K 1224 mit dem Schneckenrade durch eine Rutschkupplung verbunden, so daß sie bei Bedarf ohne weiteres von Hand verstellt werden kann; bei K 1230/31 muß vorher durch den Knebel die Schnecke ausgeschaltet werden.

Zum Inbetriebsetzen des Schnellreglers sind folgende Handgriffe vorzunehmen (vgl. Bild 149).

1. Abschalter einlegen,
2. die beiden zweipoligen Umschalter nach unten oder oben einlegen,
3. die mehrpoligen (mit roten Griffrändern versehenen) Umschalter nach oben oder unten einlegen,
4. Nebenschlußregler auf „Spannung tiefer" bis zum Anschlag drehen,
5. etwa vorhandene Erregerstromregler auf „Spannung höher" bewegen. Die Erregerspannung darf jedoch nicht unter den auf dem Schild angegebenen niedrigsten Wert sinken.

Das Außerbetriebsetzen des Schnellreglers vollzieht sich in genau entgegengesetzter Reihenfolge.

Behandlung. Die Instandhaltung der einfachen, von Hand betätigten Regler beschränkt sich im wesentlichen auf die Behandlung der Kontakte, worüber auf S. 61 Näheres angegeben ist. Die Kontakte des Stufenschalters und des Relais von Trägreglern und Eilreglern sind von Zeit zu Zeit zu reinigen und nötigenfalls mit Schmirgelpapier zu glätten. Metallkontakte sind bei groben Beschädigungen mit einer Schlichtfeile nachzuarbeiten. Die Fläche der Kontakte darf dabei nicht abgerundet werden, damit die Kontaktbürsten stets voll aufliegen. Die Metallkontakte sind von Zeit zu Zeit leicht mit Vaseline zu fetten.

Die Drehachse für die Regelkurbel und die sich reibenden Flächen mit Ausnahme der Rutschkupplung sind mit einem Tropfen reinen Öles zu versehen.

Der Schneckentrieb wird mit Fett geschmiert, Motor und Steuerapparate sind gemäß den ihnen beigegebenen Vorschriften zu behandeln.

Wartung des Schnellreglers. Um eine gleichmäßige Abnutzung der Kontaktstellen der verschiedenen Relais zu erzielen, sind die unterhalb des Schutzkastens befindlichen zweipoligen Umschalter, nicht aber die mehrpoligen Umschalter, in bestimmten Zwischenräumen (etwa alle 6 Stunden) nacheinander rasch umzulegen.

Die Zwischenrelaiskontakte aus reinem Silber nehmen im Betrieb eine rauhe Oberfläche an, die frei von größeren Spitzen sein soll. Die Spitzenbildung ist nicht immer ganz zu vermeiden, weshalb die Kontaktstellen von Zeit zu Zeit gereinigt werden müssen. Die entstandenen Spitzen sind mit einer etwa 0,8 mm dicken Schlichtfeile zu glätten. Die Oberfläche der Kontakte selbst soll möglichst wenig befeilt werden. Vorher wird der rotgeränderte vierpolige Schalter des betreffenden Relais umgelegt und damit das Reserverelais in Betrieb genommen.

Es ist darauf zu achten, daß der Öffnungsweg der Zwischenrelaiskontakte bei angezogenem Anker etwa 1 mm betragen soll. Die beiden oberen Kontakte sollen sich möglichst gleichzeitig abheben. Zum richtigen Einstellen sind die unteren Kontakte durch Schrauben verstellbar, deren Kordelgegenmuttern stets fest angezogen sein müssen.

Die Hauptkontakte (Zitterrelaiskontakte) aus einer Speziallegierung sind ebenfalls von Zeit zu Zeit, vielleicht monatlich einmal, auf einem Ölstein abzuziehen und darauf mit Benzin zu reinigen. Macht sich nach längerer Betriebszeit das Auswechseln der Hauptkontakte nötig, so sind sie leicht zu entfernen, wenn der Kontaktträger des festen Kontaktes nach Lösen der kleinen unteren Kordelschraube nach vorn herausgezogen wird. Die das Kontaktstück tragende große Kordelschraube soll so eingestellt werden, daß bei hochgehobenem Spannungsrelaiskern die untere, bei ganz nach unten gezogenem aber die höchste auf dem Schild angegebene Erregerspannung sicher erreicht wird. Dieses richtige Einstellen kann an der leerlaufenden Erregermaschine geprüft werden. Die Sicherungschraube muß stets fest angezogen bleiben.

Die Dämpfungspumpe ist von Staub freizuhalten und das Glyzerin im Bedarfsfalle nachzufüllen. Nach dem Nachfüllen ist der an der Mikrometerteilung abzulesende Dämpfungswert wieder einzustellen.

III. Teil: Antriebe für Anlasser und Regler.

Für Anlasser und Regler werden folgende Betätigungsarten unterschieden:
Handbetätigung, und zwar:

a) unmittelbare Handbetätigung durch ein Bedienungsteil,
b) mittelbare Handbetätigung durch ein Getriebe oder Gestänge.

Unmittelbare Handbetätigung ist der mittelbaren vorzuziehen. Mittelbare Handbetätigung wird verwendet, wenn mehrere Geräte von einer Betriebstelle aus betätigt werden müssen oder wenn die Geräte infolge ihrer Bauart und Größe eine entfernte Aufstellung erfordern.

Die Langsamschaltung kann zur zwangweisen Verzögerung des Anlaßvorganges benutzt werden und ist nur in solchen Fällen zu fordern, in denen durch unsachgemäße Bedienung das Auftreten unzulässiger Stromstöße zu befürchten ist.

Elektrische Betätigung, und zwar:

a) der Vorgang wird von Hand willkürlich eingeleitet und willkürlich unterbrochen;
b) der Vorgang wird von Hand willkürlich eingeleitet und selbsttätig vollendet, wie bei Reglern mit elektrischem Antrieb und Druckknopfbetätigung;
c) der Vorgang wird selbsttätig eingeleitet und durchgeführt (Selbstanlasser bzw. -regler).

Elektrische Betätigung wird angewendet, wenn

1. die mechanische Verbindung zwischen dem Betätigungsorgan und dem Gerät sich zu umständlich gestaltet oder
2. die Betätigung des Gerätes der Einwirkung des Bedienenden ganz oder zeitweise entzogen werden soll.

Können Regler und Anlasser nicht auf der Vorderseite der Schalttafel angeordnet werden, so sind besondere Antriebe erforderlich. Die von den Siemens-Schuckertwerken für die verschiedenen Fälle durchgebildeten Formen sind nachstehend beschrieben.

Handantrieb N 1248/9 für Regler und Anlasser.

Der Antrieb N 1249 besteht für Regler aus einer Rosette, die auf die Schalttafel geschraubt wird und in der eine Welle mit Handrad und Skalenscheibe drehbar gelagert ist (Bild 150). Sie trägt Pfeile, die entgegengesetzten Drehsinn andeuten, und Rahmen, die zur Aufnahme aus-

Bild 150. Handantrieb N 1249 für Anlasser und Regler.

wechselbarer Schilder mit den Aufschriften „Tiefer“ und „Höher“ dienen. Die Skalenscheibe hat eine willkürliche Teilung und ist so einzustellen, daß der Nullpunkt der Skala bei ganz vorgeschaltetem Widerstand auf die Marke der Rosette einspielt.

Um ein Abschalten und Kurzschließen der Magnetwicklung zu verhüten, was besonders da, wo mehrere Generatoren parallel arbeiten, vermieden werden muß, ist eine selbsttätige Sperrung angebracht, die den Bedienenden darauf aufmerksam macht, daß die letzte Stufe vor dem Kurzschlußkontakt erreicht ist. Erst durch Lösung der Sperrklinke kann auf den Kurzschlußkontakt übergegangen werden, wenn ein Trennen des Generators vom Netz beabsichtigt ist.

Der Antrieb N 1249 k/60 (Bild 151) ist für direkte und möglichst kurze Verbindung mit der nach rückwärts verlängerten Reglerwelle bestimmt. Er ist mit einer Rohrkupplung versehen und für einen Abstand von etwa 60 mm zwischen Vorderfläche Schalttafel und Ende Kupplung bestimmt. Bei dem Antrieb N 1249 k/200 (Bild 151) beträgt der Abstand zwischen Vorderfläche Schalttafel und Ende Welle 180 mm.

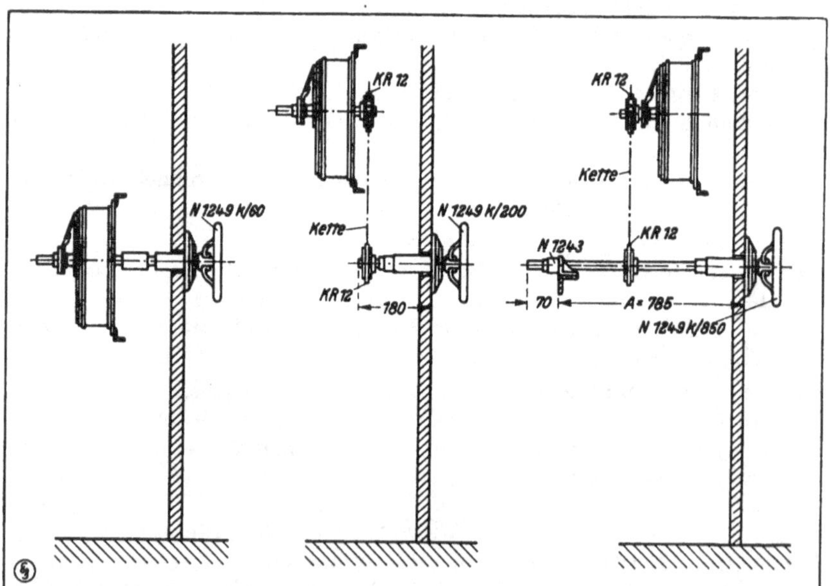

Bild 151. Anordnung des Handantriebs N 1249 k/60.

Bild 152. Anordnung des Handantriebs N 1249 k/200.

Bild 153. Anordnung des Handantriebs N 1249 k/850.

Bei größeren Entfernungen wird die Welle durch ein Außenlager nochmals gestützt (Bild 153), Antrieb N 1249 k/850. Die Wellenlänge (Maß A) kann den jeweiligen Verhältnissen angepaßt werden.

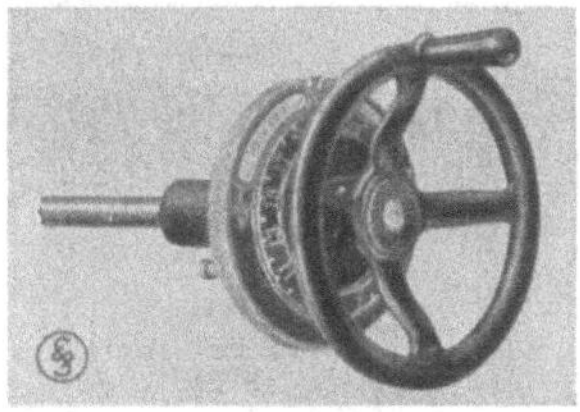

Bild 154. Handantrieb N 1248 für Anlasser und Regler.

Antrieb und Regler werden durch Blockkette oder Seil verbunden. Erstere kann nur für gerade, offene Läufe verwendet werden, für geschränkte Läufe ist Drahtseil oder eine Vereinigung von Seil und Kette zu verwenden. Bei passender Anordnung der Regler erübrigen sich besondere Spannvorrichtungen für die Kette. Zum Schließen der Kette dient ein Kettenschlußbolzen.

Zur Betätigung von Anlassern finden die beschriebenen Antriebe ebenfalls Verwendung; die oben erwähnte selbsttätige Sperrung fällt dabei weg. Während bei den vorgenannten Handantrieben zum Ein- bzw. Ausschalten eine ganze oder teilweise Umdrehung des Handrades erforderlich ist, macht bei dem Antrieb N 1248 (Bild 154) das Handrad mehrere Umdrehungen. Die Skalenscheibe ist mit der Antriebswelle unter Zwischenschaltung eines Zählwerkes verbunden und macht nur eine Umdrehung, während das Handrad eine Anzahl von Umdrehungen macht, die der Übersetzung des Zählwerks entspricht.

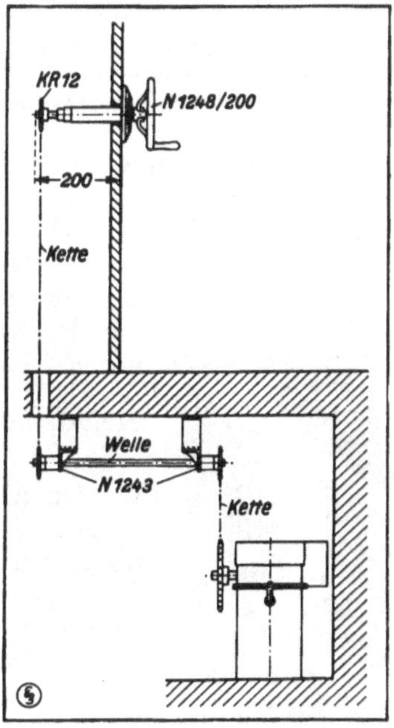

Bild 155. Anordnung des Handantriebs N 1248.

In Bild 155 ist ein Beispiel eines Antriebes N 1248 mit Kette dargestellt. Soll der Regelapparat mittels Seil angetrieben werden, so wird die Anordnung nach Bild 156 gewählt.

Gehen Seile oder Ketten an blanken, stromführenden Teilen vorbei, so werden sie umkleidet, damit bei etwa eintretendem Bruch die herunterfallenden Seil- oder Kettenenden keine Kurzschlüsse verursachen. Zur Umkleidung ist vorteilhaft Peschelrohr in Verbindung mit umkleideter Leitrolle und Rohrhalter zu verwenden. Ebenso werden Ketten- oder Seilräder zweckmäßig mit Peschelrohr umkleidet, das eingekerbt, aufgebogen und polygonartig um das Rad gelegt wird.

Sollen Handantrieb und Regelapparat durch Wellen verbunden werden, so kommt das Winkelgetriebe nach Bild 157 in Anwendung, dessen

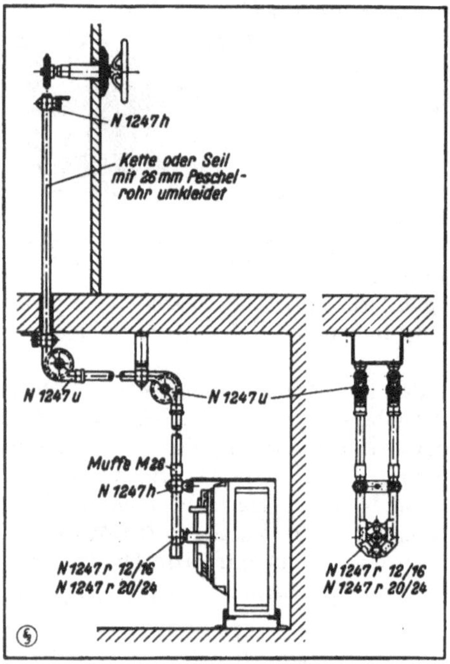

Bild 156. Anlasser mit Seilantrieb.

Lagerbügel auf dem Lagerhals der Rosette des Antriebes (Bild 158) oder des Außenlagers (Bild 159) festgeklemmt werden kann. Auf dem Lagerhals der Rosette des Antriebes N 1248 kann das Winkelgetriebe nicht befestigt werden, es ist daher stets der Antrieb N 1249 mit Außenlager zu verwenden.

Die Zwischenwelle aus Rohr wird durch Gelenkkupplungen angeschlossen, und zwar entweder durch eine doppelte Gelenkkupplung nach Bild 160 oder, bei größeren Abständen, durch zwei einfache Gelenkkupplungen mit Zwischenstücken aus gezogenem Rohr nach Bild 161. Das Rohrzwischenstück kann bis zu 15° C gegen die Richtung der anzutreibenden Welle geneigt angeordnet werden. Bild 158 ist ein Beispiel für den Antrieb eines normalen Ölanlassers, Bild 155 eines solchen mit Funkenentziehung. — Bild 162 ist ein Blick in den Kabelboden eines Schalthauses, die Regler werden von oben mittels Seil angetrieben.

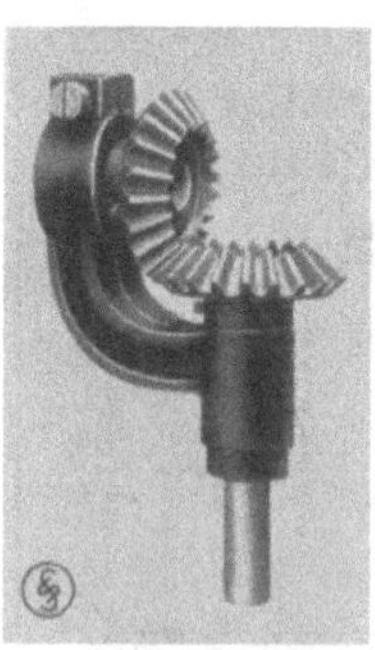

Bild 157. Winkelgetriebe für Antrieb mittels Wellen.

Motorischer Antrieb vereinigt mit Handantrieb.

Werden in ausgedehnten Schaltanlagen die mechanischen Übertragungen zwischen Handrad und Regelapparat zu umständlich, so verwendet man besser motorischen Antrieb mittels Gleichstrom- oder Einphasenstrommotor.

Für größere Regler dient der Antrieb K 1230 (Bild 163), der

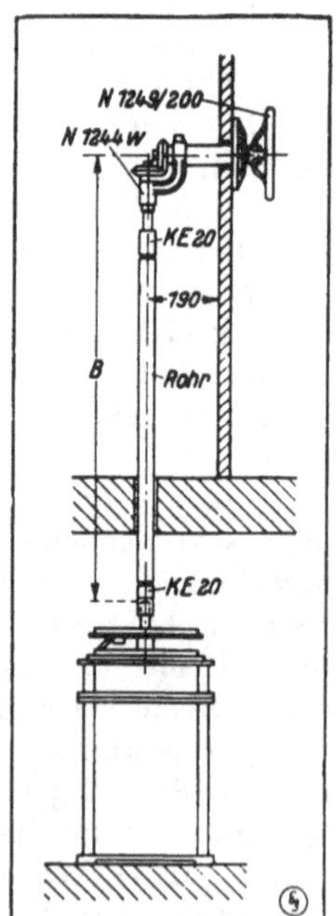

Bild 158. Handantrieb mittels Wellen.

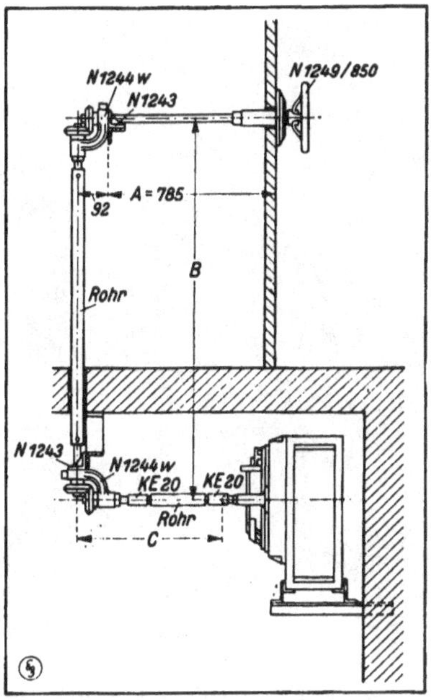

Bild 159. Handantrieb mittels Wellen.

durch Kettenübertragung mit der Welle des Stufenschalters jedes beliebigen Reglers verbunden werden kann. Der Antrieb ist gewöhnlich auf den Regler Modell K 544 aufgebaut, wie in Bild 164, wobei darauf zu achten ist, daß die Durchlüftung des Widerstandes nicht beeinträchtigt und der aufsteigende warme Luftstrom vom Antrieb in geeigneter Weise, z. B. durch ein schräggestelltes Leitblech, abgelenkt wird.

Die Gesamtübersetzung zwischen Motor und Achse des Stufenschalters ist so gewählt, daß die Kontaktbürste in etwa 1 Minute einen vollen Kreis durchläuft.

Der Regler kann aber auch von Hand bedient werden; in den Antrieb ist eine ausrückbare Kupplung eingebaut, durch die aus dem Vorgelege die Schneckenradübersetzung ausgeschaltet werden kann. Durch Zug an einem an der Schneckenradwelle angeordneten Knebel wird die Kupplung geöffnet, durch Druck auf den Knebel geschlossen. Durch Drehung desselben Knebels kann der Regler verstellt werden.

Die Betätigung des Motors geschieht durch den Steuerschalter N 1036 (Bild 165). Um den Motor in den Endstellungen des Stufenschalters stillsetzen zu können, müssen die Regler Endausschalter haben. Da alle Regler für Generatoren ausschaltbar geliefert werden, sind besondere Magnetausschalter überflüssig. Damit nicht versehentlich der Bürstenhebel auf den Ausschaltkontakt läuft, wird der Motor kurz vor dem Ausschaltkontakt selbsttätig stillgesetzt. Um ihn zum vollständigen Ausschalten der Erregung wieder in Gang zu setzen, muß ein besonderer Druckschalter N 1033 (Bild 166) solange gedrückt werden, bis der Regler ausgeschaltet ist.

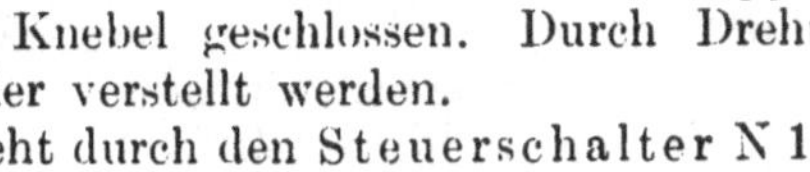

Bild 160. Doppelte Gelenkkupplung.

Soll ein hinter einer Schalttafel aufgestellter, von Hand bedienter

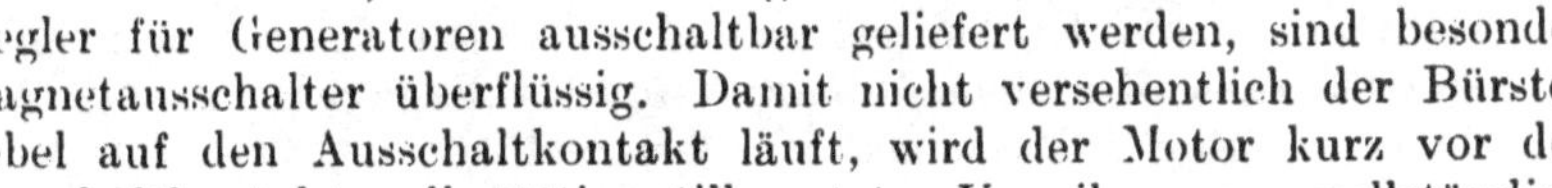

Bild 161. Einfache Gelenkkupplungen mit Zwischenrohrstück.

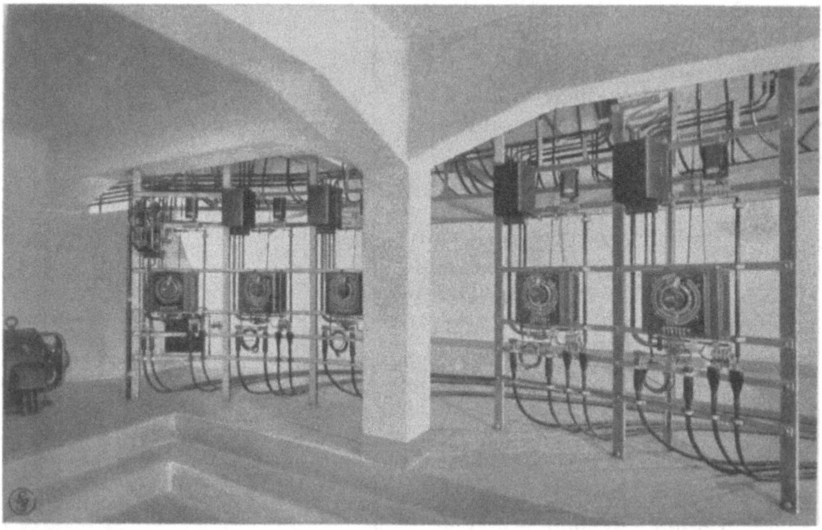

Bild 162. Reglergerüst für Generatoren, Antrieb der Regler mittels Seil.

Regler von anderer Stelle aus (oder in Verbindung mit einem Spannungsrelais) durch Elektromotor betätigt werden, so findet bei träger Regelung der Antrieb K 1230, bei Eilregelung der Antrieb K 1231 in Verbindung mit Knebel Verwendung. Die Kupplungstange des Knebels kann nach Belieben an Stelle des vorhandenen Knebels oder an der entgegengesetzten Seite mit K 1230 bzw. K 1231 verbunden werden. In letzterem Falle wird die Betätigungsrichtung der Kupplung umgekehrt; es wird also die Kupplung durch Zug am Knebel geschlossen, durch Druck auf den Knebel geöffnet. Die Rosette des Knebels findet auf der Schalttafel über dem Handrad für den Regler Platz. Die Anordnung ist im Bild 167 schematisch dargestellt.

Bild 163. Motorischer Antrieb K 1230 für Regler.

Gruppenantrieb.

1. Für Erregerstrom - Regler mit träger Regelung. Wenn mehrere Regler gleichzeitig selbsttätig durch ein träges Relais betätigt werden sollen, so ist für jeden Regler ein Hand- und Schneckenradantrieb N 1231 (Bild 168) erforderlich. Bei diesem Antrieb ist die nach rückwärts verlängerte Welle durch eine ausrückbare Kupplung mit einem Schneckenrad verbunden; die Schnecken der einzelnen

Antriebe werden miteinander durch Rohrzwischenstücke und Gelenkkupplungen verbunden und erhalten gemeinsamen Antrieb durch einen **Gruppenantrieb** N 1233 für Hand- und Motorbetrieb, wie in Bild 169 schematisch dargestellt. Durch die ausrückbare Kupplung kann jeder Regler von dem gemeinsamen Antrieb gelöst und von den übrigen Reglern unabhängig bedient werden. Diese Kupplung wird von der Vorderseite der Schalttafel aus mittels Knebels betätigt. Durch Zug am Knebel wird die Kupplung geschlossen, durch Druck auf den Knebel geöffnet. Ein vernickelter Ring am Knebel kennzeichnet die jeweilige Stellung der Kupplung.

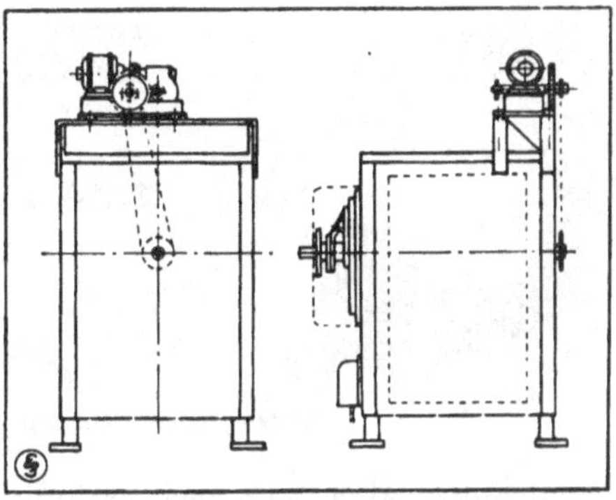

Bild 164. Regler mit motorischem Antrieb K 1230, freistehend.

Bild 165. Steuerschalter N 1036.

Der Gruppenantrieb N 1233 ist möglichst in der Mitte zwischen den verschiedenen Einzelantrieben anzuordnen.

Der Gruppenantrieb kann auch als reiner Handantrieb ohne motorische oder selbsttätige Regelung benutzt werden. In diesem Falle ist der Antrieb N 1233 einschließlich Motor durch den Antrieb N 1232 zu ersetzen, der durch Schraubenräder die gemeinsame Schneckenwelle antreibt. Der vereinigte Gruppenantrieb N 1233 enthält einen Elektromotor, der durch ein auf gleichbleibende Spannung regelndes Relais unter Zwischenschaltung eines elektromagnetischen **Schaltwerkes** ein- und ausgeschaltet wird. Der Motor läuft daher nur während der Dauer des Regelns. Die Regler müssen in diesem Falle mit Endausschaltern für den Antriebsmotor versehen sein. Besondere

Bild 166. Druckschalter N 1033.

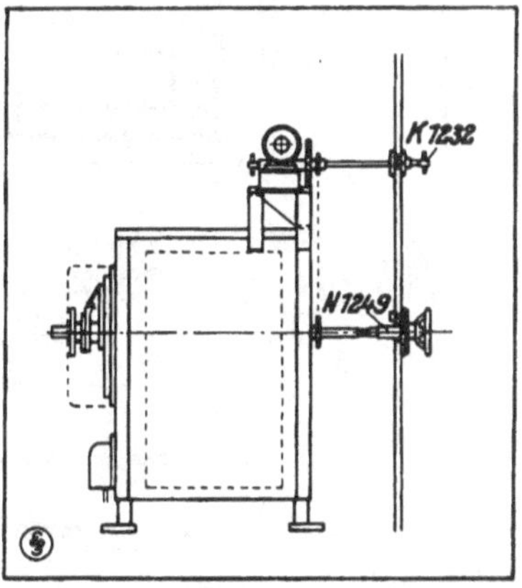

Bild 167. Antrieb K 1230, eingebaut in die Schalttafel.

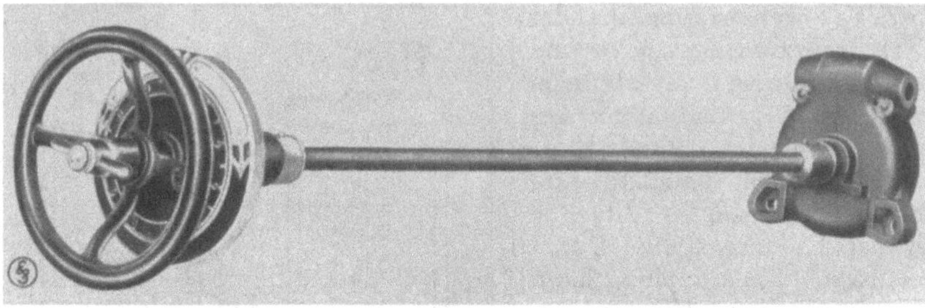

Bild 168. Hand- und Schneckenradantrieb N 1231.

Magnetausschalter sind nicht erforderlich, da die Regler ausschaltbar geliefert werden. Eine am Antrieb N 1231 angebrachte Sperrung verhindert das unbeabsichtigte Ausschalten des Reglers.

Durch einen Gruppenantrieb können bis sechs Regler gleichzeitig betrieben werden.

2. Für Erregerstrom-Regler mit Eilregelung. Parallel arbeitende Gleichstrom- oder Wechselstromgeneratoren können durch einen Gruppenantrieb N 1210 nach Bild 170 und ein Eilrelais selbsttätig auf gleichbleibende Spannung geregelt werden. Bei Wechselstromgeneratoren arbeitet der Eilregler auf die Erregerstromregler der Generatoren, nicht

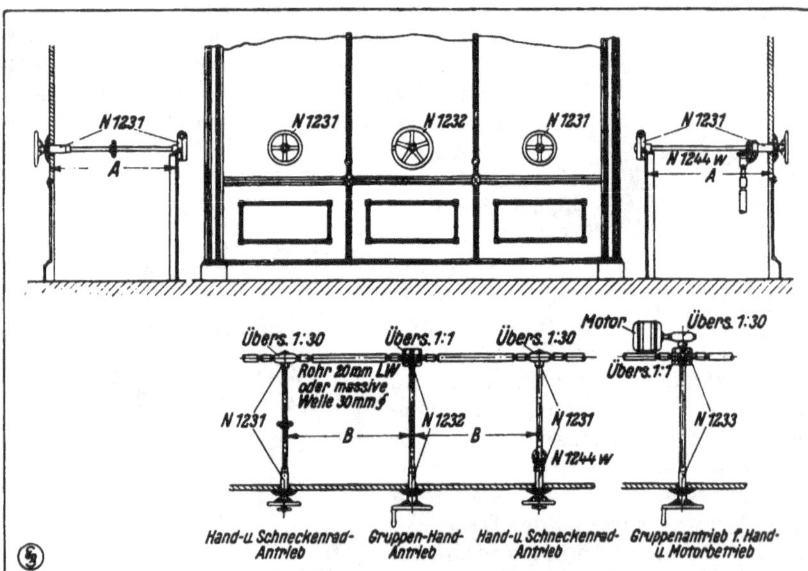

Bild 169. Gruppenantrieb für träge Regelung.

auf die Nebenschlußregler der Erregermaschinen. Die durch den Gruppenantrieb verbundenen Regler (höchstens 6) können von der selbsttätigen Regelung abgeschaltet und jeder für sich von Hand verstellt werden. Sämtliche gekuppelten Regler können auch gemeinschaftlich von Hand verstellt werden.
Die Anordnung des Gruppenantriebs N 1210 ist den Forderungen des neuzeitlichen Schalttafelbaus angepaßt und setzt sich im wesentlichen aus

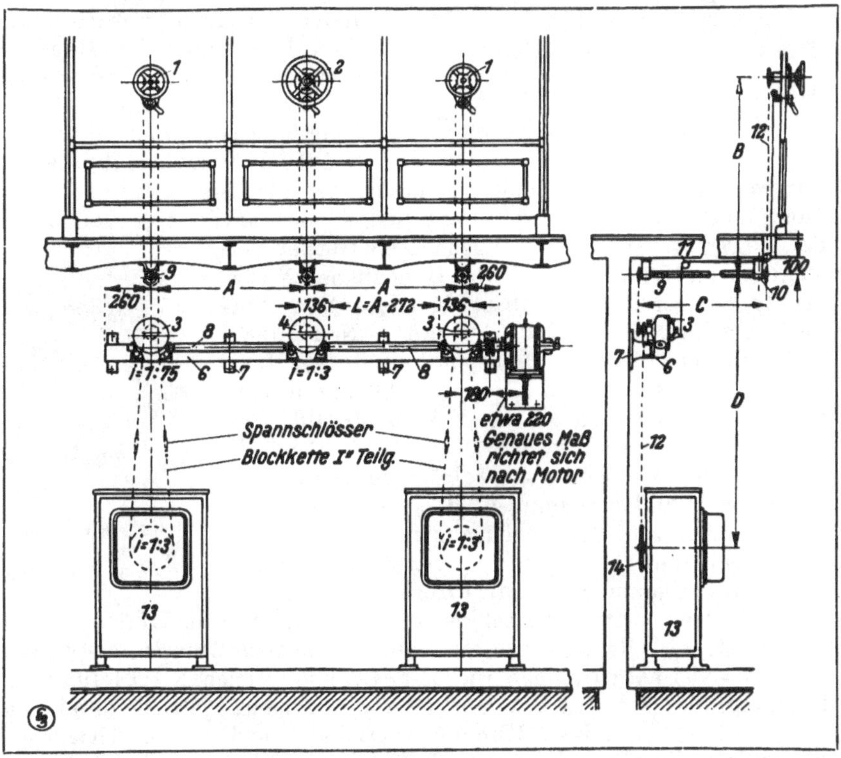

Bild 170. Gruppenantrieb für Eilregelung.

folgenden Teilen zusammen (vgl. Bild 170): den Handantrieben für Einzel- und Gruppenregelung N 1210 HE (Teil 1) und N 1210 HG (Teil 2), den Schnecken bzw. Schraubenradgetrieben für Einzel- bzw. Gruppenregelung N 1210 SE (Teil 3) und N 1210 SG (Teil 4) mit der durchlaufenden Gelenkwelle N 1210 GW (Teil 8) und dem Antriebsmotor (Teil 5). Zwischenwelle N 1210 ZW (Teil 9) mit Lagern N 1210 L (Teil 10) ermöglicht ein weitgehendes Anpassen an die örtlichen Verhältnisse, kann jedoch fortfallen, wenn die Anordnung der Kettenräder von Regler und Hand-

Bild 171. Handantrieb für Einzelregelung N 1210 HE.

Bild 172. Handantrieb für Gruppenregelung N 1210 HG.

antrieb senkrecht untereinander möglich ist.

N 1210 HE (Bild 171) enthält unter dem Handrad einen Hebel zum Öffnen oder Schließen der Kupplung im Schneckenradgetriebe N 1210 SE, so daß jeder Regler unabhängig von den anderen bedient werden kann. Zum Übertragen der Handradbewegung auf den Regler dient ein Blockkettenantrieb, für die Kupplung ein Drahtseil.

N 1210 HG (Bild 172) hat an seinem Kupplungshebel einen Kontakt, der den Steuerstromkreis des Motors beim Kuppeln unterbricht und so eine selbsttätige Verstellung der Regler bei beabsichtigter gemeinschaftlicher Verstellung von Hand verhütet. Der Handantrieb N 1210 HG treibt über das Schraubenradgetriebe N 1210 SG die Gelenkwellen N 1210 GW an. N 1210 SE (Bild 173) setzt die hohe Drehzahl der mit dem Motor unmittelbar gekuppelten Gruppenwelle auf die für den Regler brauchbare herab. N 1210 SG (Bild 174) gleicht im wesentlichen dem Getriebe N 1210 SE. Als Antriebskraft dient ein Gleichstrommotor von höchstens 1500 Umdrehungen, dessen Leistung der Größe und Anzahl der Regler angepaßt wird. Steht in Wechselstromzentralen keine passende Gleichstromquelle zur Verfügung, so wird die Erregerspannung einer der mitlaufenden Erregermaschinen für den Motor und die Hilfstromkreise verwendet. — Die Reglerbürste durchläuft einen vollen Umkreis in etwa 10 s, also etwa viermal so schnell wie beim Gruppenantrieb N 1231 für träge Regelung. Der Motor ist mit dem ersten Schneckenradgetriebe durch eine elastische Kupplung verbunden und wird durch ein auf gleichbleibende Spannung regelndes Eilrelais unter Zwischenschaltung eines Schaltwerks ein- und ausgeschaltet, er läuft daher nur während der Dauer des Regelns. Die Regler sind mit Endausschaltern versehen, durch die der Motor stillgesetzt wird, wenn ein Regler in die Endlage kommt.

Bild 173. Schneckenradgetriebe für Einzelregelung N 1210 SE.

Bild 174. Schraubenradgetriebe für Gruppenregelung N 1210 SG.

Wahl der Type des Antriebs.

Die aufgeführten Antriebe sind in nachstehender Tafel der Übersichtlichkeit halber nach dem Verwendungszweck nochmals kurz zusammengefaßt.

Art des Antriebes	Modell-bezeichnung	Verwendung
Handantrieb	N 1249	In solchen Fällen, in denen das Handrad eine ganze oder teilweise Umdrehung macht
	N 1248	In solchen Fällen, in denen eine volle Umdrehung des Handrades überschritten wird
	N 1232	Bei Gruppenantrieb
Einzelantrieb vereinigt für Hand und Motorbetrieb	K 1230 mit N 1036 und N 1033	In ausgedehnten Schaltanlagen, wo die mechanischen Übertragungen zwischen Handrad und Regelapparat zu umständlich werden Regler freistehend
	K 1230 mit K 1232	wie vorstehend Regler in die Schalttafel eingebaut
Gruppenantrieb für Regler mit träger Regelung	N 1231 mit N 1233	Wenn die Regler mehrerer Maschinen gleichzeitig selbsttätig durch ein träges Relais betätigt werden
Gruppenantrieb für Regler mit Eilregelung	N 1210	Wenn die Regler mehrerer Maschinen gleichzeitig selbsttätig durch ein Eilrelais betätigt werden

Betrieb und Behandlung der Antriebe.

Vor Inbetriebnahme ist zu prüfen, ob bei den Schneckengetrieben die selbsttätige Bürstenschmierung der Schnecken und die Ringschmierung der Schneckenlager in Ordnung sind. Diese Teile werden nach Abnahme des Gehäusedeckels zugänglich. Darauf ist der Ölsack der Getriebegehäuse bis zur Marke mit gutem Schmieröl zu füllen, desgl. die Schmierbüchsen mit konsistentem Fett. Alle sonstigen Lagerstellen und reibenden Flächen sind zu ölen. Die Instandhaltung der Antriebe beschränkt sich im wesentlichen darauf, allwöchentlich die Schmierbüchsen abzuschrauben und nachzusehen, ob in diesen noch reichlich Öl bzw. Fett vorhanden ist.

Bei motorischen Antrieben ist die Pflege des Motors sehr wesentlich; er ist mit Fettschmierbüchsen ausgerüstet, die nur mit bestem Fett zu füllen sind. Es darf niemals Fett in das Innere der Motoren gelangen, da Fett die Isolierung zerstört. Werden die Lager sehr warm, so reinige man sie gründlich und schmiere mit neuem Fett.

Nach längerem Betriebe nutzen sich die auf dem Kommutator schleifenden Kohleklötzchen ab und müssen erneuert werden. Man löse zu diesem

Zweck die Schraube S (Bild 175) und ziehe am Knopf K die Feder mit Klotz B heraus, ersetze ihn, wenn nötig, und befestige alles in entsprechender Weise. Die Feder ist bei Beschädigung oder Nachlassen der Federkraft auszuwechseln. Die Klötzchen müssen in die Führung leicht spielend passen; sie dürfen aber auch nicht zu lose sitzen.
Die offenen Motoren sind öfters durch Ausblasen mit einem Blasebalg vom Staubansatz zu reinigen und einmal im Jahre durch einen Fachmann auseinanderzunehmen und gründlich zu reinigen.

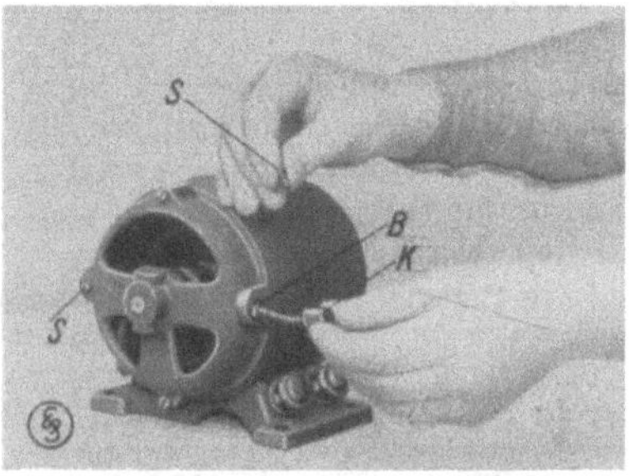

Bild 175. Behandlung des Antriebmotors.

Der Kommutator muß eine blanke Oberfläche zeigen. Einmal im Monat säubere man ihn mit einem in Benzin getauchten Lappen. Wenn sich durch übermäßige Funkenbildung an den Bürsten rauhe Stellen oder Unebenheiten gebildet haben, so muß der Kommutator leicht abgeschmirgelt werden. Zum Abschleifen ist bei eingeschaltetem Motor Korubinleinen gegen den Kommutator anzudrücken; es soll im kalten Zustande des Kommutators, also möglichst bei Beginn des Betriebes, vorgenommen werden. Vorteilhaft wird mit gröberem Leinen begonnen und mit feinerem nachgeschliffen. Man halte das Leinen mit ruhigem Druck an und vermeide Wackeln oder Kanten. Der abgeschliffene Kupferstaub ist sorgfältig zu beseitigen, besonders sind die Schleifflächen der Bürsten davon zu säubern. Ist durch das Abschleifen keine glatte Oberfläche mehr zu erzielen oder läuft der Kommutator unrund, so muß er abgedreht werden. Vor jeder Arbeit am Motor sind beide Sicherungen herauszunehmen.
Sollte die Kupplung bei den Antrieben K 1230 bis 1232 im Laufe der Zeit zu schwer oder zu leicht gehen, so ist nach Entfernung des Knebels der Schneckenradgehäuseteil, der keine Schmiergefäße trägt, abzuschrauben, und die Federn sind durch Anziehen oder Lockern der Schrauben zu verstellen, je nachdem die Kupplung zu schwer oder zu leicht geht.

IV. Teil: Schalter.

Zweck und Verwendung der Schalter.

Schalter haben den Zweck, entweder den Stromkreis zu schließen bzw. zu öffnen (Ausschalter) oder einen bestimmten Leitungszweig mit einem oder verschiedenen anderen zu verbinden (Umschalter). Sie werden sowohl einpolig als auch mehrpolig ausgeführt. Ihre Verwendung ist sehr mannigfaltig. Man findet sie in den verschiedenartigsten Anlagen, auf Schalttafeln, in Hausinstallationen, in gewerblichen Betrieben aller Art, in ortsfesten und fahrbaren Anlagen, für ganz kleine Leistungen wie zum Schalten gewaltiger Energien, für Niederspannung sowohl als für die höchsten vorkommenden Spannungen. Auch die Bedienung ist sehr verschiedenartig; sie kann von Hand oder selbsttätig oder beides sein.
Die Größenabmessungen des Schalters nehmen mit der Spannung zu, da alle spannungführenden Teile sicher gegen Überschläge isoliert sein müssen und auch auftretende Lichtbogen selbst bei Überspannungen unbedingt zum Erlöschen gebracht werden müssen. Dabei haben alle leitenden Teile, Anschlüsse und Kontakte die Höchststromstärke dauernd auszuhalten, bei Wechselstrom ist überdies die Hautwirkung und Induktion zu beachten. Die meisten Schalter müssen auch imstande sein, die volle Energie zu unterbrechen. Die Ausführungsformen sind nach dem Gesagten sehr verschieden. Im folgenden sind die gängigsten Typen beschrieben.

Verschiedene Arten von Schaltern.

1. Handschalter.

a) Installationsschalter. Sie werden fast nur in der Form von Drehschaltern wie beispielsweise in Bild 176 ausgeführt. Das Ein-, Aus- oder Umschalten geschieht meistens nur bei Bewegung der Schalterachse nach rechts, es gibt aber auch Schalter, die sich nach beiden Seiten schalten lassen. Die Bewegung ist ruckweise, um ein Stehenbleiben des Schaltfunkens zu verhindern. Sockel und Abdeckung des Drehschalters werden aus Porzellan hergestellt, letztere häufig auch aus künstlichem Isolierstoff, solche aus Metall sind für den allgemeinen Verbrauch verboten. Die Griffe werden aus Porzellan oder künstlichem Isoliermaterial gefertigt. Die Achse der Drehschalter ist nicht stromführend. Die Drehschalter kommen in den weitaus meisten Fällen zur Verwendung, insbesondere zum Ein-,

Bild 176. Installations-Schalter.

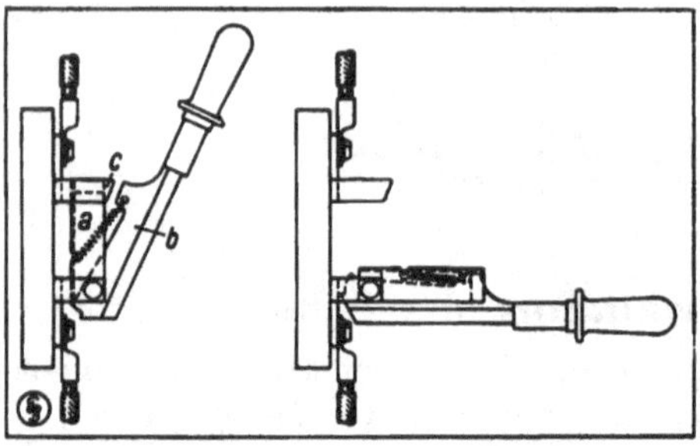

Bild 177. Hebelschalter während des Schaltens.

Bild 178. Hebelschalter ausgeschaltet.

Aus- und Umschalten von Glühlampen und Hausgeräten, und zwar für Stromstärken bis 25 A[1]).

b) Hebelschalter. Im Gegensatz zu Drehschaltern sind die Hebelschalter für größere Stromverbraucher, beispielsweise für Motoren bestimmt, sie werden vornehmlich auf Schalttafeln angebracht. Für Einzelverwendung haben sie einen Sockel aus Isolierstoff oder ausgewähltem, gut isolierendem Schiefer und eine Kappe. Wenn sie auf der Vorderseite oder Rückseite von Schalttafeln sitzen, so erübrigt sich der Sockel und zumeist auch die Kappe.

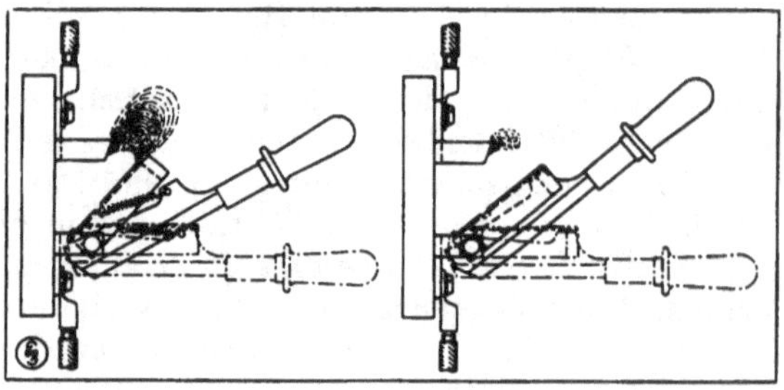

Bild 179. Schaltfeuer bei Gleichstrom. Bild 180. Schaltfeuer bei Wechselstrom.

Das Schaltorgan beim Hebelschalter ist ein einarmiger Hebel *a* (Bild 177), der Zu- und Ableitung miteinander verbindet oder trennt. Wird bei Gleichstrom unter Last geschaltet, so ist Momentunterbrechung erforderlich. Um diese zu ermöglichen, ist an dem Hebel *a* ein besonderer Schalthebel *b* schwenkbar angeordnet, der von einer Feder an den ersteren herangezogen wird. In Einschaltstellung wird dieser Schalthebel von der gabelförmigen Stromschlußfeder *c* der Ableitung durch Reibung festgehalten. Beim Betätigen des Schalters wird der Schalthebel von der Stromschlußfeder so lange festgehalten, bis die Zugfeder genügend gespannt ist (Bild 177), dann erst erfolgt die Abschaltung, und zwar nach Maßgabe der Zugfederkraft mit großer Geschwindigkeit (Bild 178).

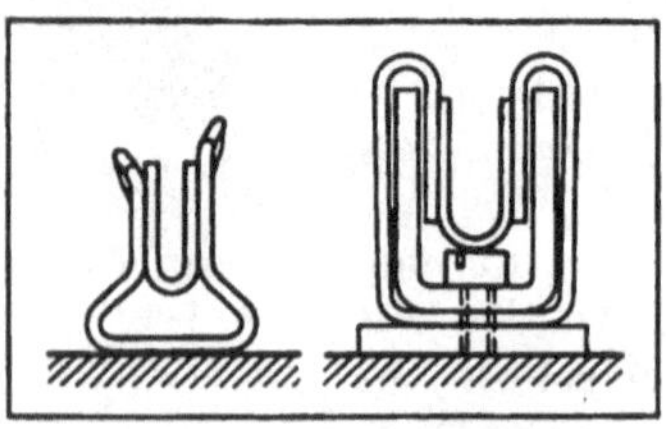

Bild 181. Ausführungsformen von Kontakten bei Hebelschaltern.

Bei Wechsel- und Drehstromschaltern erübrigt sich das schnelle Abschalten, bei diesen wird die an dem Betätigungshebel

[1]) Näheres siehe: Siemens-Handbuch, Elektrische Installation für Licht und Kraft.

befindliche Zugfeder fest mit dem Schalthebel versplintet. Wie verschieden groß die Schaltflammen bei Gleichstrom gegenüber denjenigen bei Wechsel- bzw. Drehstrom sind, veranschaulichen die Bilder 179 und 180.

Bild 182. Dreipoliger Hebelschalter.

Erforderlich für ein gutes Arbeiten des Schalters sind sichere Kontakte sowohl an der Zuführungstelle des Schalthebels, also an dessen Drehpunkt, als auch an der Ableitungstelle. Bewährte Ausführungen dieser Art zeigt Bild 181. Sicherer Kontakt ist nicht nur erforderlich an den Berührungsflächen zwischen Schalthebel und Gabelkontaktfeder, sondern auch zwischen dieser und der Anschlußplatte. Die Verbindung der einzelnen Schalthebel bei mehrpoligen Schaltern nach Bild 182 geschieht durch eine Brücke aus bestem, zähestem Isolierstoff. Die Handhabungsgriffe müssen von den Schalthebeln gut isoliert und an sich gesichert sein.

Bild 183. Gekapselter Hebelausschalter Modell SB mit angebauten Rohrstutzen.

Die gängigsten Hebelschalter mit Kappe nach Bild 183 werden mit Handhabungsknauf versehen, der besonders bequeme Bedienung ermöglicht. Die aus Blech hergestellten Kappen müssen mit Erdungsvorrichtungen versehen sein.

Hebelschalter werden ohne Momentunterbrechung auch für sehr große Stromstärken gebaut. Für starke mechanische Beanspruchung baut man Hebelschalter auch in Gußeisengehäuse ein und verwendet sie auch gekapselt oder nicht gekapselt in Verbindung mit Meßinstrumenten und Sicherungen in Form von Schaltkästen. Verschiedene derartige Ausführungen sind in Bild 184 und 185 dargestellt. Die Türe kann mit dem Schalter so verriegelt werden, daß das Öffnen der Tür bei eingelegtem Schalter und das Schließen des Schalters bei offener Tür unmöglich ist; die Sicherungen können daher unter Spannung nicht ausgewechselt werden. Diese Apparate werden auch in sogenannten gekapselten Verteilungsanlagen gebraucht, die insbesondere in

Bild 184. Gekapselte Hebelschalter verschiedener Ausführungsarten Modell H 110, Modell H 170.

Bild 185.
Gekapselter Hebelschalter mit Strommesser, Vorderwand abgenommen. Gekapselter Hebelschalter mit Strommesser und aufgebautem Spannungsmesser.

Fabriken, Hüttenwerken und in der chemischen Industrie viel Verwendung finden. Bild 186 zeigt ein Beispiel einer derartigen Anlage. Diese Schaltgruppe besteht aus sieben Schienenkasten, einem Trennschalterkasten in der Mitte und Sicherungsverteilungskasten darüber, rechts und links von diesem befinden sich je drei Schaltkasten mit Schalter, Stromzeiger und Sicherungen.

c) Magnetausschalter. In ihrem Aufbau ganz ähnlich den vorbeschriebenen Schaltern sind die Magnetausschalter nach Bild 187. Sie dienen zum Ausschalten induktiver Stromkreise, z. B. der Erregerwicklung von Motoren. Beim Ausschalten des Erregerstromes wird ein induktionsfreier Widerstand zur Magnetwicklung parallel geschaltet, so daß der Selbstinduktionsstrom in diesem Widerstand, der auf der Schalterplatte angebracht ist, unschädlich verlaufen kann.

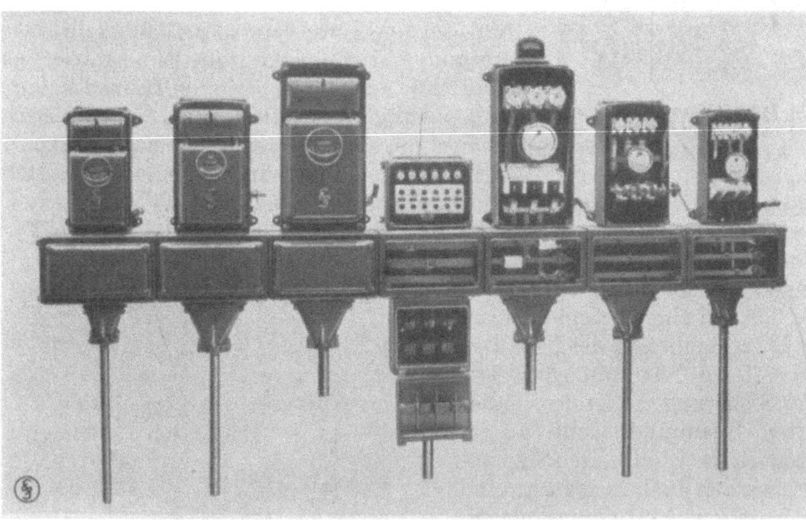

Bild 186. Gußeiserne, gekapselte Verteilungsanlage.

d) Walzenschalter. Sie sind bereits auf Seite 22 unter Anlaßwalzen beschrieben.

Bild 187. Magnetausschalter.

e) Trennschalter. Sollen Teile einer Hochspannungsanlage zwecks Vornahme irgendwelcher Arbeiten spannungslos gemacht werden, so verwendet man Trennschalter, die im allgemeinen nur im stromlosen Zustande, bei Fernleitungen und Kabeln nur in spannungsfreiem Zustande geschaltet werden sollen. Das gilt grundsätzlich für die einpoligen Trennschalter, weil bei der Bewegung der einzelnen Schalterpole hintereinander vorübergehend der einpolige Anschluß von Transformatorwicklungen eintritt, wodurch die Betriebsmittel erheblich gefährdet werden können. Bei Verwendung dreipoliger Trennschalter, wo alle drei Leitungspole gleichzeitig unterbrochen werden, liegen geringere Bedenken gegen das Abschalten kleiner induktiver oder kapazitiver Ströme vor. Nicht zu große leerlaufende und kleinere belastete Transformatoren lassen sich mit solchen mehrpoligen Trennschaltern zu- und abschalten. Die Trennschalter entsprechen den vom V.D.E. aufgestellten Leitsätzen für die Konstruktion und Prüfung von Wechselstrom-Hochspannungsapparaten von einschließlich 1500 V Nennspannung aufwärts. Nach diesen muß die vollzogene Unterbrechung zuverlässig erkennbar sein. Ferner sind Trennschalter so anzubringen, daß sie nicht durch das Gewicht der Schaltmesser von selbst einschalten können. Die in den „Leitsätzen" festgelegten Nennspannungen sind auch in den Preislisten angegeben, daneben aber noch eine „höchstzulässige Betriebspannung" für solche Fälle, in denen den Richtlinien des V.D.E. nicht entsprochen zu werden braucht.

Bild 188. Einpoliger Trennschalter R 1241 für 200 A.

1. Einpolige Trennschalter R 1240/45 bis 1500 A.

Die Kontakte bestehen aus hartgewalztem Material, wodurch dauernd gute Federung erreicht wird und sind auf zwei Stützisolatoren befestigt, die auf eine gemeinsame Grundplatte aufgeschraubt sind (Bild 188). Das Schaltmesser ist in dem

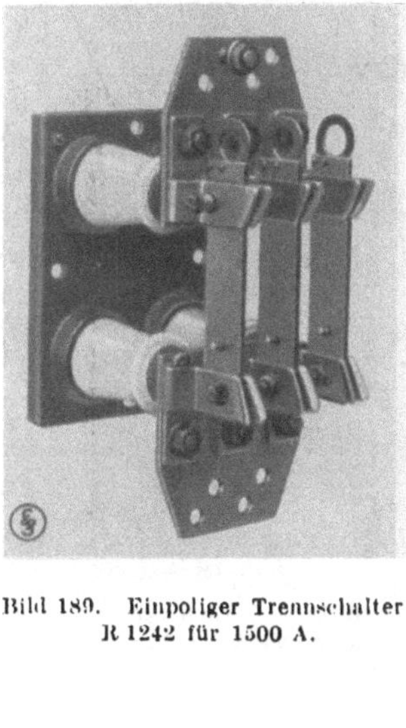

Bild 189. Einpoliger Trennschalter R 1242 für 1500 A.

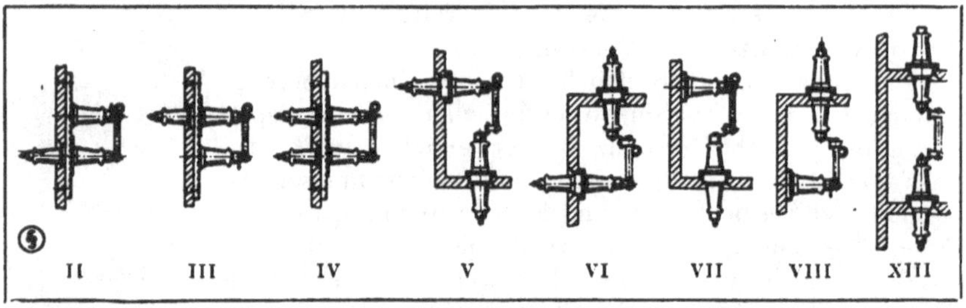

Bild 190. Verschiedene Ausführungen von Stützisolatoren und Wanddurchführungen bei einpoligen Trennschaltern.

einen Kontakt drehbar; es hat eine runde Öse, an der es mit Hilfe einer Schaltstange betätigt wird. Bei Schaltern über 600 A werden mehrere Messer parallel geschaltet. Kontakte und Anschlußplatten sind aus einem Stück gebildet, um Übergangswiderstände zu vermeiden. Bei den Ausführungen für 1000 und 1500 A, wo zwei oder drei Messer parallel geschaltet werden, ist eine besondere Anschlußplatte vorhanden, auf der die einzelnen Kontakte befestigt sind (Bild 189). Die Stützisolatoren haben Außenkittung, wodurch das Porzellan nur auf Druck beansprucht wird und ein Zersprengen infolge treibenden Kittmaterials oder durch Wärmeausdehnung der Metallteile vermieden wird.

2. Einpolige Trennschalter mit Durchführungen R 1950/55 und R 2320/25 bis 600 A.

Bei dieser Ausführung sind die Kontakte teils auf Stützisolatoren, teils auf Wanddurchführungen befestigt, für Kontakte, Schaltmesser, Stützisolatoren und Isolatorkittung gilt das unter 1. Gesagte. Die Stützisolatoren und Wanddurchführungen können, den verschiedenen örtlichen Verhältnissen entsprechend, in verschiedenartigster Weise wagerecht oder senkrecht angeordnet werden, wie dies in Bild 190 skizziert ist.

Bild 191. Einpoliger Trennschalter R 1953.

Die Trennschalter Modell R 2320 bis R 2325 haben, wie die unter 1. beschriebenen Modelle, eine Grundplatte. Für mehrpolige Trennung sind 2 bzw. 3 einpolige Schalter zu verwenden.

Die Trennschalter Modell R 1950 bis 1955 (Bild 191) werden bei mehrpoliger Trennung nebeneinander auf besonderen Verbindungschienen montiert. Es sind also die gleichartigen Isolatoren der verschiedenen Phasen durch eine Schiene verbunden; für die zweipolige Ausführung werden dieselben Verbindungschienen wie für die dreipolige Aus-

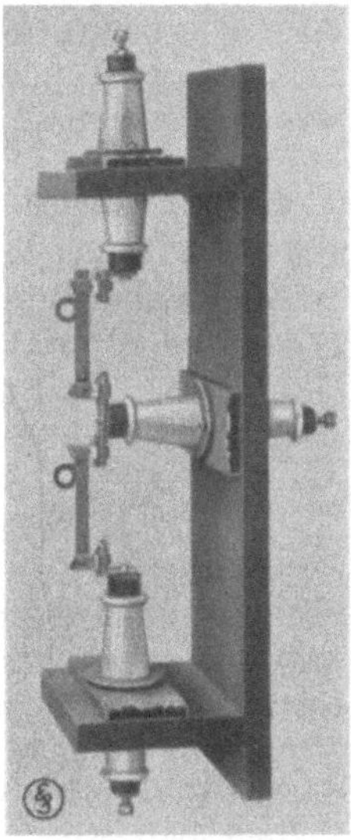

Bild 192. Einpoliger Doppel-Trennschalter R 1953.

führung verwendet, Isolatoren und Kontaktteile für die mittlere Phase fallen weg. Beispielsweise werden bei einem Dreifachschalter der Ausführungen V—VIII und XIII in Bild 190 auf der einen Verbindungschiene die drei Isolatoren montiert, auf denen die (den verschiedenen Phasen angehörigen) Schaltmesser drehbar befestigt sind, auf der anderen Schiene die 3 Isolatoren mit den entsprechenden Gegenkontakten.

Die einpoligen Trennschalter für mehrpolige Trennung müssen, da sie nicht miteinander gekuppelt sind, einzeln durch die Schaltstange bedient werden.

3. Einpolige Doppel-Trennschalter mit Durchführungen R 1950/55 und R 2320/25 bis 600 A.

Doppel-Trennschalter werden verwendet, wenn man bei Doppel-Sammelschienen den Stromkreis wahlweise mit dem einen oder dem anderen Sammelschienensystem verbinden will. Die Schalter bestehen aus Stützisolatoren oder Wanddurchführungen, auf denen die Schaltmesser und Gegenkontakte gelagert sind (Bild 192). Jedes Schaltmesser ist vom andern unabhängig beweglich.

Kontakte, Schaltmesser, Stützisolatoren und Isolatorkittung wie unter 1., die verschiedenen Anordnungen der Doppel-Trennschalter zeigt Bild 193. Die Trennschalter Modell R 2320 bis R 2325 für Ausführung IX und X haben eine Grundplatte. Bezüglich der Zusammenstellung von mehreren einpoligen Doppeltrennschaltern für mehrpolige Trennung gilt sinngemäß das unter 2. Gesagte. Die Modelle R 1950 bis R 1955 für Ausführung XI, XII und XIV erhalten bei mehrpoliger Trennung gemeinsame Verbindungschienen für die gleichartigen Iso-

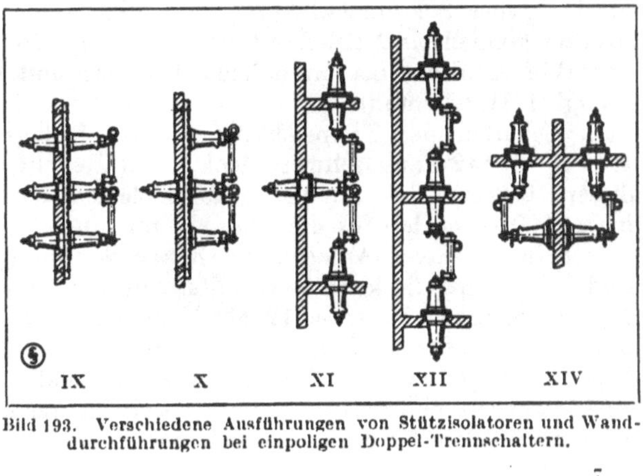

Bild 193. Verschiedene Ausführungen von Stützisolatoren und Wanddurchführungen bei einpoligen Doppel-Trennschaltern.

latoren verschiedener Phase. Für einen Doppel-Trennschalter für mehrpolige Trennung, Ausführung XI, sind demnach 3 Verbindungschienen notwendig, sofern diese überhaupt verwendet werden.

4. Einpolige Trennschalter R 2000/05 von 1000 bis 6000 A. Bei diesen sind die Schalthebel aus nebeneinander liegenden Hartkupferstreifen nach Bild 194 hergestellt, die einzeln durch Schraubenfedern gegen die Kontaktflächen der festen Kontaktmesser gepreßt werden (Bild 195). Die Kontaktstücke werden von mehreren Stützisolatoren getragen, die auf einer gemeinsamen eisernen Grundplatte befestigt sind.

5. Dreipolige Trennschalter R 1970/75 bis 600 A. Dreipolige Trenn-Ausschalter werden verwendet, wenn alle Pole gleichzeitig abgeschaltet werden sollen. Sie unterscheiden sich von der unter 2. und 3. beschriebenen Anordnung dadurch, daß drei Schalter auf einem gemeinsamen Rahmen befestigt und von einer gemeinsamen Antriebswelle aus gleichzeitig betätigt werden (Bild 196) entweder durch Hebelantrieb mit Gestänge oder mittels Schaltstange. Im letzteren Falle erhält die Flacheisenkurbel ein Loch zum Einhaken der Schaltstange. Bezüglich der Kontakte und der Isolatorkittung gilt das unter 1. Gesagte.

Dreipolige Trenn-Umschalter sind nur für Umschaltung mit Unterbrechung eingerichtet (Bild 197). Auf der Nullstellung ist voller Abstand zwischen Messern und Kontakten vorhanden.

Die Trennschalter können mit Erdungskontakten ausgerüstet werden, wenn ein Stromkreis vom Netz zu trennen und an Erde zu legen ist (Bild 198).

Ferner können die Schalter mit einem Hilfskontakt versehen werden, um an entfernter Stelle die Schaltstellung kenntlich zu machen oder zur Unterbrechung der Sekundärwicklung von Meßwandlern. Einpolige Trennschalter können bis 2 Hilfskontakte, dreipolige Trennschalter bis 8 Hilfskontakte erhalten, bei dreipoligen Schaltern mit gemeinsamem Antrieb genügt 1 Hilfskontakt.

Zum Schalten der Trennschalter werden isolierende Schaltstangen R 1421—R 1423 aus schwarz lackiertem Repelitrohr verwendet. Jede dieser Stangen genügt in bezug auf Isolation den gängigen Spannungen bis 35 000 V, so daß für die Auswahl nur die Länge maßgebend ist. Da jedoch in der Regel Anlagen mit hohen Spannungen höhere Räume erfordern, so wird die kleinste Schaltstange R 1421 meist nur für geringere Nennspannungen bis etwa 12 000 V ausreichend sein, während darüber hinaus die größeren Modelle erforderlich sind.

Die Modelle R 1422 und R 1423 können oberhalb der Schutzscheibe auseinandergenommen werden, damit sie sich leichter verschicken lassen. Auf Wunsch werden die Schaltstangen mit Erdleitung geliefert.

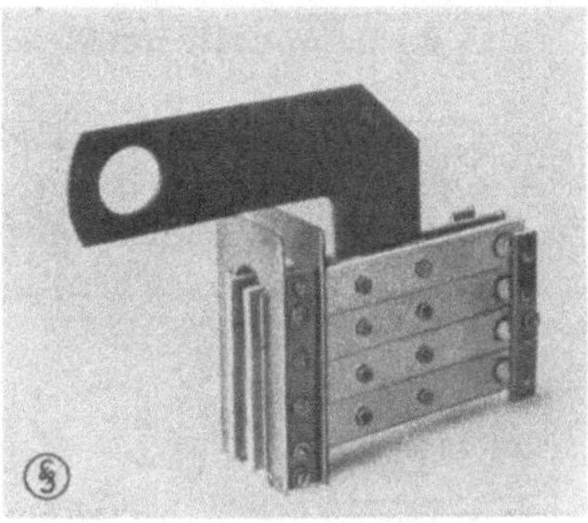

Bild 194. Schalthebel des Trennschalters R 2000 für 6000 A.

Bild 195. Einpoliger Trennschalter R 2002 für 6000 A.

Bild 196. Dreipoliger Trenn-Ausschalter R 1973 für 600 A.

Bild 197. Dreipoliger Trenn-Umschalter R 1993 für 200 A.

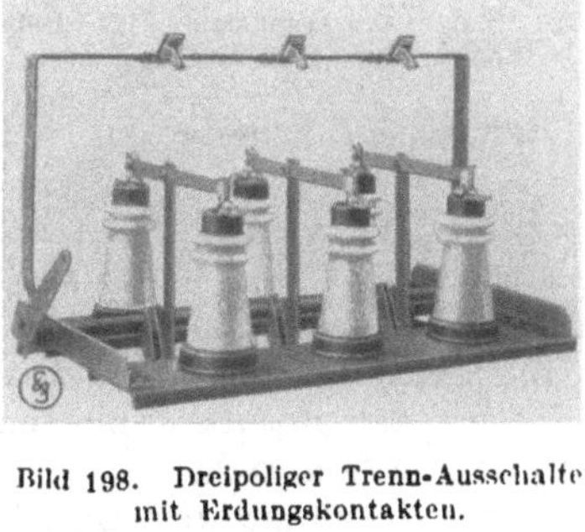

Bild 198. Dreipoliger Trenn-Ausschalter mit Erdungskontakten.

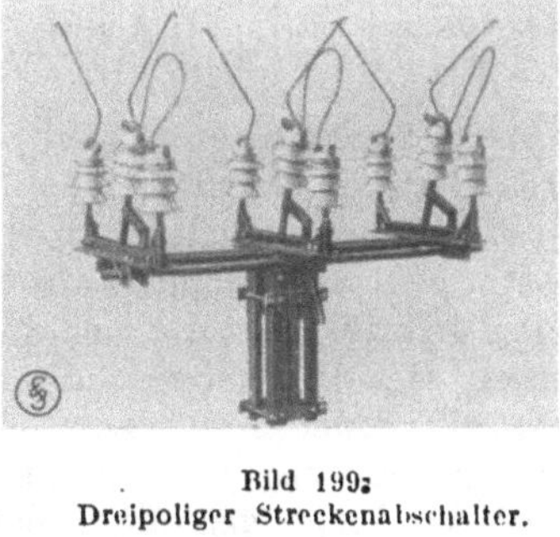

Bild 199. Dreipoliger Streckenabschalter.

6. Dreipolige Streckenabschalter.

Die Streckenabschalter R 1192—R 1195 nach Bild 199 sind für Montage im Freien bestimmt. Sie können an Holzmasten oder Gittermasten befestigt werden.

Nach den „Leitsätzen für Schutzerdungen in Hochspannungsanlagen" sind Streckenschalter möglichst nicht auf Eisenmasten anzubringen. Ist dieses nicht zu vermeiden, so muß für die Isolatoren die nächst größere

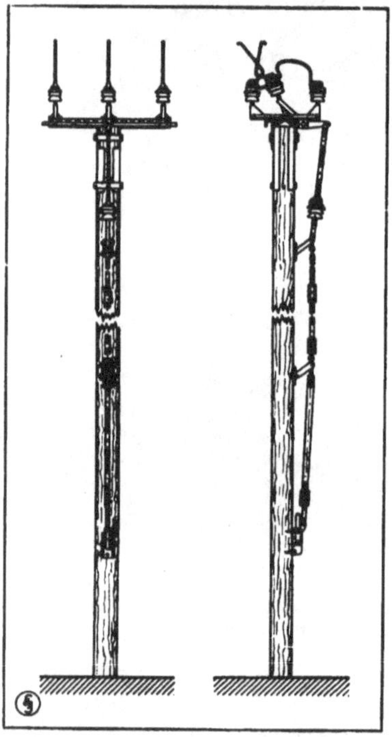

Bild 200. Gestängeantrieb für dreipolige Streckenabschalter auf Holzmasten.

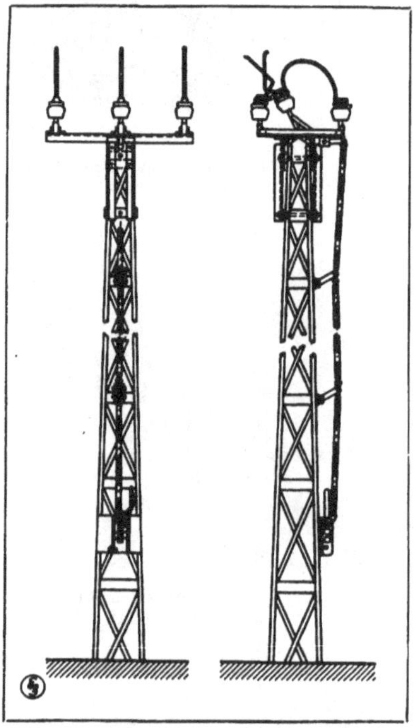

Bild 201. Gestängeantrieb für dreipolige Streckenabschalter auf Eisenmasten.

Type als bei Holzmasten gewählt werden, d. h. es sind Schalter der nächsthöheren Serie zu verwenden.

Wenn ein Streckenschalter auf einem Eisenmast angebracht ist, tritt im Falle eines Isolationsfehlers am Streckenabschalter durch den Mast unmittelbare Erdverbindung ein; das Schaltgestänge kann daher aus Metall bestehen. Bei Streckenabschaltern, die auf einem Holzmast angebracht sind, würde dagegen in einem solchen Störungsfall das Gestänge unter Spannung kommen. Um den Bedienenden vor Gefahr zu schützen, muß nach obigen Leitsätzen die Isolation zwischen Gestänge und Streckenabschalter der Leitungsisolation gleichwertig sein. Damit bei gleichzeitiger

Beschädigung der Isolierung am Streckenabschalter und Gestänge für den Bedienenden keine Gefahr entsteht, sind die beiden unteren Gestängeteile mit imprägnierten Holzstäben ausgestattet.

Die Schaltergriffe der Streckenschalter sind, gleichgültig ob Holz- oder Eisenmaste zur Verwendung kommen, unter allen Umständen gut zu erden.

Die Schalter sind für 100 kg Horizontalzug für jeden Leitungsdraht bemessen. Treten größere Zugspannungen in den Zuleitungen auf, so müssen diese besonders abgespannt werden; zu diesem Zweck sind am Rahmen des Schalters Einhängeösen für Abspannisolatoren vorgesehen.

Die Streckenschalter werden in der Regel durch Gestänge mit Kurbelantrieb betätigt, und zwar bei Holzmasten nach Bild 200, bei Eisenmasten nach Bild 201. Sie können jedoch auch mittels Schaltstange bedient werden.

Die mit diesen Apparaten abschaltbaren Leistungen und Leitungslängen sind in nachstehender Tafel angegeben.

Modell	Abschaltbare Leitungslänge km	Abschaltbare Leistung kVA
R 1192	50	20
R 1193	25	30
R 1194	15	40
R 1195	10	50

Bei ungünstiger Witterung, besonders bei starkem Sturm, können diese Angaben jedoch nicht mit Sicherheit gewährleistet werden.

2. Selbstschalter.

Man unterscheidet vier Arten von Selbstschaltern je nach der Wirkungsweise.

1. Überstromausschalter werden gegen Überlastungen an Stelle von Schmelzsicherungen verwendet.
2. Überstrom- und Rückstrom-Ausschalter begrenzen den Strom auch in der umgekehrten Richtung.
3. Spannungsrückgangsausschalter wirken bei Rückgang der Spannung und dienen zum Schutze von Motoren.
4. Nullstromausschalter schalten bei einer unteren Stromgrenze aus.

Sämtliche Arten werden ein-, zwei- und dreipolig hergestellt.

Selbstschalter für Schalttafeln und Schaltgerüste werden nur für Spannungen bis 750 V und für Stromstärken bis 6000 A ausgeführt, sie zeichnen sich durch eine gewisse Einheitlichkeit der Bauart aus. Der Stromunterbrecher ist bei allen Modellen gleichartig. Er besteht aus einfachen Kontakten aus Metall, gegen die geblätterte Kupferblechbürsten nach Bild 202 mittels eines Kniehebels gepreßt werden. An dem oberen Kontakt sowie an dem oberen Ende der Bürste sind Vorkontakte angebracht, diese bilden die Funkenentzieher, die vor der Hauptbürste den Stromkreis schließen bzw. hinter dieser öffnen und die entstehenden Öffnungsfunken aufnehmen. Die Verbindung der Bürste mit dem unteren Hauptkontakt wird dabei nicht aufgehoben, so daß an diesem kein Öffnungsfunke entstehen kann. Die Kontakte der Funkenentzieher können leicht ausgewechselt werden. Die Gleichmäßigkeit der Ausführung gibt den Schalttafeln, auf denen verschiedene Arten von Selbstschaltern angeordnet sind, ein einheitliches Aussehen. Die Schalter haben Grundplatten aus Schiefer und werden stets mit Grundplatte geliefert, weil die Einstellung bei Abnahme von der Platte ungenau werden würde. In Bahnanlagen oder an Stellen, wo die Apparate hoch beansprucht werden und häufiger zur Wirkung kommen, ist die Verwendung verlängerter Funkenentzieher von Vorteil.

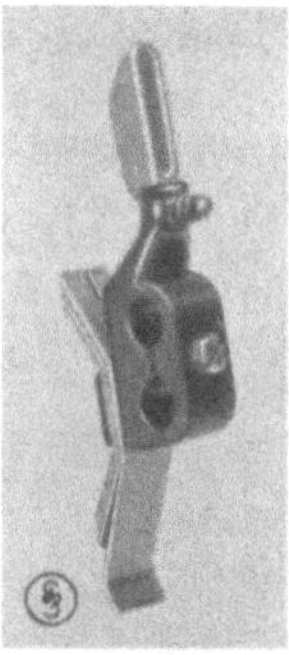

Bild 202. Kontaktbürste mit Vorkontakten.

Hinsichtlich der Auslösevorrichtung lassen sich die Selbstschalter in zwei voneinander verschiedene Gruppen einteilen.

1. Solche, die durch eine Sperrklinke in geschlossener Stellung gehalten werden und öffnen, sobald die Klinke unter Einwirkung eines geblätterten Elektromagneten ausgelöst wird. Der die Auslösung bewirkende drehbare Magnetanker ist in seinem Schwerpunkt gelagert, wodurch die Apparate gegen Stöße und Erschütterungen sehr unempfindlich werden. Alle diese Apparate haben Freilaufkupplung, bei der ein Wiedereinschalten oder Festhalten des Schalters in der Einschaltestellung mittels des Handhebels unmöglich ist, solange die Überlastung andauert bzw. solange die Spannung die erforderliche Höhe noch nicht wieder erreicht hat. Dies wird erreicht durch ein loses Kupplungselement, das zwischen Antriebshebel und den Stromschlußstücken angeordnet ist und von dem obenerwähnten Magneten beeinflußt wird.

Mit Klinkensperrung werden ausgerüstet: Überstrom-, Überstrom- und Rückstrom-, Überstrom- und Spannungsrückgangs-Ausschalter.

2. Solche, die durch die Zugkraft eines Elektromagneten in geschlossener Stellung gehalten werden und öffnen, wenn der Magnet infolge der Abnahme des Magnetismus losläßt. Der Magnetanker sitzt unmittelbar am Handhebel und legt sich in der Einschaltestellung vor die Stirnflächen des Haltemagneten. In dieser Weise sind ausgerüstet: Nullstrom- und Spannungsrückgangs-Ausschalter.

Diese Apparate sind trotz der geblätterten Magnete nicht in gleicher Weise für Gleichstrom und Wechselstrom verwendbar. Bei Wechselstrom ist eine andere Magnetbewicklung und außerdem eine Kurzschlußwindung auf jedem Magnetpol erforderlich, durch letztere wird das sonst bei Wechselstrom-Zugmagneten auftretende Geräusch gedämpft.

a) Überstrom-Ausschalter R 852 werden für Gleich- und Drehstrom bis 750 V gebaut. Ein Drehstrom-Ausschalter ist in Bild 203 dargestellt. Sie haben Auslösemagnete mit Hauptstromwicklung. Die Auslöser haben eine Einstellvorrichtung, mittels welcher die Auslösestromstärke zwischen der 1,4- und der 2fachen Nennstromstärke der Magnetwicklung eingestellt werden kann. Nachfolgende Tafel enthält den Nennstrom des Apparates und der Magnetwicklung bis 1000 A.

Bild 203.
Dreipoliger Überstrom-Ausschalter R 852 für Gleich- und Drehstrom mit 2 Auslösern.

Nennstrom des Apparates A	25	60	100	200	350	600	1000
Nennstrom der Magnetwicklung A	6 10 25	40 60	75 100	125 160 200	265 350	450 600	750 1000

Zwischenstromstärken der Magnetwicklung über 1000 A werden nicht ausgeführt.

Für gewöhnlich sind die ein- und zweipoligen Schalter mit einem, die dreipoligen Schalter mit zwei Auslösern versehen, es können aber auch die zweipoligen Schalter mit zwei, die dreipoligen mit drei Auslösern ausgeführt werden. Dreipolige Ausschalter in Drehstromanlagen müssen drei Auslöser erhalten, wenn der Nulleiter unmittelbar oder über einen Widerstand geerdet ist.

Bei Spannungen von über 250 V werden die Überstrom-Ausschalter mit Funkenschutzkasten versehen, wodurch ein seitliches Hervortreten des Lichtbogens verhindert wird.

Zuweilen ist es erwünscht, daß selbsttätige Überstrom-Ausschalter nicht sofort unterbrechen, d. h. bei nur kurz andauernden Stromstößen. Generatoren und Motoren können kurzzeitig überlastet werden, und die Betriebsicherheit verlangt häufig, daß solche Beanspruchungen keine Störungen hervorrufen. Um die Wirkung des Schalters zu verzögern, wird die Bewegung des Magnetankers durch eine Verzögerungseinrichtung gehemmt, so daß der Schaltvorgang erst nach Ablauf einer bestimmten Zeit, vom Beginn der Überlastung an gerechnet, ausgelöst wird. Derartige Verzögerungseinrichtungen können abhängig vom Strom sein in der Weise, daß die Zeit der Verzögerung mit zunehmender Stromstärke kürzer wird oder die Zeit kann unabhängig vom Strom gleich lang bleiben. Näheres darüber siehe Seite 119.

Weitere Überstrom - Ausschalter (Installations - Selbstschalter) siehe Seite 110.

b) Überstrom- und Rückstrom-Ausschalter R 853 werden nur für Gleichstrom und bis 750 V gebaut. Sie unterscheiden sich von den Überstrom-Ausschaltern unter a) lediglich durch den Auslöser, der einen Differentialmagneten mit einer Hauptstrom- und einer Spannungswicklung hat. Die Apparate haben eine feste Einstellung auf Auslösestrom in der Weise, daß sie etwa bei dem doppelten Nennstrom der Magnetwicklung ausschalten; diesem Werte entspricht Ausschalten durch einen Rückstrom, der 5—10% des Nennstromes der Magnetwicklung beträgt. Die beiden Auslösestromstärken sind voneinander abhängig; wird der Schalter mittels des Auslösers auf höheren Überauslösestrom eingestellt, so schaltet er auch bei einem um ebensoviel höheren Rückstrom aus. Die Schalter werden gewöhnlich mit 1 Auslöser ausgerüstet, zweipolige können auch 2 Auslöser erhalten.

Bild 204. Zweipoliger Überstrom- und Spannungsrückgangs-Schalter für Gleichstrom.

Für die Spannungspule ist eine möglichst gleichmäßige Spannung notwendig.

c) Überstrom- und Spannungsrückgangs-Ausschalter R 864/867 werden für Gleichstrom und Drehstrom bis 750 V hergestellt. Einen zweipoligen Gleichstromschalter zeigt Bild 204. Die Überstrom- und Spannungsrückgangs-Ausschalter sind Überstrom-Ausschalter wie unter a) mit einem zusätzlichen Spannungsauslöser, dessen beweglicher Anker bei Spannungsrückgang ebenfalls das Ausschalten bewirkt. Die Spannungsauslöser bewirken ein Ausschalten des Schalters, wenn die Betriebspannung um mehr als 35% sinkt. Normalerweise sind die ein- und zweipoligen Überstrom- und Spannungsrückgangs-Ausschalter mit einem Spannungs- und einem Stromauslöser, die dreipoligen mit 2 Stromauslösern und 1 Spannungsauslöser versehen; es können jedoch die zweipoligen Schalter 2, die dreipoligen 3 Stromauslöser erhalten. Die Apparate können auch mit einer Verzögerungseinrichtung für jeden Stromauslöser ausgestattet werden.

Selbstschalter mit Überstrom- und Spannungsrückgangs-Auslösern können auch nach Bild 205 und 206 (als Modell H 190) in einem gußeisernen Gehäuse eingebaut werden.

Bild 205. Gekapselter Selbstschalter, offen.

Bild 206. Gekapselter Selbstschalter, geschlossen.

Die Schaltkasten werden für Stromstärken bis 350 A und Spannungen bis 750 V gebaut. Sie können auch bei den auf Seite 93 erwähnten gußeisernen Verteilungsanlagen verwendet werden, an Stelle des in Bild 205 erkennbaren konsolartigen Unterbaues tritt dann ein Schienenkasten.

d) Spannungsrückgangs-Schalter R 854/6, R 863/5 werden für Gleichstrom, Einphasenstrom und Drehstrom bis 500 V gebaut. Sie unterbrechen den Stromkreis, sobald die Spannung um mehr als 35 % unter den Nennwert sinkt. Die Haltemagnete haben daher Spannungs-Erregerwicklung.

Die Spannungsrückgangs-Schalter werden als Ausschalter oder als Umschalter ausgeführt. In letzterem Falle sind sie besonders zum selbsttätigen Einschalten einer Notbeleuchtung zu verwenden; sie unterbrechen dann den Stromkreis, sobald die Spannung von der Hauptstromquelle ausbleibt und schalten die angeschlossenen Lampen auf eine zweite Stromquelle (meistens eine Batterie) um. Die Rückstellung geschieht von Hand.

Bild 207. Spannungsrückgangs-Schalter für Gleichstrom.

Ein zweipoliger Ausschalter für Gleichstrom ist in Bild 207 dargestellt.

e) Nullstrom-Ausschalter R 851 sind für Gleichstrom bis 500 V bestimmt. Bild 208 zeigt einen Schalter in der Ausschaltestellung. Die Nullstrom-Ausschalter unterbrechen den Stromkreis, wenn der Strom nahezu auf Null sinkt. Der Haltemagnet hat eine Hauptstromwicklung; sie werden so eingestellt, daß sie bei etwa 5—10% ihres Nennstromes noch eingeschaltet bleiben, beim weiteren Sinken der Stromstärke aber ausschalten.

Bild 208. Nullstrom-Ausschalter für Gleichstrom.

f) Überstrom-Ausschalter R 870 und Über- und Rückstrom-Ausschalter R 871

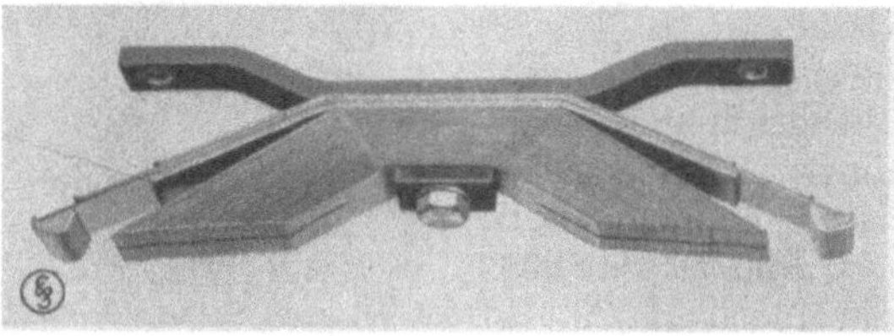

Bild 209. Kontakte mit Vorkontakten für Fernschalter.

für Fernbetätigung. Bei diesen Apparaten wird auch das Einschalten durch Magnete bewirkt, sie können daher aus größerer Entfernung gesteuert werden, was besonders bei höheren Stromstärken oft eine erhebliche Ersparnis an Leitungsmaterial bedeutet. Sie werden für Gleichstrom bis 1100 V einpolig gebaut. Das Schaltwerk, einschließlich der Hubmagnete für Ein- und Ausschaltung, ist in einem schmiedeisernen Rahmen angeordnet. Die Kontakte sind auf U-Eisen, die mit Isolierschicht umpreßt sind, aufgeklemmt. Die Kontaktbürsten liegen wagerecht und sind beiderseits mit doppelten Funkenentziehern versehen (Bild 209). Es wird demnach an zwei Unterbrechungstellen abgeschaltet. Zur besseren Funkenlöschung erhalten die Schalter für mehr als 250 V Funkenkappen, über 550 V solche mit Eisenummantelung. Bild 210 zeigt einen Überstrom-Fernausschalter für 2000 A.

Bild 210. Überstrom-Fernausschalter für 2000 A.

Der Überstrom-Auslöser ist auf dem Kontaktstück der einen Seite isoliert aufgeklemmt und kann auch mit Verzögerungseinrichtung ausgerüstet werden. Die Auslösung wirkt mechanisch auf die Freilaufkupplung. Die Wicklungen für die Überstrom-Auslöser werden für folgende Nennströme ausgeführt.

Nennstrom des Apparates A	200	350	600	1000
Nennstrom der Magnetwicklung A	60, 100, 125, 160, 200	265, 350	450, 600	750, 1000

Zwischenstromstärken der Magnetwicklung über 1000 A werden nicht ausgeführt.

Bild 211.

Bild 212.

Überstrom- und Rückstrom-Fernausschalter für 6000 A.

Bei Über- und Rückstromausschaltern nach Bild 211 und 212 wird auf dem zweiten Kontaktstück ein Rückstrom-Kontakt-Relais angeordnet, das zwischen 5 und 20 % des Nennstromes einstellbar ist. Durch diese getrennte Anordnung des Rückstromrelais ist erreicht, daß der Rückstrom unabhängig vom Überstrom eingestellt werden kann. Eine veränderliche Erregerspannung in nicht zu weiten Grenzen (±25%) des Rückstromrelais übt keinen Einfluß auf die Auslösestromstärke des Rückstromrelais aus. Bis zu 2000 A werden beide Schalter hängend angeordnet, an der Wand oder im Schaltgerüst, für größere Stromstärken bis zu 10 000 A stehend, auf Wunsch auch mit Rollen.

Sie können auch ohne Auslöser als reine Fernschalter gebaut werden. Für die Fernbetätigung der Schalter ist eine Gleichstromspannung von 110 bzw. 220 V erforderlich. Ein zweipoliger Überstromschalter neuester Ausführung für eine Leistung von 8000 A, 1200 V ist in Bild 213 und 214 dargestellt.

g) Elmo-Sicherheitschalter A 532 und A 522 schützen Drehstrommotoren, in erster Linie solche mit Kurzschlußläufern 1. gegen Überlastung, 2. bei plötzlicher Wiederkehr der ausgebliebenen Netzspannung bzw. bei Spannungsrückgang, 3. beim Fortbleiben auch nur einer Phase. Letzteres ist besonders gefährlich, da der Motor dann als

Bild 213.

Bild 214.

Zweipoliger Überstrom-Schalter für 8000 A, 1200 V.

Asynchron-Einphasenmotor weiterläuft und somit das Ausbleiben der einen Netzphase nicht bemerkbar wird. Der Motor nimmt aber hierbei einen zu hohen Strom auf und würde nach kurzer Zeit verbrennen. Durch seine Freiauslösung gewährleistet der Elmo-Sicherheitschalter ein Abschalten auch bei festgehaltenem Bedienungshebel und verhindert ein Wiederanfahren, solange die Störung besteht. Er verhindert also auch beim Ausbleiben der Spannung ein unbeabsichtigtes Wiederanlaufen und schützt somit das Bedienungspersonal der angetriebenen Maschine gegen Verletzungen.

Er leistet einen viel weitergehenden und besseren Schutz als die üblichen Abschmelzsicherungen. Diese müßten so stark gewählt werden, daß sie den hohen Anlaufstrom, der bei Motoren mit Kurzschlußläufern das 4- bis 8fache des normalen Betriebstromes erreichen kann, aushalten. Infolgedessen versagen sie, wenn der normale Betriebstrom überschritten, der Abschmelzstrom der Sicherungen aber noch nicht erreicht ist, ganz abgesehen davon, daß sie gegen Ausbleiben der Gesamtspannung überhaupt nicht schützen. Der Schutz wird erreicht durch ein Hitzdrahtrelais, das den hohen, jedoch nur kurze Zeit dauernden Anlaufstrom zuläßt, während es geringere, aber langandauernde und deshalb schon gefährliche Überlastungströme, z. B. beim Ausbleiben einer Phase, mit Sicherheit abschaltet.

Der Elmo-Sicherheitschalter (Bild 215) besteht aus 2 träge wirkenden, einstellbaren Hitzdrahtrelais und einem dreipoligen Selbstausschalter mit Momentschaltung (Kippschalter). Bild 216 ist ein Schaltbild in vereinfachter Darstellung der Type A 532. Wenn sich die Hitzdrähte *a* infolge Stromüberlastung ausdehnen, schließen sich nach einer bestimmten Zeit die Kontakte *b*, wodurch die Haltespule *c* kurzgeschlossen wird. Diese läßt den Kern fallen, der auf eine Freilaufkupplung wirkt, wodurch der dreipolige Selbstausschalter öffnet. Das tritt ein, wenn der Betriebstrom längere Zeit überschritten wird infolge Überlastung bzw. beim Ausbleiben der Spannung in einer Phase, ferner auch dann, wenn die Spannung bis auf die Hälfte sinkt oder ganz ausbleibt, so daß die Spule *c* ebenfalls stromlos wird. Da die Freilaufkupplung nur einklinkt, wenn die Haltespule *c* unter Spannung steht, letztere aber bei allen Störungen spannungslos wird, so ist ein Wiederanfahren unmöglich, solange die Störung anhält.

Bild 215.
Elmo-Sicherheitschalter, offen.

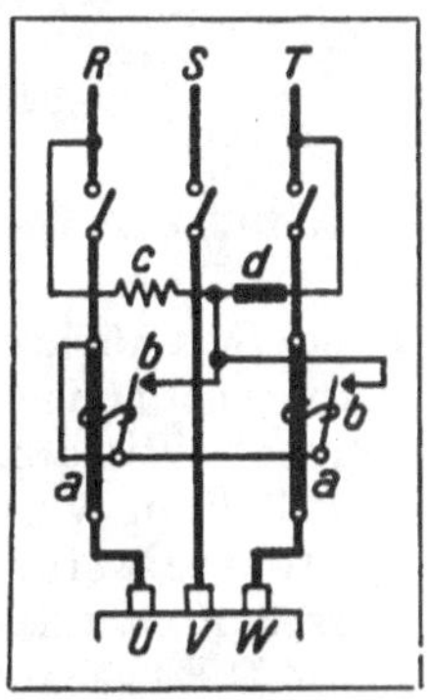

Bild 216.
Vereinfachtes Schaltbild des Elmo-Sicherheitschalters A 532.

Für die Auslösung ist es gleichgültig, ob die Überlastung in zwei oder in allen drei Phasen gleichzeitig auftritt; das Ansprechen e i n e s Hitzdrahtrelais genügt zur dreipoligen Abschaltung des Motors. Ein besonderer dreipoliger Netzschalter ist deshalb überflüssig. Der Sicherheitschalter ist nach jedesmaliger Auslösung durch einfaches Einschalten wieder betriebsfertig.

Alle Teile sind auf einer gemeinsamen Platte zusammengebaut und mit einer Schutzkappe versehen.

Der Elmo-Sicherheitschalter wird normal mit Blechschutzkappe oder wasserdicht gekapselt in gußeisernem Gehäuse gebaut.

Die Vorgänge beim Ausbleiben der Spannung in allen drei Phasen kommen nicht in Betracht in Anlagen mit S e l b s t a n l a s s e r n, die den Motor bei Wiederkehr der Spannung selbsttätig wieder einschalten. Hier kommt

Bild 217.
Sockelautomat, offen und geschlossen, einpolig.

Modell A 522 zur Verwendung, das sich von A 532 dadurch unterscheidet, daß an Stelle der Spannungspule *c* nach Bild 216 eine Stromspule tritt. Diese hat einen Magnetkern, der durch eine Feder für gewöhnlich nach oben gezogen wird. Im Falle einer Überlastung, auch durch Ausbleiben einer Phase, erhält die Spule Strom, wodurch der Kern nach unten geschlagen wird und auf die Freilaufkupplung wirkt, so daß der dreipolige Selbstausschalter öffnet.

Elmo-Sicherheitschalter werden für Nennstromstärken bis 25 A und Betriebspannungen bis 500 V gebaut. Darüber hinaus bis 60 A finden getrennte Hitzdrahtrelais A 512 in Verbindung mit Spannungrückgangs-Ausschaltern Verwendung.

h) Installations-Selbstschalter (Sockelautomat) S. 11. Der Sockelautomat ist nach den Leitsätzen für Installations-Selbstschalter des V.D.E. gebaut und dazu bestimmt, den Verbrauch von Sicherungspatronen einzuschränken, was bei manchen Anlagen, wie weiter unten erläutert, von besonderer Bedeutung ist.

Der Aufbau des Sockelautomaten, den Bild 217 offen und geschlossen zeigt, ist einfach und kräftig. In dem Magneten spielt ein in einer Hülse geführter Kern, der das Auslösen des Schalters verursacht, indem er gegen den aus einem doppelten Kniegelenk bestehenden Schaltmechanismus schlägt. Eine Freiauslösung verhindert das Wiedereinschalten bei noch bestehendem Kurzschluß. Bei Betätigung von Hand ist durch die Momentschaltung ein sicheres und schnelles Abschalten gewährleistet. Der Automat ist durchaus unempfindlich gegen Erschütterungen. Gehäuse, Sockel und Schalthebel bestehen aus Isoliermaterial, so daß der Apparat nicht geerdet zu werden braucht. Der Auslösemagnet bewirkt gleichzeitig eine

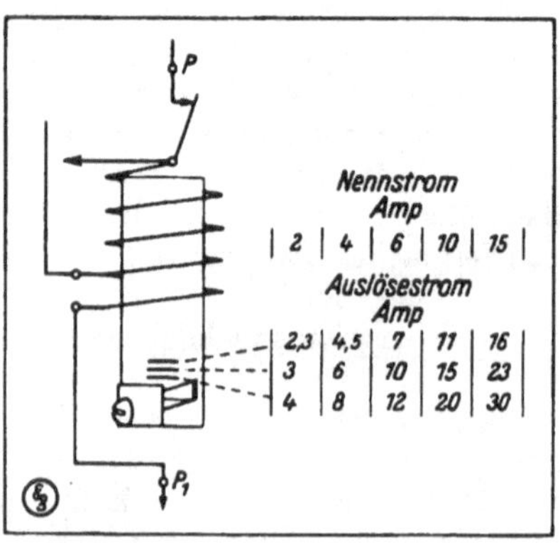

Bild 218.
Einstellbereich des Sockelautomaten.

kräftige magnetische Funkenlöschung, die zusammen mit einem guten Lichtbogenschutz und großen Schaltraum sehr hohe Schaltleistung erzielt.

Die Auslösestromstärke kann genau eingestellt werden, und das Abschalten geschieht sicher, gleichgültig ob es sich um langsam ansteigende oder stoßweise Belastung handelt. Die den Auslösekern umgebende Hülse hat eine Skala, auf der die Auslösestromstärken markiert sind, der Einstellbereich ist in Bild 218 angedeutet.

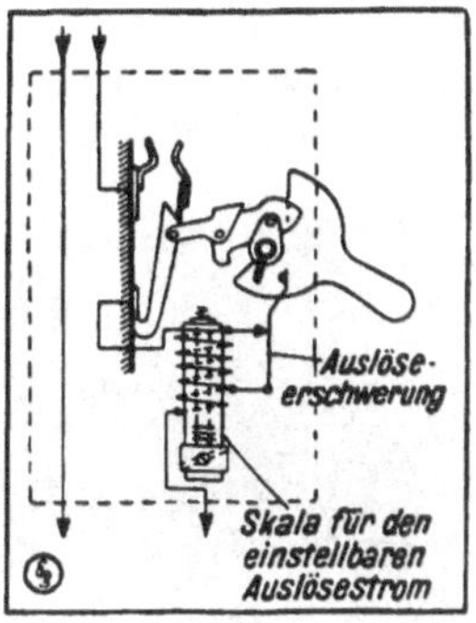

Bild 219.
Schema des Sockelautomaten.

Beim Einschalten von Stromverbrauchern mit hohen Anlaufströmen muß der Schalter im ersten Augenblick einen ziemlich hohen Strom führen können, ohne auszuschalten. So z. B. nehmen die jetzt fast ausschließlich verwendeten Metalldrahtlampen im ersten Augenblick, solange die Leuchtdrähte noch kalt sind, einen sehr hohen Strom auf, der ungefähr das 10fache des normalen beträgt und den Selbstschalter sofort zum Auslösen bringen würde, wenn keine besonderen Vorkehrungen getroffen sind. Deshalb hat der Automat eine sogenannte Auslöseerschwerung, die bei der ersten Berührung der Kontakte einen Teil der Magnetwicklung überbrückt, wodurch die Amperewindungszahl der Spule verringert wird. Nach vollkommener Einschaltung wird die Überbrückung aufgehoben, so daß nunmehr der nach dem verklungenen hohen Anlaufstrom einsetzende Dauerstrom die ganze Spule durchlaufen kann (Bild 219).

Der Sockelautomat wird sowohl einpolig (Bild 217) als auch 2- und 3polig für 2, 4, 6, 10 und 15 A ausgeführt, bei Gleichstrom bis 250 V und bei Wechselstrom bis 380 V. Die dreipolige Ausführung zeigt Bild 220.

Er ist in erster Linie an solchen Verbrauchstellen zu verwenden, an denen etwa auftretende Kurzschlüsse keine zu hohen Werte erreichen, wie es im allgemeinen in Hausinstallationen und ähnlichen lang ausgedehnten

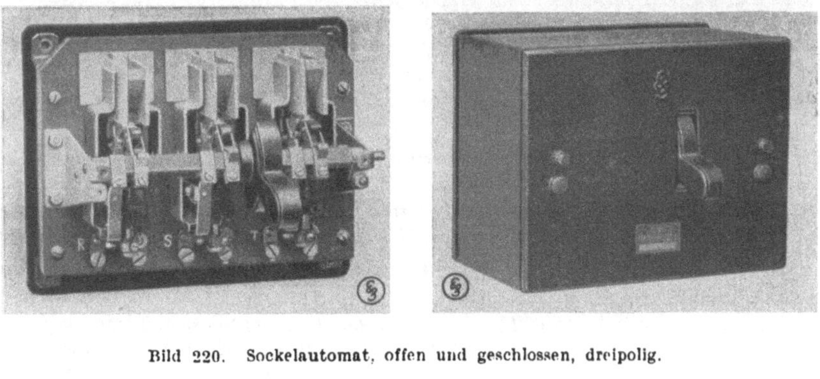

Bild 220. Sockelautomat, offen und geschlossen, dreipolig.

Netzen mit kleinen Leitungsquerschnitten der Fall ist. Die Leitsätze des V.D.E. gestatten hier seine Verwendung hinter einer Hauptsicherung von höchstens 100 A Nennstrom. Der dreipolige Sockelautomat wird auch mit großem Vorteil als Motorschutzschalter für Kurzschlußläufermotoren bis zu 7,5 kW verwendet.

Bild 221. Installation mit Sockelautomaten.

Der Sockelautomat ersetzt nicht nur die Sicherung, sondern gleichzeitig einen besonderen Schalter, der bei Verwendung einer Sicherung stets noch angeordnet werden muß.

Er ist besonders dann von Wert, wenn beispielsweise in einem Lampenstromkreis gleichzeitig mehr Lampen eingeschaltet werden, als normalerweise brennen sollen, oder wenn bei Kraftstromkreisen eine Überlastung des Motors stattfindet, z.B. durch zu hohe Beanspruchung der angetriebenen Maschinen oder indem an eine Leitung Koch- und Heizvorrichtungen mit zu großer Stromaufnahme angeschlossen werden. In allen diesen Fällen wird, wenn die Leitungen nur durch Sicherungen geschützt sind, sofort die Sicherung durchgehen und Ersatz des Schmelzstöpsels erforderlich sein. Ist aber ein Sockelautomat in diesen Stromkreis eingeschaltet, so wird er abschalten und das Abschmelzen der Sicherungen verhindern. Unterhalb einer Nennstromstärke von 25—30 A wird erfahrungsgemäß die Sicherung eher ansprechen als der Schalter, oberhalb dieser Stromstärke jedoch der Schalter eher als die Sicherung. Man wird also eine Sicherung von mindestens 25—30 A Nennstrom zweckmäßig dem Schalter vorschalten. Bei mehreren parallel geschalteten Sockelautomaten soll die ihnen gemeinsam vorgeschaltete Sicherung nicht größer als für 100 A Nennstrom sein.

Das Hauptanwendungsgebiet des Sockelautomaten sind Kraft- und Lichtinstallationen, sowohl in Privathäusern wie in Büro- und Warenhäusern, in Gasthäusern und gewerblichen Anlagen ähnlichen Umfanges. Er ist überall dort am Platze, wo ein zu starker Verbrauch an Sicherungspatronen und die Verwendung geflickter Patronen oder ihre Überbrückung mit Rücksicht auf die Betriebsicherheit auf jeden Fall verhindert werden soll. Deshalb ist er auch für die Installation in der Landwirtschaft von Bedeutung, besonders wenn neben reinem Lichtstrom auch Strom für Heiz- und Kochzwecke in den Haushaltungen verwendet wird. In industriellen und gewerblichen Anlagen, bei großen staatlichen Betrieben, wie Bahn- und Postverwaltung, wo das Bestreben vorhanden ist, den Verbrauch an Sicherungspatronen der Kosten wegen einzuschränken und ohne Ersatzteile stets die Anlage betriebsbereit zu haben, wird der Sockelautomat gerne verwendet. Bild 221 zeigt ein Ausführungsbeispiel einer solchen Anlage.

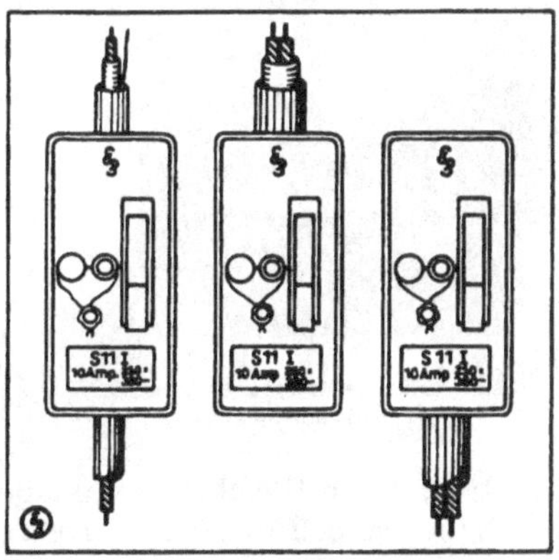

Bild 222. Verschiedene Anschlußarten für Sockelautomaten.

Der einpolige Apparat hat 4 Klemmen für alle Anschlußarten nach Bild 222. Auf der Kappe befindet sich außer der Befestigungschraube noch eine zweite Schraube; eine Verbindung beider dient zur Plombierung des Schalters zum Gebrauch als Strombegrenzer für Tarifzwecke.

Nach Bild 223 können die Sockelautomaten auch zu ganzen Verteilungsgruppen zusammengesetzt werden. Die zur Verbindung der Apparate untereinander erforderlichen Sammelschienen werden nach Bild 224 in die Sockel eingelegt, so können sie für beliebig viele Stromkreise aneinandergereiht werden. Ferner werden Zählertafeln mit dem Sockelautomaten ausgerüstet.

i) Überstrom-Schnellausschalter. In Anlagen mit hochgespanntem Gleichstrom wie z. B. bei elektrischen Bahnen ist eine erhöhte Sicherheit gegen Kurzschlüsse und deren nachteilige Wirkungen auf die Energie-Erzeuger erforderlich. Bei Gleichstrombahnen, die vielfach durch Einankerumformer und Gleichrichter betrieben werden, ist es von Wichtigkeit, die Stromerzeuger durch schnelles Abschalten vor Schäden zu schützen. Der Kurzschlußstrom beeinflußt die Kommutierungsverhältnisse besonders durch Änderung des magnetischen Feldes in ungünstigem Sinne.

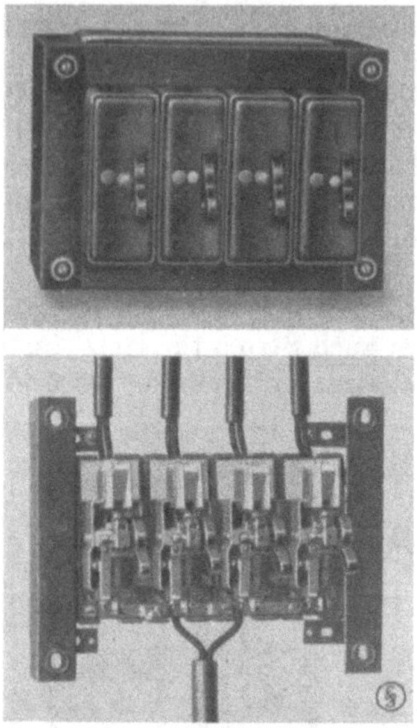

Bild 223. Verteilungsgruppen von Sockelautomaten.

Der Lichtbogen, der sich unter den Bürsten zwischen benachbarten Kommutatorstegen bildet, erlischt bei der Umdrehung des Kommutators nicht, und es entsteht so das gefürchtete „Rundfeuer" zwischen benachbarten Bürstengruppen. Je größer die Kurzschlußenergie, um so größer ist auch die Gefährdung des Umformers und damit des Betriebes. Bei Kurzschlüssen steigt der Strom rasch zu außergewöhnlicher Höhe an, wenn man nicht durch geeignete Apparate dafür sorgt, daß ein Anwachsen bis zum Maximum verhindert wird. Stromunterbrecher der gebräuchlichen Bauart genügen den geschilderten außergewöhnlichen Bedingungen nicht, da sich bei ihnen eine zwar zeitlich scheinbar kurze, aber für die vorliegenden Verhältnisse noch viel zu große Verzögerung nicht vermeiden läßt. Es mußten daher für die geschilderten Verhältnisse besondere schnellwirkende Überstrom-Schalter gebaut werden. Auch in Groß-Gleichrichteranlagen verwendet man in neuerer Zeit mit Vorliebe schnellwirkende Überstrom-Schalter in der Kathodenleitung, und zwar dort, wo es sich um Parallelbetrieb von Großgleichrichtern mit Maschinen oder Akkumulatorenbatterien großer Kurzschlußenergien handelt. Ferner findet er Verwendung als Streckenschalter in Abzweigstrecken.

Die Schnellausschalter werden einpolig und für Spannungen bis 1500 V Gleichstrom und Stromstärken bis 2500 A ausgeführt. Der Auslösestrom ist einstellbar vom 1- bis 5fachen Nennstrom. Die Abschaltzeit beträgt nicht mehr als $\frac{1}{100}$ s.

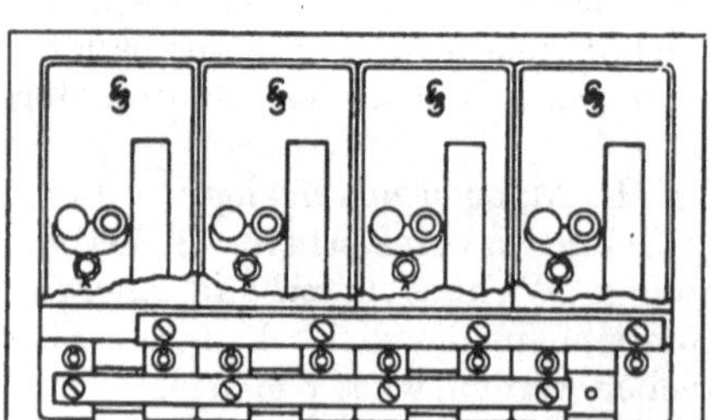

Bild 224. Verbindung der Sockelautomaten untereinander.

Der Schalter wird nach Bild 225 in den zu schützenden Stromkreis geschaltet. Mit Rücksicht auf die durch das schnelle Ausschalten entstehenden Überspannungen wird ein gesondert aufzustellender Dämpfungswiderstand parallel zur Unterbrechungsstelle gelegt.

Die Konstruktion ist aus Bild 226 und 227 zu erkennen. Der Schalter

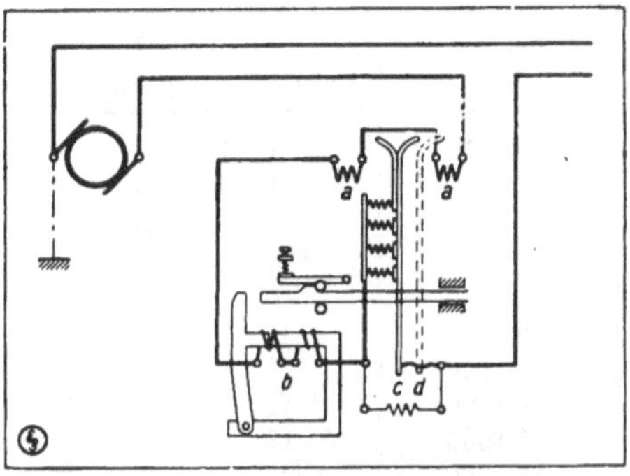

Bild 225.
Schaltbild des Überstrom-Schnellausschalters.
a = Blasspule,
b = Auslösemagnet,
c = Ein,
d = Aus.

besteht in der Hauptsache aus dem Auslösemagneten, den Blasspulen und dem Schaltmechanismus. Die Unterbrechung erfolgt unmittelbar durch einen kräftigen Hauptstrommagnet. Die kurze Schaltzeit wird dadurch erreicht, daß dieser Magnet nach Überwindung der Haltekraft ohne jeden Leerlauf mit voller Kraft auf die mit dem beweglichen Kontaktteil verbundene Stoßstange wirkt.
Anstatt der sonst üblichen Bürstenfeder sind Klotzkontakte verwendet. Hierdurch wird erreicht, daß infolge des Fortfalls der Federung der Kontakte die Verzögerung beim Öffnen des Schalters verringert wird. Der beim Abschalten entstehende Lichtbogen wird durch ein kräftiges Blasfeld gelöscht. Der Schalter hat Freilaufkupplung und kann für Hand- oder für Fernbetätigung mittels Hubmagnet eingerichtet werden.
Die Sicherheit in Gleichstromanlagen mit hohen Spannungen wird durch die Anwendung von Überstromschnellausschaltern wesentlich erhöht.

3. Ölschalter.

Der Verband Deutscher Elektrotechniker hat Richtlinien für die Konstruktion von Hochspannungsölschaltern aufgestellt. In diesen Richtlinien sind die wesentlichen Abmessungen der Ölschalter festgelegt und die Schalter mit einer Seriennummer bezeichnet nach folgender Tafel:

Bild 226. Bild 227.
Aufbau des Überstrom-Schnellausschalters.

Nennspannung V	Kurzschlußstrom in A 1000	1500	2000	3000	4500	6000
1 500	I	I	I	I	—	—
3 000	I	I	I	II	II	II
6 000	II	II	II	III	III	III
12 000	III	III	IV	IV	IV	—
24 000	IV	V	V	—	—	—
35 000	V	—	—	—	—	—
50 000	VI	—	—	—	—	—
80 000	VII	—	—	—	—	—
110 000	VIII	—	—	—	—	—
150 000	IX	—	—	—	—	—
200 000	X	—	—	—	—	—

Jede Seriennummer entspricht einer bestimmten Nennspannung.

a) Ölschalter bis 35 000 V Nennspannung. Die gebräuchlichsten Ölschalter sind die in den Listen unter Reihe 20 bzw. wenn sie mit Schutzwiderstand (vgl. S. 121) ausgerüstet sind, unter Reihe 21 aufgeführten Apparate. Diese werden für die Stromstärken 200, 350, 600, 1000 und 1500 A gebaut. Sie sind Einkesselschalter, d. h. die Kontakte aller drei Phasen sind in einem gemeinsamen Ölkessel untergebracht.

Die Träger der beweglichen Kontaktmesser einschließlich der Antriebsteile sind an einer schmiedeisernen Deckelplatte angeordnet, an der auch der aus Blech hergestellte, autogen geschweißte Ölkessel befestigt ist. Das zähe Schmiedeisen bietet gegenüber dem Gußeisen bei den in Ölschaltern auftretenden Druckbeanspruchungen größere Sicherheit.

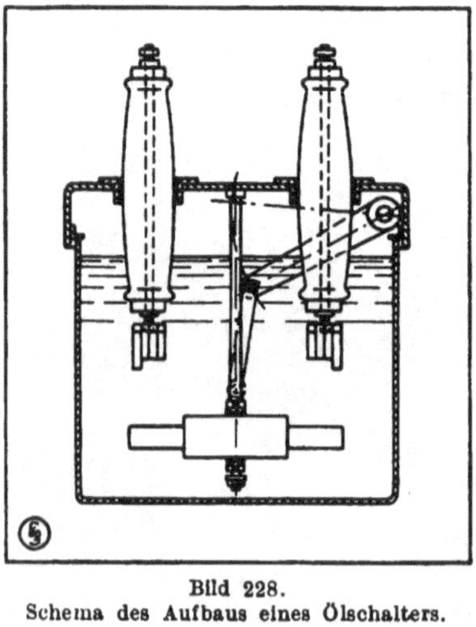

Bild 228.
Schema des Aufbaus eines Ölschalters.

Der Ölkessel ist bei den kleineren Modellen von Hand, bei den größeren mittels einer Ölkesselwinde nach unten abnehmbar. Am Rahmen des Schalters ist bei diesen größeren Modellen ein Gestell aus Winkeleisen befestigt, in dem der Ölkessel mittels einer durch Handkurbel zu betätigenden Winde auf und ab bewegt werden kann. Besondere Sorgfalt ist auf die sichere Befestigung des Ölkessels gelegt; bei den Modellen mit Winde sind außer der Aufhängung des Kessels an den Windenbändern noch Hakenleisten vorgesehen, mittels deren der Kessel durch Schrauben- und Keilwirkung gegen den Deckel gepreßt wird. Der Kessel ist dadurch bei großer Druckbeanspruchung gegen Abtreiben gesichert. Das Gestell ist zugleich als Träger des Ölschalters ausgeführt.

Die festen Kontakte werden, wie in Bild 228 schematisch dargestellt, von Durchführungsisolatoren getragen, welche die Deckelplatte durchdringen. Den Strom schließen Kontaktmesser, die sich in die Kontaktfedern je zweier gegenüberstehender Durchführungsisolatoren einlegen. Die Kontaktmesser sind an einer Traverse befestigt, mit der sie durch Drehen der Schaltwelle senkrecht auf und ab bewegt werden, wodurch der Strom in jeder Phase an zwei Stellen unterbrochen wird. Die Bauart ist so gewählt, daß die Kontaktmesser selbst nach Bruch des sie tragenden Isolators durch den Antriebmechanismus aus den Kontakten herausgezogen werden. Ein Steckenbleiben der Kontaktmesser bei Bruch der Isolatoren ist daher ausgeschlossen. In Bild 229 sind verschiedene Einzelteile eines Ölschalters dargestellt, und zwar in der Mitte ein Fingerkontakt mit Funkenentzieher, unten ein Kontaktmesser und oben ein Durchführungsisolator mit Flansch.

Hinsichtlich der Aufstellungsart werden zwei Formen unterschieden: hängende oder fahrbare Ölschalter. Hängende Ölschalter werden in der Regel nur bei kleineren Stromstärken und niedrigeren Spannungen verwendet. Bei den fahrbaren Schaltern ist das Gestell mit Rollen versehen, damit der Schalter in der Schaltanlage leicht ein- und ausgefahren werden kann.

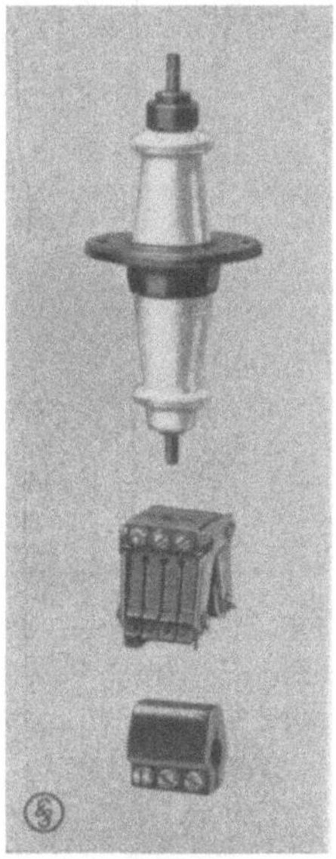

Bild 229. Einzelteile eines Ölschalters der Reihe 20.

Die Ölschalter werden entweder nur für Bedienung „von Hand“ oder „von Hand und für selbsttätiges Ausschalten“ ausgeführt. Bei letzteren ist zwischen Schalterachse und Antriebsteil eine Klinkenkupplung, die sogenannte Freilaufkupplung, eingefügt, die durch einen oder mehrere Auslösemagneten gelöst werden kann, worauf der Ölschalter durch Federkraft geöffnet wird.

Bei selbsttätigen Ölschaltern sind folgende drei Arten zu unterscheiden:

1. Ölschalter mit Überstrom-Auslösern.

Die Auslösemagneten werden vom Hauptstrom umflossen, sie lösen die Freilaufkupplung, sobald der Strom einen bestimmten Betrag überschreitet. Den Aufbau und die Befestigungsweise eines Auslösers veranschaulicht Bild 230, das Schaltbild zeigt Bild 231.

Die dreipoligen Schalter erhalten normalerweise zwei Auslöser, die in verschiedenen Phasen liegen und auf einen gemeinsamen Auslösemechanismus wirken, können aber auch mit drei Auslösern ausgerüstet werden. Die Auslöser erhalten Skalen, an denen die Auslösestromstärke nach folgender Tafel in Übereinstimmung mit den Leitsätzen des V.D.E. zwischen dem 1,4- und dem 2fachen Nennstrom eingestellt werden kann:

Nennstrom A	Auslösestrom einstellbar zwischen A	Nennstrom A	Auslösestrom einstellbar zwischen A
6	8 und 12	100	140 und 200
8	11 „ 16	125	175 „ 250
10	14 „ 20	160	225 „ 320
15	21 „ 30	200	280 „ 400
20	28 „ 40	265	370 „ 530
25	35 „ 50	350	490 „ 700
30	42 „ 60	450	630 „ 900
40	56 „ 80	600	840 „ 1200
50	70 „ 100	750	1050 „ 1500
60	84 „ 120	1000	1400 „ 2000
75	105 „ 150	1500	2100 „ 3000

Die Auslöser werden für Schnellauslösung oder für verzögerte Auslösung eingerichtet. Bei letzterer ist zwischen Magnet und Auslösemechanismus eine Verzögerungsvorrichtung gelegt, bestehend aus einem Laufwerk mit Hemmung, das bei Überschreitung der eingestellten Auslöse-Stromstärke vom Magneten des Auslösers in Umlauf gesetzt wird. Das Laufwerk ist an der geerdeten Grundplatte angebracht; die Einstellung kann also auch bei dem unter Spannung stehenden Schalter vorgenommen werden. Zwischen Magnetanker und Laufwerk ist eine Schraubenfeder eingeschaltet, um das Laufwerk vor den hammerartigen Schlägen des Magnetankers bei Kurzschlüssen zu schützen. Die Feder ist so bemessen, daß der Anker etwa beim vierfachen Nennstrom

Bild 230. Überstrom-Auslöser für Ölschalter.

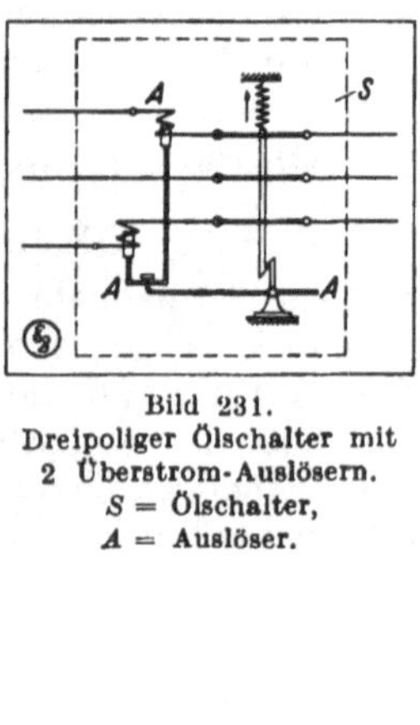

Bild 231. Dreipoliger Ölschalter mit 2 Überstrom-Auslösern. S = Ölschalter, A = Auslöser.

der Magnetwicklung eingezogen und die Feder ausgedehnt wird. Bei allen höheren Stromstärken ist die Ablaufzeit konstant. Die Zeitskala des Verzögerungswerkes wird bei dieser Stromstärke eingestellt, was den Bedürfnissen der Praxis entspricht, denn in fast allen Fällen handelt es sich bei Störungen um Stromstärken, die einem Kurzschluß gleich zu werten sind. Im Bereiche des Einstellstromes dagegen ist eine längere Verzögerung erwünscht. Die Skala hat Eichstriche für 0, 1, 2, 3, 4 und 5 s.

Die Verzögerung ist demnach vom Strome begrenzt abhängig (Bild 232); bei geringeren Überlastungen sind die Auslösezeiten verhältnismäßig groß, vom 4fachen Auslöser-Nennstrom ab erreicht sie einen konstanten und vom Überstrom unabhängigen Zeitwert. Die Skala wird nach diesem Werte geeicht, der allein die richtige Reihenfolge des Abschaltens mehrerer hintereinander liegender Schalter gewährleistet. Hierdurch unterscheiden sich die Schalter vorteilhaft von anderen, bei denen die Auslösezeiten entweder gar nicht oder nur in Abhängigkeit vom Auslösestrom (nicht Kurzschlußstrom) einstellbar sind, oder bei denen sie mit wachsender Stromstärke bis auf Null abnehmen.

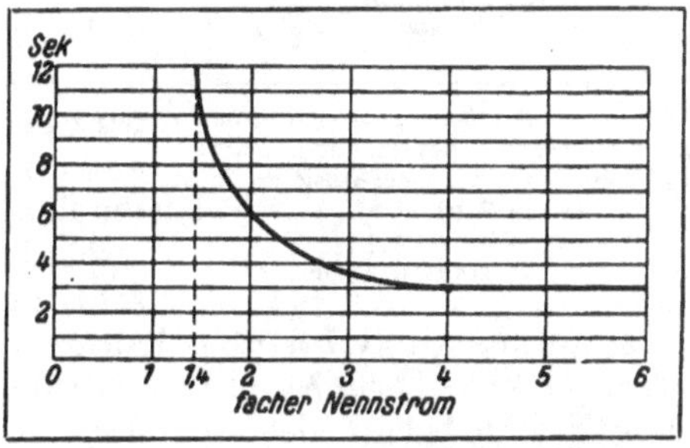

Bild 232. Verlauf der Verzögerung in Abhängigkeit vom Überstrom.

Zum Schutz der Überstrom-Auslösespulen der Ölschalter gegen die Wirkung von Wanderwellen dienen Parallelwiderstände, die aus einem Silitstab bestehen und entsprechend geformten Stücken zum Anschluß an den Auslöser des Ölschalters. Der Ohmbetrag muß der Induktivität der Spulen angepaßt werden. Für die verschiedenen Stromstärken sind Silitstäbe mit verschiedenen Widerständen zu wählen.

Damit der an der Verwendungstelle auftretende höchste Dauer-Kurzschlußstrom bei zu hohen Werten den Auslöser nicht gefährdet, muß der Nennstrom der Auslöserwicklung so gewählt werden, daß bei unmittelbarem Kurzschluß hinter dem Schalter nicht mehr als 120facher Nennstrom bei unverzögerter Auslösung, $\frac{60}{\sqrt{t}}$-facher Nennstrom bei verzögerter Auslösung auftritt (t = höchste einstellbare Verzögerung in s).

2. Ölschalter mit Hauptstrom- und Spannungsrückgangs-Auslösern.

Sollen die Schalter sowohl bei Überlastung als auch bei Rückgang oder Ausbleiben der Spannung auslösen, was unter Umständen in Stromkreisen, in denen Motoren angeschlossen sind, erwünscht ist, so wird an die vorbeschriebenen Ölschalter noch ein Spannungsrückgangs-Auslöser angebaut, der ebenfalls auf die Freilaufkupplung wirkt. Er wird je nach der Spannung unmittelbar oder unter Vorschaltung eines Spannungswandlers zwischen zwei Phasen vor den Ölschalter (in der Richtung der Energielieferung) geschaltet und löst aus, sobald die Netzspannung um mehr als 35% sinkt (Bild 233). Der Spannungsrückgangs-Auslöser (für Ruhestromschaltung) wird für unmittelbaren Anschluß nur bis 500 V ausgeführt.

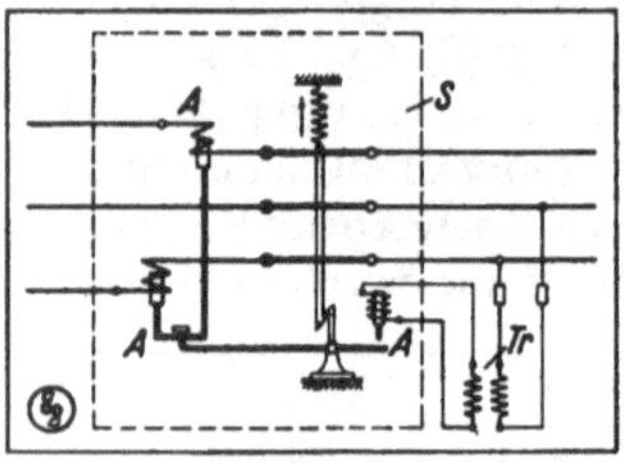

Bild 233. Dreipoliger Ölschalter mit 2 Überstrom-Auslösern und einem Spannungsrückgangs-Auslöser.
S = Ölschalter,
A = Auslöser,
Tr = Transformator.

3. Ölschalter mit Spannungsauslösern.

Sollen die Schalter mittelbare Auslösung unter Verwendung von gesonderten Maximalrelais, Rückstromrelais usw. oder Fernauslösung durch Druckknopf erhalten, so wird ein Spannungsauslöser angebaut, der auf die Freilaufkupplung wirkt. Er wird durch einen Hilfstrom (Gleich- oder Wechselstrom bis 250 V) möglichst in Arbeitstromschaltung betätigt. Schalter nur mit Spannungsauslöser in Ruhestromschaltung können verwendet werden, wenn bei starkem Sinken oder Ausbleiben der Spannung ausgeschaltet werden soll. Der Energiebedarf des Spannungsauslösers beträgt einschließlich der Vorschaltwiderstände, die bei Gleichstrom für alle Spannungen, bei Wechselstrom von 120 V an erforderlich sind:

Auslöser für	bei Spannung	Bei Wechselstrom Frequenz 50 Per/s		Gleichstrom
	V	etwa VA	cos φ	etwa Watt
Ruhestrom	110 220	13 26	0,51 0,89	18 35
Arbeitstrom	110 220	105 210	0,55 0,89	50 110

Ölausschalter mit Auslösern, angeschlossen an Stromwandler. In Fällen, in denen die Auslöser an einen Stromwandler angeschlossen werden sollen, muß dessen Leistung auf der Unterspannungseite etwa 30 bis 35 VA betragen. Die Einrichtung ist so zu treffen, daß die Unterspannungwicklung durch eine Sicherung oder ein Relais überbrückt wird, die bei Erreichen des Grenzstromes abschmelzen bzw. ausschalten, so den Stromfluß durch den Auslöser des Ölschalters leiten und den Auslöser zum Ansprechen bringen. In Betracht kommen für diesen Zweck Ölschalter mit zwei oder drei Auslösern.

Ölschalter mit Schutzwiderstand.

Diese Schutzschalter unterdrücken den beim Schalten mit gewöhnlichen Schaltern häufig auftretenden Einschaltestromstoß sowie auch die Auswirkung von Überspannungen auf die Wicklungen.

Beim Schließen und Öffnen des Schalters fließt der Strom, bis die Kontaktmesser ihre Endlage erreicht haben, über einen Widerstand, der zwischen das Schaltmesser und einen davon isolierten Kontaktklotz über verschiebbare Zuleitungen angeschlossen ist. Bei geschlossenem Schalter ist der Widerstand überbrückt, bei geöffnetem Schalter spannungslos.

Ölschalter mit Schutzwiderstand der 21er Reihe haben dieselben Grundrißabmessungen wie die Ölschalter der 20er Reihe. Zur Aufnahme des Schutzwiderstandes ist das Ölgefäß entsprechend tiefer.

Die Anordnung des Widerstandes im Ölkessel anstatt außerhalb ergibt geringen Raumbedarf bei großer Betriebsicherheit, ein Vorteil, der besonders bei hohen Spannungen zur Geltung kommt.

Eine gefährliche Erhitzung des Öles wird durch Sicherungen (Schmelzkörper), die im Stromkreise der Widerstände liegen, verhindert.

Schutzschalter sind zu verwenden zum Einschalten von:

Drehstrom-Transformatoren von mehr als 2000 kVA Leistung,

Asynchronmotoren bei mehr als 3 kV Nennspannung, wenn die Motorleistung in kW zahlenmäßig kleiner als $10\,E^2$ ist (E = Nennspannung in kV),

Freileitungen bei mehr als 50 kV Nennspannung, ferner bei niedrigeren Spannungen, wenn die Summe der Nennleistungen aller bei geringster Netzbelastung laufenden Generatoren in kVA zahlenmäßig kleiner ist als $0{,}03\,E^2 \cdot L$ (E = Nennspannung in kV und L = Länge der geschalteten Freileitung in km),

Kabeln bei mehr als 20 kV Nennspannung, ferner bei niedrigeren Spannungen, wenn die Summe der Nennleistungen aller bei geringster Netzbelastung laufenden Generatoren in kVA zahlenmäßig kleiner ist als E^2L (E = Nennspannung in kV und L = Länge des geschalteten Kabels in km).

Die äußere Ansicht von Ölschaltern der Reihe 20 und 21 geben die Bilder 234—237 wieder, aus denen auch verschiedene Antriebsarten zu erkennen sind, während Bild 238 das Innere des Schalters erkennen läßt.

Antriebsarten. Der Antrieb der Schalter der Reihe 20 und 21 wird in folgenden 5 Arten nach Bild 239 ausgeführt:

Ausführung *G*: mit Gestängekurbel,
„ *St*: mit angebautem Hebelantrieb mit Steigbügelgriff,
„ *HR*: mit angebautem Handradantrieb auf der Breitseite,
„ *SB*: mit Seilrad auf der Breitseite,
„ *KB*: mit Klauenkupplung auf der Breitseite (ohne Handrad und ohne Kupplungsgestänge).

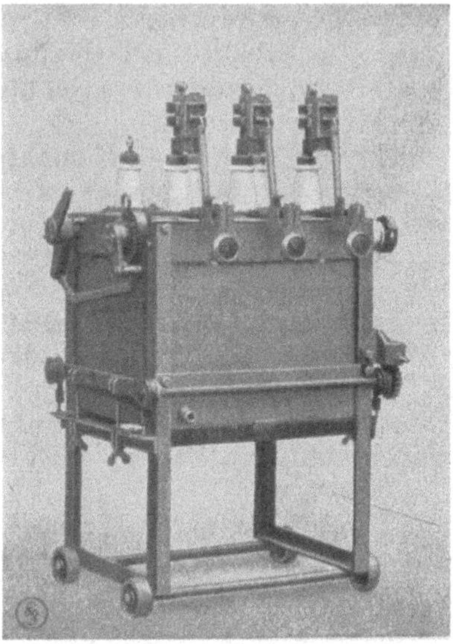

Bild 234. Ölschalter ohne Schutzwiderstand mit Gestängekurbel *G*.

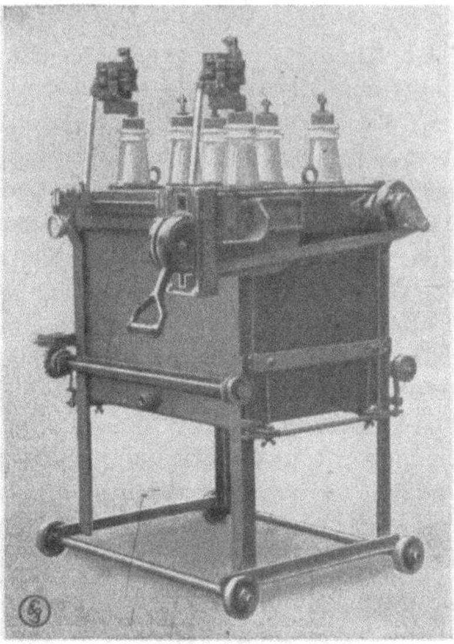

Bild 235. Ölschalter ohne Schutzwiderstand mit Hebelantrieb *St*.

Bild 236. Ölschalter mit Schutzwiderstand mit Handradantrieb *HR*.

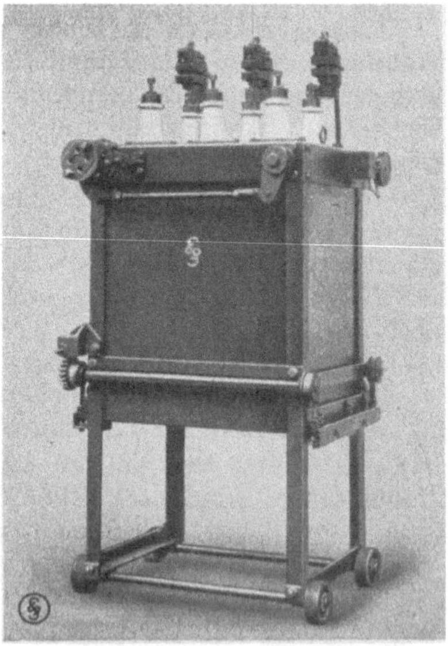

Bild 237. Ölschalter mit Schutzwiderstand mit Klauenkupplung *KB*.

Bild 238.
Blick in das Innere des Ölschalters.

Der Antrieb *HR* ist ein in der Mitte der Breitseite liegender Handradantrieb mit zwangläufig sich einstellendem Schaltstellungsanzeiger.
Der Antrieb *KB* ist zu verwenden, wenn gleiche Höhe der Antriebs-Handräder bei verschieden großen Schaltern oder bei solchen mit und ohne Schutzwiderstand gefordert wird.
Bei Ausführung *HR, SB* und *KB* liegen die Auslöser auf der dem Antrieb gegenüberliegenden Breitseite.
Die Antriebe *St, HR* und *KB* haben mechanische Anzeige-Vorrichtungen, welche die Schalterstellung an der Betätigungstelle erkennen lassen.
Einen einfachen Meldeschalter (siehe S. 159) für „Aus"- und „Ein"-Lampe und Glocke erhalten:
alle Schalter ohne Freilaufkupplung, gleichgültig, welchen Antrieb sie haben und alle Schalter mit *St*-Antrieb mit Freilaufkupplung.
Alle Schalter mit Antrieb *G, HR, SB* und *KB*, die mit Freilaufkupplung ausgerüstet sind, erhalten einen vereinigten Melde- und Abstellschalter. Der Abstellschalter ermöglicht das Abschalten des Weckers bei geöffnetem Ölschalter und erübrigt Abstellschalter an den Handantrieben.

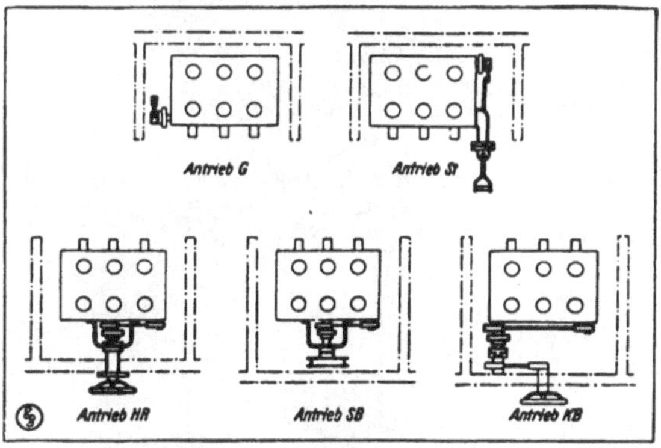

Bild 239. Antriebsarten der Ölschalter-Reihe 20 und 21.
Antrieb „*G*",
Antrieb „*St*",
Antrieb „*HR*",
Antrieb „*SB*",
Antrieb „*KB*".

Bei den bisher beschriebenen Ölschaltern der Reihe 20/21 sind aus Gründen der einheitlichen Konstruktion die Grundrißabmessungen mehrerer Modelle gleich groß gehalten. Dadurch werden bei den Stromstärken 200 und 350 A die in den V.D.E.-Leitsätzen geforderten „Abstände unter Öl" überschritten. Auch ist die erforderliche Ölmenge reichlicher, als bei den kleineren Stromstärken notwendig wäre. Für manche Erzeugeranlagen ist dieser Umstand nur

Bild 240. Ölschalter mit Universalflansch *U* zum Anbau eines bel. Antriebes.

Bild 241. Ölschalter mit Handradantrieb *HR*.

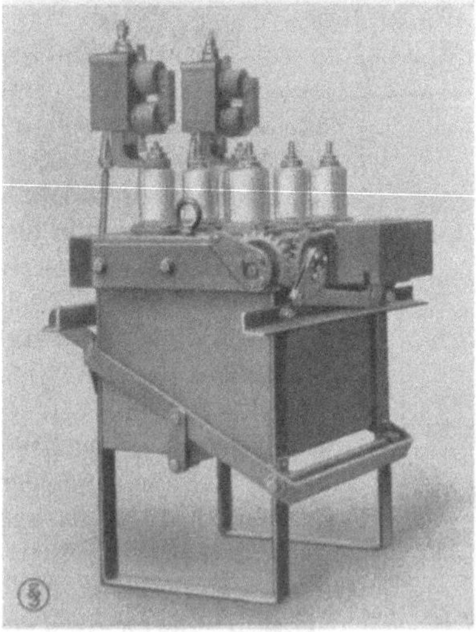

Bild 242. Ölschalter mit Gestängekurbel *G* zum Anbau eines Gestängeantriebes.

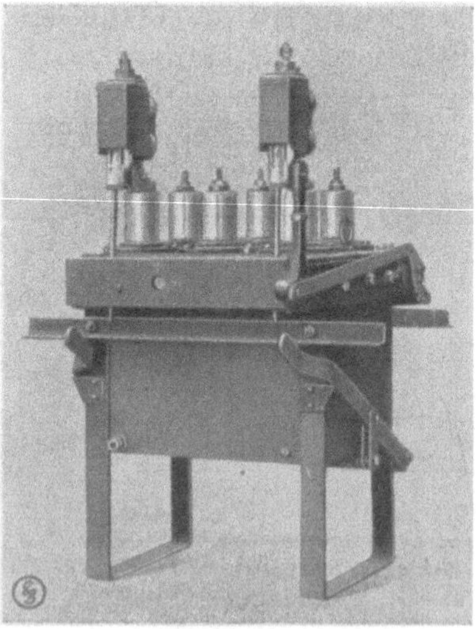

Bild 243. Ölschalter mit Handhebelantrieb *HE*.

von Vorteil, da die Sicherheit und Leistungsfähigkeit eines Ölschalters in hohem Maße von der Ölmenge und den Abständen der Unterbrecherstellen im Öl abhängig ist. Es kommen jedoch auch häufig weniger scharfe Beanspruchungen der Ölschalter vor. Deshalb haben die Siemens-Schuckertwerke noch eine Ölschaltertype gebaut für Stromstärken von 200 und 350 A, bei der günstigere Außenmaße und kleinerer Ölbedarf erzielt sind; diese werden als Reihe 22/23 geführt. Die Konstruktionselemente sind im übrigen die gleichen wie bei den vorbeschriebenen Schaltern der Reihe 20/21. Der Ölkessel wird mittels eines am Schalter angebrachten Hebelpaares gesenkt und gehoben. Auch diese Schalter werden hängend und fahrbar ausgeführt, und zwar

Schalter Serie 0 (Nennspannung 750 V) nur hängend,
Schalter Serie I—III hängend oder fahrbar,
Schalter Serie IV—V nur fahrbar.

Die äußere Ansicht der hängenden Schalter ist in den Bildern 240—243 dargestellt, die auch die verschiedenen Antriebsarten zeigen. Diese werden in 4 Ausführungen hergestellt, und zwar wie in Bild 244 skizziert:

Ausführung *U*: mit Universalflansch,
„ *HR*: mit Handradantrieb,
„ *G*: mit Gestängekurbel,
„ *HE*: mit angebautem Handhebelantrieb.

Ausführung *U* ist die Stammausführung für alle übrigen Antriebsarten. Der Universalflansch sitzt an der den Auslösern gegenüberliegenden Breitseite des Schalters. An den Universalflansch kann nachträglich Gestänge- oder Handhebelantrieb angebaut werden.

Ausführung *HR* ist ein auf der Breitseite des Schalters etwas einseitig liegender Handradantrieb mit Lagerrosette für Befestigung an der Schaltwand, ohne Schaltstellungsanzeiger am Handrad. Die Auslöser sitzen auf der dem Antrieb gegenüberliegenden Breitseite.

Ausführung *G* ist für Antrieb durch Gestänge und Hebel oder ähnliche Antriebsteile bestimmt. Die Gestängekurbel sitzt, von der Auslöserseite aus gesehen, rechts an der Schmalseite des Schalters.

Ausführung *HE* ist ein Handhebelantrieb, der rechts an der Seite der Auslöser angebracht ist. Bei den Serien IV

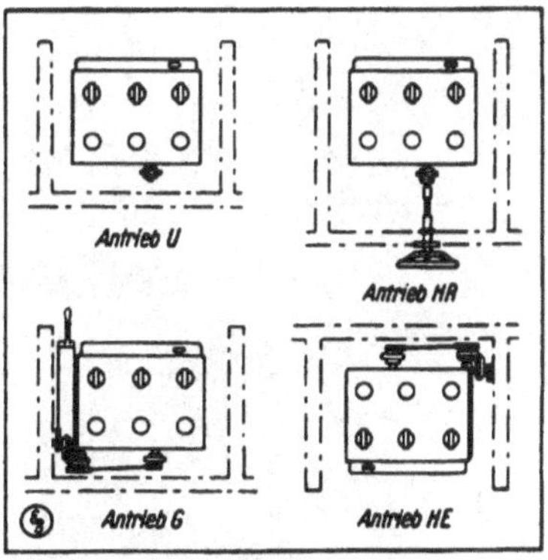

Bild 244.
Antriebsarten der Ölschalter, Reihe 22 u. 23.
Ausführung *U*: mit Universalflansch,
Ausführung *HR*: mit Handradantrieb,
Ausführung *G*: mit Gestängekurbel,
Ausführung *HE*: mit angebautem Handhebelantrieb.

Bild 245.
Ölschalter der Reihe 22 mit Schaltmotorantrieb.

und V hat der Handhebelantrieb anstatt des normalen Angriffes einen Steigbügelgriff. Der an der Auslöserseite liegende Schaltstellungsanzeiger ist vom Handhebelantrieb aus sichtbar. Jede dieser Ausführungsarten hat an der Auslöserseite des Schalters einen mechanisch arbeitenden Schaltstellungsanzeiger und einen Hilfskontakt, durch den Meldelampen („Aus" und „Ein") und Wecker geschaltet werden können. Der Hilfskontakt ermöglicht auch das Abstellen des Weckers und der Lampe der Ausschaltstellung bei ausgeschaltetem Ölschalter und erübrigt Hilfskontakte am Handantrieb.

Die Ölschalter der Reihe 22/23 können auch mit angebautem Schaltmotorantrieb auf verlängertem Fahrgestell ausgerüstet werden nach Bild 245. Erhalten die Schalter Überstromauslöser, so wirken diese mechanisch auf die Freilauf-

Bild 246.
Ölschalter R 2642 mit Schaltmotorantrieb.

Bild 247. Ölschalter R 2642 mit Schaltmotorantrieb, Ölkessel herabgelassen.

kupplung. Sind gesonderte Überstromrelais, Rückstromrelais usw. vorhanden, so erhält der Ölschalter einen Spannungsauslöser, der auf die Freilaufkupplung wirkt.

Die oben beschriebenen Ölschalter der Reihe 20/21 werden für Stromstärken von höchstens 1500 A gebaut. Für noch größere Stromstärken sind die in Bild 246 und 247 dargestellten Ölschalter der Type R 2642 u. f. bestimmt. Sie unterscheiden sich von den bisher beschriebenen Ölschaltern dadurch, daß Flachkupferdurchführungen mit geblätterten Federkontakten als Hauptkontakt und Fingerkontakte als Funkenentzieher Verwendung finden. Diese Einzelteile sind in Bild 248 wiedergegeben, und zwar oben eine vollständige Doppeldurchführung, in der Mitte ein Kontaktbürstenelement und unten ein Fingerkontakt.

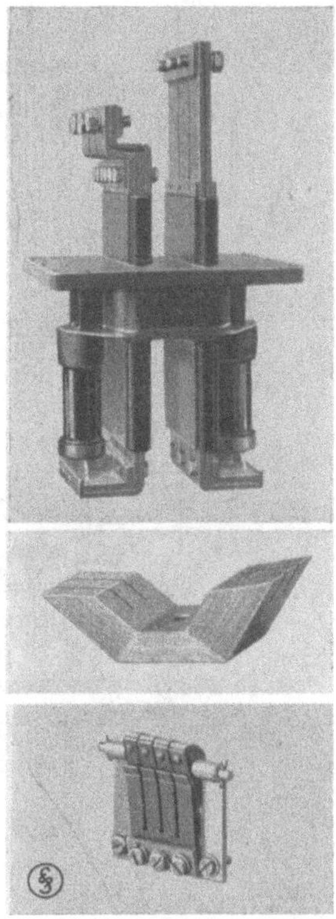

Bild 248. Einzelteile eines Ölschalters R 2642.

Diese Schalter werden nur fahrbar mit Ölkesselwinde gebaut und für folgende Antriebsarten:

1. mit auf gemeinsamem Fahrgestell aufgebautem Schaltmotorantrieb für Gleich- oder Wechselstrom,
2. mit auf gemeinsamem Fahrgestell aufgebautem Schaltmagnetantrieb für Gleichstrom,
3. mit auf der Breitseite sitzendem Kupplungsflansch. Letzterer wird nur verwendet, wenn die beiden ersteren nicht angebracht werden können, in diesem Fall wird einer der auf Seite 164 beschriebenen Schaltmotorantriebe gebraucht.

Im übrigen gilt das über die Schalter der Reihe 20/21 Gesagte sinngemäß auch für dieses Modell. Die Auslöser werden aber nur für verzögerte Auslösung eingerichtet, wird Schnellauslösung gewünscht, so muß das Hemmwerk auf 0 Sekunden eingestellt werden.

Dreipoliger Röhren-Ölschalter für Spannungen von 15 und 24 kV und Stromstärken bis 25 A mit Überstromauslösern.

Bei kleineren und mittleren Transformatorenstationen von Überlandnetzen (Ausläuferstationen), bei denen mit einer verhältnismäßig geringen Abschaltleistung gerechnet werden kann, ist Bedürfnis nach einem dem Zweck entsprechenden und dabei preiswerten Schutzapparat gegen Überstrom vorhanden.

Derartige Apparate werden zweckmäßig im oberen Teile eines Schachtes im Transformatorenhause von verhältnismäßig kleiner Grundfläche so untergebracht, daß der Leitungszug in der Richtung von oben nach unten an der Gebäudewand entlangläuft. Diesen Anforderungen entspricht der mit angebauten Überstromauslösern versehene Röhrenölschalter.

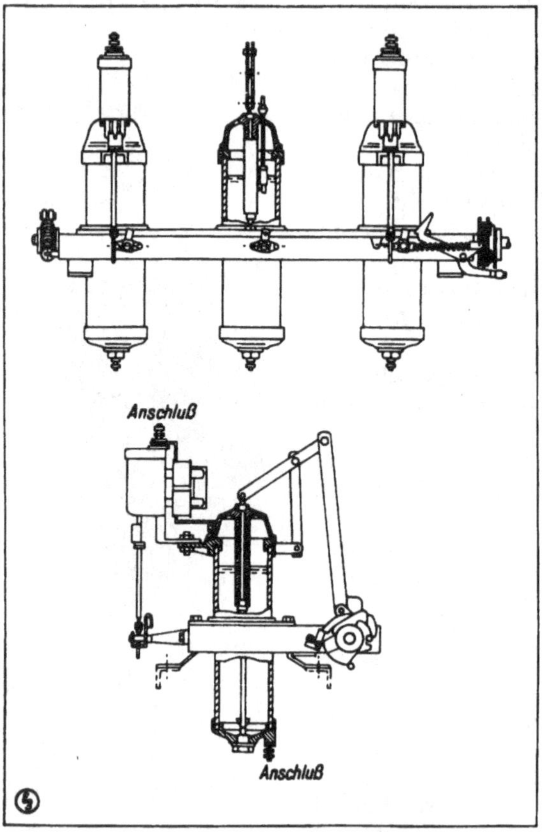

Bild 249. Dreipoliger Röhren-Ölschalter.

Der Apparat, dessen Aufbau Bild 249 und 250 erkennen lassen, ist unter Verwendung von 3 Porzellankörpern mit in der Mitte gelagerten Trennkontakten ausgebildet.

Die Durchführungen sind voneinander getrennt auf einem schmiedeisernen Rahmen befestigt, so daß die Kontakte durch Abschrauben der Haube am Kopfe einer jeden Durchführung zugänglich sind. Durch Anbringen einer Öldrossel im Innern ist dafür gesorgt, daß beim Abschalten kein Öl nach außen geworfen wird.

Besonders einfache Schwimmer zeigen in jeder Durchführung den Ölstand des Ölspiegels an.

Der Schalter hat 2 oder 3 Überstromrelais, deren Ankerbewegungen durch Isolierstangen auf die Auslöswelle der Freilaufkupplung wirken. Eine dazwischenliegende Hilfsauslösung bewirkt eine schlagartige Betätigung der Freiauslösung und steigert die Empfindlichkeit der Auslösung bei geringerem Kraftbedarf erheblich.

Ölschaltkasten.

Diese Apparate werden vorzugsweise in schweren Betrieben wie beispielsweise Berg- und Hüttenwerken verwendet, wo sie nicht selten durch wenig

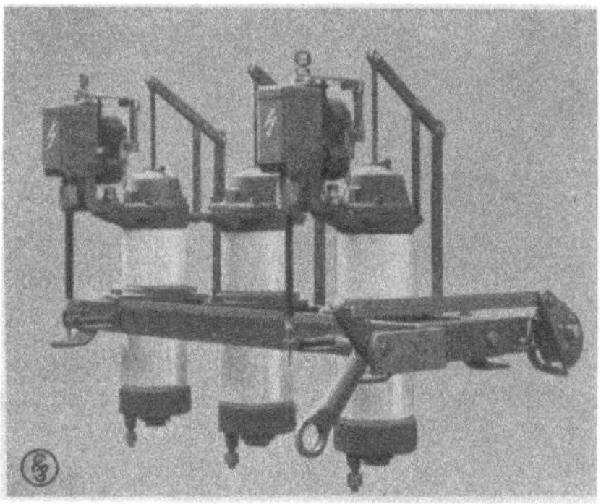

Bild 250. Außenansicht des Röhren-Ölschalters.

geschultes Personal bedient werden. Sie müssen daher besonders betriebsicher, einfach und übersichtlich sein. Die Kontaktteile sind sehr kräftig gehalten; es sind Messerkontakte, über die unterteilte Kontaktfinger greifen.
Die Stromzu- und abführungen werden bei den Schaltkasten im Gegensatz zu allen bisher beschriebenen Ölschaltern durch Porzellandurchführungen, die in dem Boden des Gefäßes eingekittet sind, geleitet. Die Prüfungspannungen sind zum Teil über die vom V.D.E. festgesetzten erhöht.
Dreipolige Ölschaltkasten H 260 mit Sicherungen bis 200 A, 750 V. Für geringere Leistungen, z. B. für Lichtnetze, für kleine Motoren usw., sowie für Spannungen bis 750 V können die Schaltkasten mit Schaltern und Sicherungen unter Öl verwendet werden.
Bild 251 und 252 zeigen den Aufbau dieser Schaltkasten. Die Anschlüsse sind durch den Boden des Ölkessels geführt und tragen die Messerkontakte. Die Schmelzstreifen können gefahrlos ausgewechselt werden, da die Klemmkontakte für die Schmelzstreifen durch Öffnen des Deckels von den spannungführenden Teilen abgetrennt werden. Eine Verriegelung verhindert, daß der Deckel bei geschlossenem Schalter aufgeklappt wird. Der Schaltkasten kann verwendet werden zum Aufsetzen auf

Bild 251.
Ölschaltkasten mit Sicherungen, geöffnet.

Bild 252. Ölschaltkasten
mit Sicherungen, geschlossen.

Bild 253.
Hochspannungs-Ölschaltkasten.

Unterbauten für Verteilungsanlagen oder in Verbindung mit Konsolen für Befestigung an der Wand. An die Konsole, in der die Verbindungen zwischen Schaltkasten und Kabel liegen, werden Kabelstutzen angesetzt. Etwaige Strommesser können so mit dem Schaltkasten verbunden werden, daß die Anschlüsse bequem herzustellen sind.

Die Hochspannungs-Ölschaltkasten H 150—153 nach Bild 253 sind gekapselte Ölschalter mit unteren Anschlußkontakten und selbsttätiger Auslösung.

Aus Bild 254 und 255 sind die drei Hauptteile zu erkennen, nämlich:

1. der Ölkessel mit den isolierten Anschlußbolzen, auf denen die Schalterkontakte und die Überstromauslöser sitzen,
2. der Zwischenteil mit dem Antrieb für die Schaltmesser, dem Auslösegestänge, Spannungswandler mit Zubehör und den Meßinstrumenten,
3. die Abdeckhaube.

Der Ölkessel ist aus kräftigem Stahlblech hergestellt, ebenso Haube und Zwischenkasten. Dadurch gewinnt der Schaltkasten große Widerstandsfähigkeit bei geringem Gewicht.

In den Kesselboden sind die Anschlußbolzen durch Porzellanisolatoren geführt und öldicht eingekittet. Sie tragen die Kontakte, die feststehenden Auslöser und den Stromwandler. Durch

Bild 254.
Hochspannungs-Ölschaltkasten, auseinandergenommen.

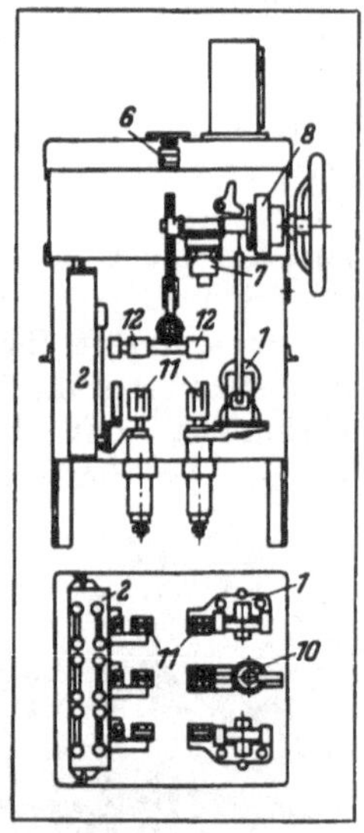

Bild 255.
Einzelteile des Hochspannungs-Ölschaltkastens.
1 Überstromauslöser,
2 Schutzwiderstand,
6 Niederspannungsicherung,
7 Spannungsrückgangs-Auslöser,
8 Freilaufkupplung,
10 Stromwandler,
11 Feststehende Kontakte,
12 Bewegliches Schaltmesser.

Füße ist verhindert, daß der Kessel auf die Anschlußbolzen gesetzt werden kann.

Auch der Zwischenteil hat Füße, damit außerhalb des Kessels das Schaltmesser bewegt und das ganze Getriebe geprüft werden kann. Die beweglichen Schaltmesser, die durch das Handrad betätigt werden, sitzen auf einer Rohrtraverse aus Repelit. Das geringe Gewicht der beweglichen Teile verbürgt eine hohe Schaltgeschwindigkeit. Durch die Bauart ist es ausgeschlossen, daß bei Beschädigung von Apparaten etwa ein Schalt-

Bild 256. Hochspannungs-Ölschaltkasten mit Trennschalter auf Untersatz für Einzelaufstellung.

Bild 257. Verteilungsanlage, zusammengesetzt aus Hochspannungs-Ölschaltkasten auf Sammelschienen-Untersatz.

messer in den Kontakten steckenbleibt. Der Schalter wird daher unter allen Umständen allpolig abgeschaltet.

Am Zwischenteil sind ferner die Einstellvorrichtungen für Auslösestrom und Verzögerung, die von außen während des Betriebes gefahrlos verstellt werden können, angebracht. Das erforderliche Auslösegestänge ist an einer festen Brücke angebracht, die auch den Handantrieb, die Freilaufkupplung und den Auslöser für Spannungsrückgang trägt.

Stromwandler lassen sich in jedem Falle, Spannungswandler bei Spannungen über 750 V einbauen.

Ein Schutzwiderstand kann bei den Schaltkasten für 350 A eingebaut werden, doch ist dann kein Platz mehr für einen Spannungswandler vorhanden. Ist dieser auch erforderlich, so muß der Spannungswandler mit den zugehörigen Sicherungen in einen Untersatz eingebaut werden. Für

600 A muß der Schutzwiderstand in einem getrennten Kasten untergebracht werden.

Für Einzelaufstellungen können diese Schaltkasten auf freistehendem Untersatz nach Bild 256 mit oder ohne Trennschalter verwendet werden. Untersätze für Gruppenaufstellungen gestatten auch den Zusammenbau zu Verteilungsanlagen beliebiger Größe mit Sammelschienen, Trennschalter usw. Eine solche Verteilungsanlage ist in Bild 257 dargestellt.

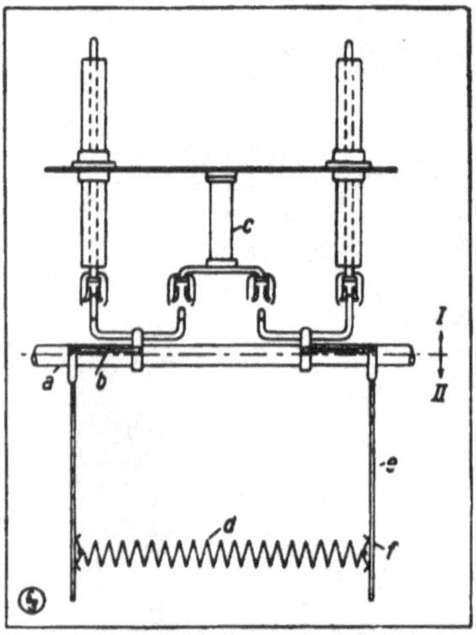

Bild 258. Schaltung eines Dreikessel-Ölschutzschalters für 50 und 65 kV.
a = Isolation,
b = Temperatur-Schmelzeinsatz,
c = Stützisolator,
d = Widerstand,
e = Gleitschiene,
f = Kontaktfeder,
I = Ein,
II = Aus.

b) Ölschalter über 35 000 V Nennspannung. Diese Ölschalter sind Dreikesselschalter, d. h. jede der drei Phasen ist in einem für sich abgeschlossenen Gefäß untergebracht. Die Unterbrecher der 3 Gefäße sind so miteinander gekuppelt, daß gleichzeitig ein- und ausgeschaltet wird. Der Schalterdeckel besteht aus Schmiedeisen. Die in Gußeinfassungen eingesetzten Durchführungsisolatoren sind aus Repelit nach dem Kondensatorprinzip hergestellt. Der Deckel trägt ferner die Geradführungen und die Antriebsteile für die in senkrechter Richtung bewegliche Traverse mit dem unterhalb von ihr an den Geradführungen angeordneten Schutzwiderstand.

Bild 258 zeigt die innere Schaltung eines Ölschalters für 50 000 und 65 000 V, aus der ersichtlich ist, daß der Schalter 4 Unterbrechungsstellen hat.

Als isolierender Träger der zwei gemeinsam beweglichen Stromschlußarme und des Schutzwiderstandes dienen wagerecht liegende Repelitrohre. Den Bügel mit den zwei Zwischenkontakten trägt ein unter dem Deckel hängender Stützisolator aus Repelitrohr. Es ist also Porzellan hier nirgends verwendet.

Die Wirkungsweise ist derart, daß beim Anheben der Kontaktzungen Stromschluß zunächst über den Widerstand hergestellt wird, bei Weiterbewegen der Zungen in die Betriebstellung wird der Widerstand sodann überbrückt. Zum Schutz gegen unzulässig hohe Öltemperatur sind Wärmesicherungen vorhanden, eine außen am Ölkessel angebrachte Kennscheibe zeigt an, wenn das Öl zu warm geworden und vermutlich die Wärmesicherung geschmolzen ist. Der Schutzwiderstand selbst besteht aus Nickelindrähten, die in Asbestschnur verwebt sind.

Die 50- und 65-kV-Schalter werden in zwei Ausführungen hergestellt. Bei der Ausführung nach Bild 259 kann der Schalter zwecks Revision der Kontakte in der Zelle gesenkt und gehoben werden. Die Deckelplatte ist in einem mit Fahrrollen versehenen Gestell befestigt, der Ölkessel hängt an Stahlbändern und wird mit der Schneckenradwinde gegen die Deckelplatte gezogen. Bei der Ausführung nach Bild 260 ruht die Deckelplatte auf dem Ölkessel und wird mittels Klappschrauben gehalten. Die Fahrrollen befinden sich am Ölkessel.

Bild 259. Dreikessel-Ölschutzschalter für 50 und 65 kV auf Fahrgestell.

Die Ölschalter für 80 und 110 kV unterscheiden sich von den vorbeschriebenen dadurch, daß jeder Einzelschalter 6 Unterbrechungstellen hat nach Bild 261. Die innere Einrichtung läßt Bild 262 erkennen. Alle inneren spannungführenden Teile sind gut abgerundet und, soweit notwendig, gegen die Kesselwände hin abgeschirmt, um die elektrische Feldstärke möglichst gleichmäßig zu halten und hohe Überschlagfestigkeit zu erzielen. Der Schalterdeckel ruht auf dem Ölkessel, der mit 4 Transportrollen versehen ist und wird durch Scharnierschrauben festgehalten.

Bild 260. Dreikessel-Ölschutzschalter für 50 und 65 kV mit Fahrrollen.

c) Druckfeste Ölschalter. Kraftwerke mit zahlreichen Maschinensätzen zu 15 000 oder 30 000 kVA waren schon in den letzten Jahren keine Einzelerscheinung mehr, zu ihnen haben sich neuerdings Krafteinheiten von 60 000 kVA gesellt. Dieses starke Wachstum elektrischer Zentralanlagen, verbunden mit der Anhäufung sehr großer Energiemengen an einzelnen Punkten, stellt erhebliche Ansprüche an die Betriebsicherheit der Hochspannungsapparate, insbesondere der Ölschalter. Wenn Beschädigungen an Ölschaltern eintreten, dann entstehen sie in der Regel bei dem Wiedereinschalten auf eine gestörte Leitung oder bei mangelhaftem Parallelschalten von Stromerzeugern auf Sammelschienen, auf die bereits größere Energiemengen arbeiten. Die erheblich höhere Beanspruchung im ersten Fall erklärt sich dadurch, daß der Schalter kurz vorher unter größerer Leistung ausgeschaltet hat und in dem Raum über dem Ölspiegel explosible Gasgemische sich befinden. Bei dem Wiedereinschalten tritt ein nicht zu unterschätzender Schließungsfunke auf, bei sehr großen Stromstärken kommen unter Umständen die Kontakte überhaupt nicht zu einer regelrechten widerstandslosen Kontaktbildung, und gleich darauf erfolgt wieder die Unterbrechung.

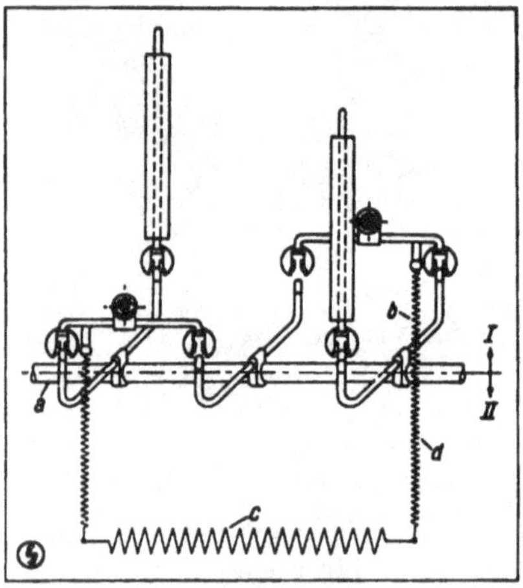

Bild 261. Schaltung eines Dreikessel-Ölschutzschalters für 80 und 110 kV.
a = Isolation,
b = Temperatur-Schmelzeinsatz,
c = Widerstand,
d = Feder
I = Ein,
II = Aus.

Wird ein Maschinenschalter im unrichtigen Augenblick geschlossen, so arbeiten die zuzuschaltende Maschine und die Sammelschienenleistung in Reihe auf Kurzschluß mit der Summe der beiden Spannungen. Es kann sich dabei eine noch höhere Beanspruchung ergeben, weil an den Schalterkontakten die erhöhte Spannung wirksam wird.

Die Beschädigungen haben verschiedenartige Folgen; entweder werden die Ölgefäße abgerissen und fortgeschleudert, oder es tritt, falls die Befestigung zwischen Deckel und Ölgefäß genügend fest ist, ein Aufblähen der Gefäße ein. Meist wird dabei mehr oder weniger Öl ausgeschleudert, nebenher entzünden sich die Ölgase und setzen das ausgeschleuderte Öl in Brand.

Vorstehende Erwägungen haben zur Konstruktion der druckfesten Ölschalter geführt, wie sie in Bild 263 und 264 dargestellt sind. Die Gefäße sind als regelrechte Überdruckgefäße ausgebildet, der Deckel besteht aus Stahlguß, das Ölgefäß ist kreisrund; Deckel und Ölgefäß werden durch eine Anzahl kräftiger Zugschrauben unter Dichtungseinlagen in einer Nute zusammengehalten, und auf diese Weise wird luftdichter

Abschluß gegen die Umgebung erzielt. Damit die sich bildenden Gase entweichen können, wird das Gefäß durch ein Gasabzugsrohr nach dem Freien entlüftet. Auf diese Weise wird verhindert, daß Ölgase oder Ölgasluftgemische mit den ihnen eigenen hohen Explosionskräften in den Schaltraum austreten und darin Überschläge oder andere Verheerungen verursachen. Als Stromaus- und -einführungen werden Isolierkörper aus Repelit verwendet. Das Gefäß ist so bemessen, daß es etwaigen über dem Ölspiegel entstehenden Gasgemischexplosionen standhält; im Bereiche des Lichtbogens ist das Ölgefäß mit Preßspan ausgekleidet. Der Schaltmechanismus ähnelt dem der gewöhnlichen Ölschalter, wobei der antreibende Wellenstumpf in Richtung der Strombahnen liegt. Jede Phase hat zweifache Unterbrechung. Bis einschließlich 1000 A Nennstrom werden gegen Stauchen gesicherte Klotzkontakte, für höhere Stromstärken geblätterte Federkontakte verwendet. Als Träger des Ganzen dient ein auf Rollen in Richtung der Strombahnen fahrbares Gestell aus Winkeleisen, das auch eine selbstsperrende Winde zum Senken und Heben des Ölbehälters trägt (Bild 264). Die Schalter werden ohne und mit Schutzwiderstand gebaut, haben jedoch in beiden Fällen gleiche Grundrißmaße und Wellenhöhen.

Bild 262. Inneres eines Dreikessel-Ölschutzschalters für 80 und 110 kV.

Druckfeste Ölschalter werden normalerweise nicht mit unmittelbar auf den Durchführungen aufgebauten Auslösern versehen. Ihre Überstromüberwachung geschieht meist durch Überstromrelais, die an den Unterspannungskreis von Stromwandlern angeschlossen sind.

Sie werden für Stromstärken von 350—2000 A gebaut. Bild 265 zeigt den Einbau dreipoliger druckfester Ölschalter in Zellen. Für noch größere Leistungen ist die druckfeste Konstruktion als Dreikesselschalter durchgeführt nach Bild 266.

Angetrieben werden die druckfesten Ölschalter entweder von Hand oder durch Schaltmotor bzw. Schaltmagnet. Letzteren Antrieb veranschaulicht Bild 267.

Schließlich seien noch die Ölschalter für die in letzterer Zeit mehr und mehr zur Anwendung gelangenden Freiluft-Schaltanlagen erwähnt. Bild 268 zeigt die äußere Ansicht eines solchen Freiluft-Ölschalters.

Bild 263.
Druckfester Ölschalter.

Bild 264. Druckfester Ölschalter mit herabgelassenem Ölkessel.

4. Zellenschalter.

Bei Sammlerbatterien muß es möglich sein, trotz wechselnder Spannung der einzelnen Zellen gleichbleibende Spannung zu entnehmen. Ferner muß man in der Lage sein, auch beim Aufladen die Zahl der angeschlossenen Zellen zu ändern, weil die letzten Zusatzzellen nur bei starker Entladung gebraucht werden, also nur kurze Zeit und deshalb auch nur kurze Ladezeit benötigen. Um die Zahl der Zellen bequem zu ändern, verwendet man Zellenschalter. Sie haben zu diesem Zwecke eine Reihe nebeneinander angeordneter Kontakte *k* (Bild 269), die mit den Schaltzellen *z* durch Leiter verbunden sind, und in der Regel einen oder zwei, ausnahmsweise auch drei oder mehr, über diese Kontaktbahn bewegliche Schleifkontakte *s*. Die Zahl der Schleifkontakte *s* ist davon abhängig, ob die Regelung zu derselben Zeit nur in einem Stromkreise oder gleichzeitig in zwei oder mehreren Stromkreisen vorgenommen werden soll. Dementsprechend werden die Zellenschalter als Einfach-

oder Doppel- (Mehrfach-) Zellenschalter ausgeführt. Die Doppelzellenschalter sind die gebräuchlichsten, da sich bei Einfachzellenschaltern der Batteriebetrieb weniger einfach gestaltet, indem entweder zur Ladung eine Zusatzmaschine zu Hilfe genommen oder während der Ladung die Stromlieferung ins Netz eingestellt werden muß.

Bild 265. Einbau dreipoliger druckfester Ölschalter in Zellen.

a) Runde Einfach- und Doppelzellenschalter. Die Bauart R 504 (Bild 270) bzw. R 505 (Bild 271) ist nur geeignet für Handantrieb und Stromstärken bis 60 A. Eine zweite Bauart R 501 bzw. R 516 ist gleich gut geeignet für Hand- und für motorischen Antrieb. Die erstere Bauart ist für unmittelbare Bewegung um den jeweiligen Kontaktabstand eingerichtet, die zweite erfordert für den Übergang von einem Kontakt zum anderen eine vollkommene Umdrehung der Handkurbel. Die Schleifbürste vollzieht dabei eine Sprungbewegung. In Bild 272 ist ein Einfach-zellenschalter für Handbetrieb, in Bild 273 ein Doppelzellenschalter mit motorischem Antrieb dargestellt.

Zellenschalter für Motorbetrieb des Entladehebels unterscheiden sich von denen für Handbetrieb nur dadurch, daß der Entladehebel statt der gewöhnlichen Handkurbel eine Handkurbel mit Kettenrad und außerdem Endschalter hat. Das Kettenrad ist auf der Kurbelwelle drehbar. Es wird durch einen von Hand in einfacher Weise zu bedienenden Kuppelstift mit dem Antriebsrad des Zellenschalters gekuppelt, in ebenso einfacher Weise kann die Entkupplung vorgenommen werden, wenn vom Motor- zum Handbetrieb übergegangen werden soll (Antrieb siehe S. 175).

Bild 266. Druckfester Dreikessel-Ölschalter.

Die Sockel dieser Zellenschalter bestehen aus Schiefer; der Kontakt und der nach rückwärts stehende Anschlußbolzen sind einteilig. Sämtliche Zellenschalter werden mit Übergangswiderständen versehen, um den Kurzschlußstrom zwischen zwei Zellen herabzudrücken.

b) Gerade Einfach- und Doppelzellenschalter. Diese Apparate werden bis 350 A mit oder ohne Funkenentzieher hergestellt. Dieser hat den Zweck, die Funkenbildung, die zwischen auf- bzw. ablaufender Bürste und Kontakt eintritt, wenn an dieser Stelle der Stromkreis der durch den Widerstand kurzgeschlossenen Zellen unterbrochen wird, an besondere leicht auswechselbare Kontakte zu verlegen. Zellenschalter für 600 A werden stets mit Funkenentzieher versehen. Aus Bild 274 ist die Wirkungsweise des Funkenentziehers zu ersehen. S_1 ist eine von der Spindel isolierte Scheibe. Auf ihr schleift auf der einen Seite die Feder F_1; auf der anderen Seite der Scheibe S_1 ist der Sektor S_2 befestigt, in dessen Bahn die Federn F_2 und F_3 reichen. Diese drei Kontaktfedern sitzen isoliert auf der aus Gründen des Raumbedarfs unterteilten Konstruktionsbasis.

Bei Apparaten, bei denen zwischen je zwei Kontakten mehr als eine Zelle liegt, sind Funkenentzieher auf jeden Fall vorzusehen, bei 200 und 350 A sind solche auch in dem Falle empfehlenswert, wenn zwischen je zwei Kontakten nur eine Zelle liegt.

Bild 267. Dreipoliger druckfester Ölschalter mit Schaltmagnet-Antrieb.

Bei den größeren geradlinigen Zellenschaltern, deren Bürsten bei einer Umdrehung der Spindel nur um eine halbe Kontaktteilung verschoben werden, kann auch der Funkenentzieher nur den halben Weg ausführen, es ist deshalb zwischen Spindel und Funkenentzieher eine Zahnradübersetzung im Verhältnis von 1 : 2 eingeschaltet.

Sämtliche Zellenschalter mit Funkenentzieher können für Abschaltung von höchstens zehn Zellen auf einen Kontakt verwendet werden.

Die Sockel der Zellenschalter bestehen aus Granitmarmorplatten, die in einen gußeisernen Rahmen eingelassen und eingekittet sind. Die Leitungsanschlüsse liegen hinten. Bild 275 zeigt den Aufbau eines geraden Doppelzellenschalters mit Funkenentzieher, während in Bild 276 ein Einfachzellenschalter ohne Funkenentzieher dargestellt ist.

Gerade Zellenschalter für Motorbetrieb (Bild 277) unterscheiden sich von denen für Handbetrieb nur dadurch, daß der Handgriff ein Kupplungsteil erhält. Bei Doppelzellenschaltern gilt dieses für 100 und 200 A für den Antrieb von nur einer Spindel, bei 350 A für beide Spindeln.

Bild 268. Freiluft-Ölschalter.

Sollen bei Doppelzellenschaltern für 100 und 200 A beide Spindeln durch je eine Antriebsvorrichtung betätigt werden, so muß eine Antriebsvorrichtung seitlich gesetzt werden und die Übertragung durch Kette erfolgen, weil von Mitte zu Mitte Spindel nicht so viel Platz ist, daß beide Antriebsvorrichtungen nebeneinander unter die Spindelmitten gesetzt werden können. Bei Doppelzellenschaltern für 350 und 600 A fallen die Antriebsachsen der beiden Antriebsvorrichtungen in die Spindelmitte.

Bei Stromstärken von 1000 A sind die Antriebsvorrichtungen auf der oberen Stirnfläche des Zellenschalterrahmens in der Spindelmitte angeordnet. Die Antriebsvorrichtung wird mit der Spindel durch Kupplungscheiben verbunden, von denen die eine zwecks einfacher Entkupplung achsial verschiebbar ist.

c) Zellenschalter für feinstufige Regelung mittels Hilfszelle. Die Zellenschalter mit Funkenentzieher ermöglichen die Ausführung einer Schaltung, bei der z. B. durch Anwendung einer Hilfszelle eine Regelung der Spannung von 2 zu 2 V möglich ist, während zwischen 2 Hauptkontakten des Zellenschalters 2 Zellen (= 4 V) liegen. Für Stromstärken von 1000 und mehr A sind hierzu Zellenschalter mit vierteiligem Funkenentzieher zu wählen. Diese Anordnung bietet den erheblichen Vorteil,

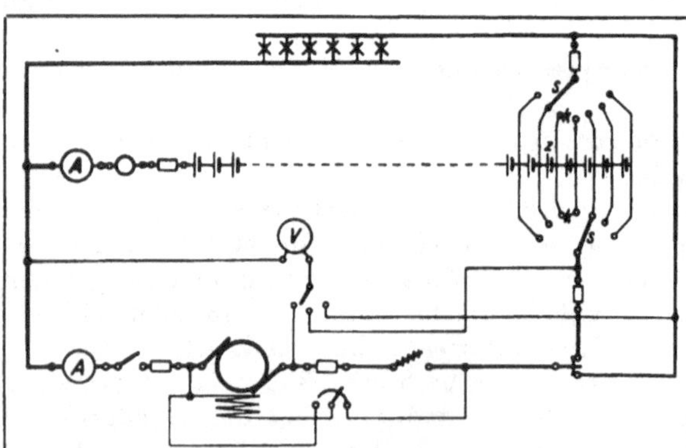

Bild 269. Schema eines Zellenschalters.

Bild 270. Einfach-Zellenschalter R 504 für Handbetrieb.

Bild 271. Doppel-Zellenschalter R 505 für Handbetrieb.

daß man mit einem Zellenschalter auskommt, der nur die halbe Kontaktzahl und nur halb soviel Zellenschalterleitungen wie die sonst übliche Schaltung erfordert. Sollen also z. B. in einer 110 V-Anlage 25 Zellen in Stufen von je 2 V abgeschaltet werden, so erfordert die vorliegende Schaltung einen Zellenschalter mit nur 13 Kontakten und nur 17 Zellenschalterleitungen. Bei 220 V-Anlagen, wo man in der Regel in Stufen von 4 V abschaltet, kann man mit dieser Schaltung unter Hinzunahme einer Hilfszelle um je 2 V regeln, d. h. die Stufenzahl ohne Änderung der Leiterzahl auf das Doppelte bringen. Bild 278 stellt die Schaltungs-

Bild 272. Einfach-Zellenschalter R 501 für Handbetrieb.

Bild 273. Doppel-Zellenschalter R 516 mit motorischem Antrieb.

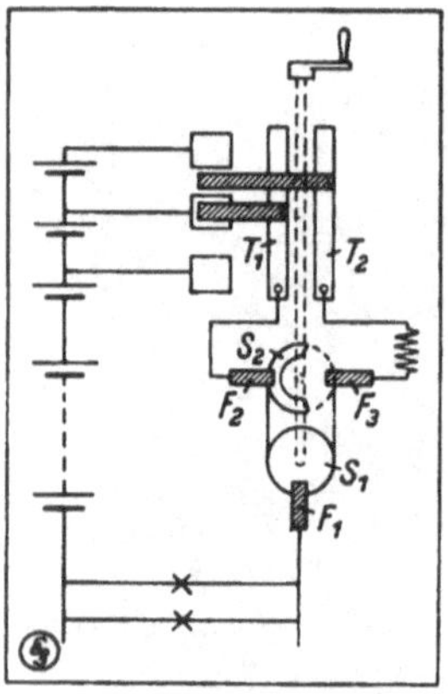

Bild 274. Zellenschalter mit Funkenentzieher.

weise an einem Einfachzellenschalter dar. Z ist die Hilfszelle, W ein Widerstand und B_3 der Funkenschalter, der in zwangläufiger Abhängigkeit von der Stellung der Kontaktbürsten B_1 und B_2 des Zellenschalters die richtige Schaltung der Hilfszelle bewirkt.

Bild 279 zeigt die Anordnung bei einem Doppelzellenschalter. Hier wird ein besonderer Umschalter U dazu benutzt, die beiden Hilfszellen abwechselnd zu laden. Die Doppelzellenschalter erhalten bei dieser Anordnung von 700 A aufwärts einen Signalkontakt, der, wenn beide Kontaktschlitten auf ein und demselben Zellenschalterkontakt stehen, ein Klingelzeichen ertönen oder eine Lampe aufleuchten läßt und den Schalttafelwärter hierauf aufmerksam macht;

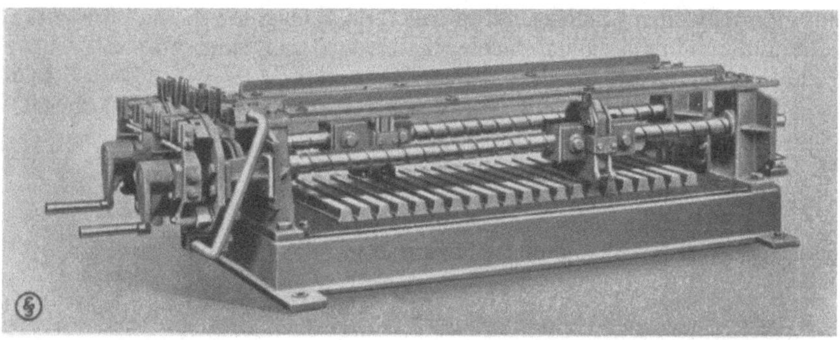

Bild 275. Doppel-Zellenschalter mit Funkenentzieher R 552.

denn nur dann darf der Umschalter umgelegt werden. — Eine weitere Vervollkommnung stellt die Schaltung nach Bild 280 dar. Hierbei kann zu beliebiger Zeit von Ladung auf Entladung der Hilfszelle umgeschaltet werden, der Lichtbetrieb wird dadurch gar nicht beeinflußt, die beiden Zellenschalterschlitten können dabei auf beliebigen Kontakten stehen.

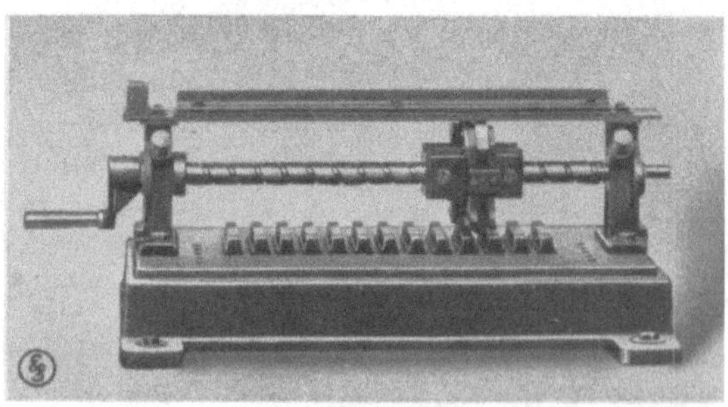

Bild 276. Einfach-Zellenschalter ohne Funkenentzieher R 551.

Wahl der Schaltertype.

Zur Bestimmung der richtigen Schaltertype ist es erforderlich, sich die Vorgänge beim Schalten und die hierbei auftretenden Beanspruchungen des Schalters klarzumachen. Wir betrachten diese Vorgänge 1. beim Ausschalten und 2. beim Einschalten.

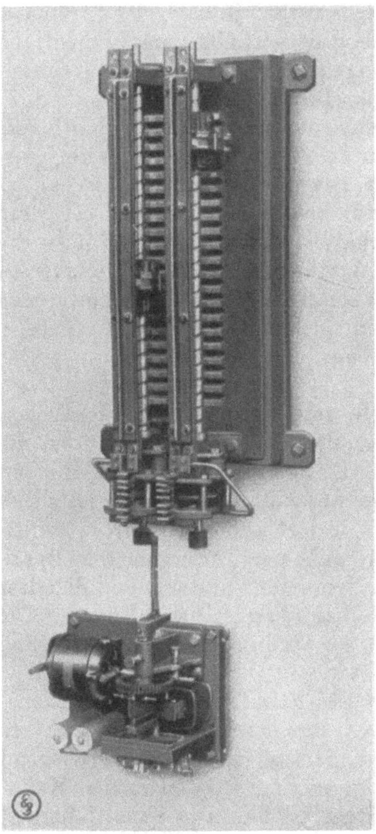

Bild 277. Doppel-Zellenschalter für Motorbetrieb.

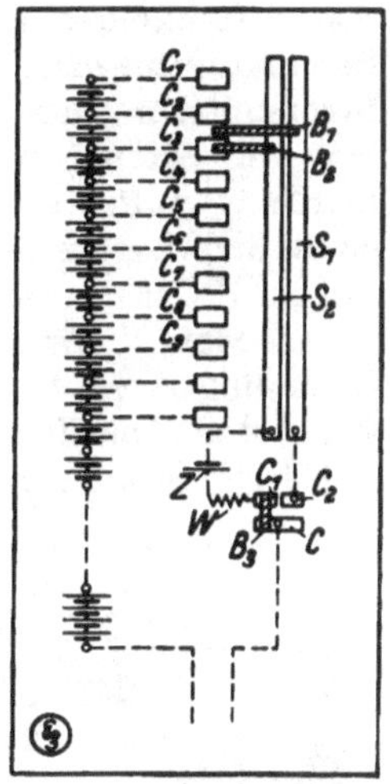

Bild 278. Einfach-Zellenschalter für feinstufige Regelung.

1. Ausschalten. Die vielfach verbreitete Ansicht, daß mit einem der üblichen Hebelschalter eine Leistung abgeschaltet werden kann, die gleich ist dem Produkt aus dem Nennstrom, den der Schalter dauernd vertragen kann, und der Nennspannung, für die der Schalter isoliert ist, ist nur zum Teil und bedingt richtig. Für die Auswahl eines Schalters sind auch die besonderen Eigenschaften des Stromkreises zu berücksichtigen.

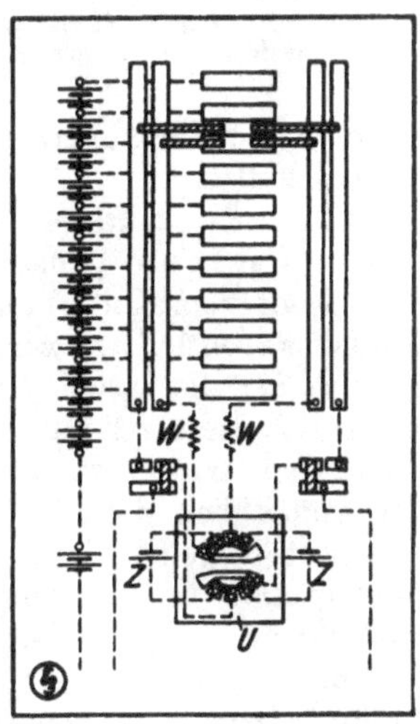

Bild 279. Doppel-Zellenschalter für feinstufige Regelung.

Die Ausschaltvorgänge sind je nach der Stromart bei Gleichstrom nnd Wechselstrom verschieden. Bei Gleichstrom hängen die Schalterscheinungen außer von der Induktivität oder Kapazität (vgl. das unten über „Schaltfähigkeit" Gesagte) des abzuschaltenden Stromkreises im wesentlichen von der Arbeitsgeschwindigkeit des Stromunterbrechers ab, bei Wechselstrom kommt noch der Zeitpunkt des Stromunterbrechens innerhalb einer Periode und die Phasenverschiedenheit von Strom und Spannung hinzu. Die Stärke des bei der Unterbrechung auftretenden Schaltfeuers und die Gefahr des Stehenbleibens eines Lichtbogens oder der Überschlag bei mehrpoligen Apparaten von Pol zu Pol ist unter sonst gleichen Verhältnissen, je nach der Stromart, verschieden. Während bei Gleichstrom schon bei verhältnismäßig niedrigen Spannungen erhebliche Lichtbogen einsetzen (Bild 179), ist bei Wechselstrom das Schaltfeuer wesentlich geringer (Bild 180). Selbst eine induktionsfreie Belastung läßt sich bei Gleichstrom infolge des Schaltfeuers mit einem bestimmten Schalter nur bis zu gewissen Grenzen abschalten, während bei Wechselstrom, bei dem die Schalterbeanspruchung durch die Funkenbildung in erheblich geringerem Maße beeinflußt wird, die Schaltgrenze für den gleichen Schalter bedeutend höher liegt.

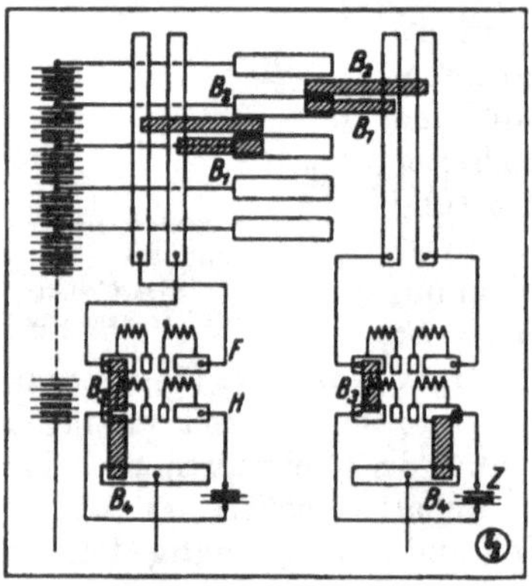

Bild 280. Doppel-Zellenschalter für feinstufige Regelung.

Unter Schaltfähigkeit (nicht zu verwechseln mit Leistung im Lichtbogen zwischen den Schalterkontakten) ist die höchste Leistung zu verstehen, die ein Schalter abschalten kann. Sie ist gleich dem zu unterbrechenden Strom multipliziert mit der Differenz der Spannungen vor und hinter dem Schalter unmittelbar nach seiner Öffnung. Die höchste Leistung vermag ein Schalter bei induktionsfreier Belastung auszuschalten.

Induktive Stromkreise verursachen stärkeres Schaltfeuer als induktionsfreie, weil beim Ausschalten die elektromagnetisch aufgespeicherte Arbeit an den Kontakten frei wird. Bei Stromkreisen, die vorwiegend Kapazität enthalten, wird das Schaltfeuer verringert, weil in den Kapazitäten die elektrische Arbeit aufgespeichert bleibt. Die Schaltfähigkeit eines Schalters ist auch für verschiedene Spannungen verschieden.

Beim Abschalten eines Nebenschlußmotors tritt an dem Schalter im Augenblick des Unterbrechens nicht die volle Spannung auf, denn der Motor bleibt nicht sofort stehen und entwickelt, da die Erregung zum großen Teil bestehen bleibt, im Lauf noch eine erhebliche elektromotorische Gegenkraft. Die Differenz zwischen Netzspannung und gegenelektromotorischer Kraft, die für die Schaltleistung in Frage kommt, beträgt im Augenblick der Stromunterbrechung höchstens etwa 25% der Netzspannung. Die bei der Abschaltung des Motors auftretende

Schaltleistung ist daher bestimmt durch das Produkt aus Ausschaltstrom und der Differenz der Spannungen vor und hinter dem Schalter nach dem Abschalten (d. i. Netzspannung und Spannung des selbsterregten Motors).

Bei Hauptstrommotoren verschwindet mit dem Strom auch das Magnetfeld, wenn auch nicht augenblicklich, und daher auch die gegenelektromotorische Kraft zum größeren Teil. Beim Ausschalten von Hauptstrommotoren kommt demnach als Ausschaltspannung nahezu die gesamte Netzspannung in Betracht, und zur Ausschaltleistung gesellt sich noch die im Motorfeld aufgespeicherte magnetische Arbeit. Das Schaltfeuer ist demnach bei Hauptstrommotoren besonders stark, um so mehr, als nur belastet ausgeschaltet werden darf, weil der Hauptstrommotor bei Entlastung Neigung zum Durchgehen hat.

Beim Abschalten von Wechselstrommotoren beeinflußt der Leistungsfaktor als Maß der Induktivität die Funkenbildung bei der Unterbrechung wesentlich.

Die unter „Schaltfähigkeit" geschilderten Vorgänge gelten auch für den Wechselstrommotor. Beim Ausschalten wird die elektromagnetisch aufgespeicherte Arbeit frei und trägt zur Verstärkung des Schaltfeuers bei. Ist der Läufer geschlossen, so verschwindet der Magnetismus langsamer und das Schaltfeuer wird vermindert.

Der Ständer eines Einphasen- oder Drehstrom-Induktionsmotors nimmt bei offenem Läufer fast nur wattlosen Strom auf; der Leistungsfaktor schwankt hierbei je nach Größe der Motoren etwa zwischen 0,1 und 0,3. Dementsprechend ist das Schaltfeuer bei offenem Läufer verhältnismäßig stark. Mit der Belastung des Motors steigt sein Leistungsfaktor, das Unterbrechungsfeuer nimmt aber nicht der steigenden Belastung des Motors entsprechend zu, unter Umständen kann es sogar geringer werden.

Für Kommutatormotoren gilt im wesentlichen das gleiche wie bei Induktionsmotoren.

Stromkreise von Transformatoren verhalten sich beim Ausschalten ähnlich wie Motorenstromkreise. Ihre Induktivität ergibt sich aus der Art ihrer Belastung. Am günstigsten ist induktionsfreie, am ungünstigsten stark induktive Belastung.

Bei Gleichstrom ist schnelles Ausschalten der Hebelschalter von Vorteil. Mit zunehmender Schaltgeschwindigkeit im induktionsfreien Kreise vermindert sich das Schaltfeuer. Bei Wechselstrombetrieb ist im allgemeinen langsames Ausschalten vorteilhafter.

2. Beim Einschalten von Stromkreisen können ebenfalls störende Erscheinungen auftreten.

Den Gleichstrommotoren wird, mit Ausnahme der kleinsten Motoren, beim Ausschalten ein Anlaßwiderstand vorgeschaltet; es tritt deshalb beim Einschalten des Motors bei richtiger Stellung des Anlassers eine den zulässigen Strom überschreitende Stromstärke nicht auf.

Beim Einschalten von Wechselstrommotoren und von Transformatoren (selbst unbelasteter) treten häufig Stromstöße auf, die den stationären Leerlaufstrom erheblich übersteigen und ein Vielfaches des Vollaststromes erreichen können. Diese Erscheinung rührt davon her, daß im Moment des Einschaltens meist nicht das magnetische Feld vorhanden ist, das dem Momentanwert der Spannung entspricht. Der ungünstigste Augenblick, d. i. bei Einschaltung im Moment des Durchlaufens der Spannungslinie durch Null, erfordert den doppelten des normalen Kraftflusses im Eisen, und der dafür notwendige Magnetisierungstrom erreicht unter Umständen den 10—20 fachen Wert des Vollaststromes. Der stationäre Zustand tritt erst nach einigen Perioden ein. Durch Schutzschalter, die zunächst Widerstand vor den Motor oder Transformator schalten, wird der Einschaltestoß gemildert. Diese Schutzschalter werden jedoch nur bei Hochspannung angewendet.

Da in Glühlichtstromkreisen meist nur eine beschränkte Zahl von Lampen geschaltet wird, sind Schwierigkeiten beim Einschalten solcher Stromkreise im allgemeinen nicht zu erwarten.

Bei ungenügender Schaltgeschwindigkeit ist es möglich, daß die Kanten der Kontakte bei der ersten zögernden Berührung sofort verdampfen. Der dadurch entstehende Lichtbogen kann einen direkten Kurzschluß von Phase zu Phase herstellen, wobei der Schalter vollständig zerstört wird. Die Schließbewegung muß demnach mit möglichst großer Schnelligkeit ausgeführt werden.

Auswahl der Hebelschalter. Die Preislisten geben Aufschluß über die jeweils zu wählende Type. Die unter „zulässiger Ausschaltstrom" angegebenen Werte gelten für Schalter mit Schutzkappe. Bei Schaltern ohne Schutzkappe kann eine um etwa 50% größere Stromstärke ausgeschaltet werden. Bei Umschaltern ist zu berücksichtigen, daß nur die obere Hälfte zum Unterbrechen der in den Tafeln angegebenen Ausschaltleistung benutzt werden darf, während für die untere Hälfte nur mit etwa dem dritten Teil dieser Werte zu rechnen ist, weil der Lichtbogen nicht frei ausblasen kann.

Auswahl der Magnetausschalter. Zwecks richtiger Bemessung des Parallelwiderstandes müssen Spannung und Erregerstromstärke des Motors bzw. des Magneten bekannt sein.

Auswahl der Selbstschalter. In der Modellbezeichnung z. B. R 864 II 100 bedeutet R 864 die Type, II die Anzahl der Pole und 100 die Nennstromstärke. R 864 II 100 ist also ein zweipoliger Überstrom- und Spannungsrückgangsausschalter für Gleichstrom mit einem Strom- und einem Spannungsauslöser, 750 V, 100 A Nennstrom. Die Betriebspannung, Nennstromstärke der Magnetwicklung, die Spannung für die Spannungspule, bei Drehstrom auch die Frequenz müssen bei der Auswahl berücksichtigt werden.

Auswahl der Elmo-Sicherheitschalter. Die Type kann mit Hilfe der Preisliste bestimmt werden.

Bei Verwendung für Schleifringmotoren können die Leistungsgrenzen der Elmo-Sicherheitschalter um 50% höher genommen werden, sofern die höchstzulässige Dauerstromstärke dadurch nicht überschritten wird. Betriebspannung, Betriebstromstärke und Frequenz, auch die Betriebsverhältnisse und die Drehzahl des Motors sind für die richtige Auswahl von Bedeutung.

Auswahl der Ölschalter. Zur Auswahl eines passenden Ölschalters bestimmt man zunächst nach der vom V. D. E. aufgestellten Tafel (siehe S. 116) aus Nennspannung und Kurzschlußstrom die Serie. Unter Kurzschlußstrom ist nicht der erste beim Einsetzen des Kurzschlusses auftretende Stromstoß, sondern der Strom in stationärem Zustande des Kurzschlusses verstanden. In den Vorschriften des V. D. E. ist folgendes Verfahren zur Errechnung des Kurzschlußstromes angegeben:

„Zur Bestimmung des Kurzschlußstromes können mit einer für die Praxis genügenden Genauigkeit für normale Fälle im allgemeinen folgende Annäherungsregeln benutzt werden.

a) Bei Apparaten, die ohne merkliche Widerstände an den Sammelschienen einer Zentrale liegen, ist, sofern bestimmte Werte nicht zur Verfügung stehen, das dreifache des bei Vollbelastung aller gleichzeitig arbeitenden Maschinen in die Sammelschienen fließenden Stromes anzunehmen.

b) Bei Apparaten, die durch einen merklichen Widerstand mit einem Spannungsverlust von n% beim Normalverbrauch des betreffenden Abzweiges von den Sammelschienen der Zentrale getrennt sind, ist als Kurzschlußstrom anzunehmen $\frac{100}{n}$ des Normalstromes des Abzweiges.

c) Apparate in Ringleitungen sind wie unter b) zu bestimmen, wobei anzunehmen ist, daß die Stromzuführung nur aus dem Teil der Ringleitung erfolgt, bei dem sich die ungünstigste Beanspruchung des Apparates ergibt.

Bei Apparaten, die in Abzweigungen von Ringleitungen liegen, gilt die Regel b) ohne Einschränkung.

d) Bei Apparaten hinter Transformatoren ist als Kurzschlußstrom — unter Annahme eines Spannungsabfalls von 3,3% in den Transformatoren — das $\frac{100}{3,3} = 30$fache des normalen Stromes der Transformatoren anzunehmen.

e) Bei Apparaten hinter Transformatoren, bei denen in der primären Zuleitung ein Spannungsverlust von n% bei Normalleistung der Transformatoren vorhanden ist, ist als Kurzschlußstrom anzunehmen $\frac{100}{3,3+n}$ des normalen Transformatorenstromes.

f) Bei Apparaten hinter Transformatoren, bei denen in der primären und sekundären Leitung ein Spannungsverlust von n_1 bzw. n_2% bei Normalleistung der Transformatoren auftritt, ist als Kurzschlußstrom anzunehmen $\frac{100}{3{,}3 + n_1 + n_2}$ des normalen Stromes in der Sekundärleitung.

g) In den Fällen b) bis f) ist für die Auswahl der Apparate als Kurzschlußstrom der in der Zentrale herrschende anzunehmen, wenn dieser kleiner als der errechnete ist."

Im Anhang zum Abschnitt 48 der Vorschriften des V. D. E. sind Beispiele zur Berechnung des Kurzschlußstromes angegeben.

Nach Festlegung der Serie ist das Modell innerhalb der Serie nach der Preisliste zu bestimmen mit Rücksicht auf die Nennstromstärke.

Es ist zweckmäßig, zur Erhöhung der Sicherheit einen Ölschalter für eine höhere Stromstärke zu nehmen, als seiner normalen Belastung entspricht.

Hinsichtlich der Beanspruchung der Ölschalter beim Abschalten von Kurzschlüssen oder bei der ganz erheblich schwereren Beanspruchung durch Schalten auf Kurzschluß wird der Schalter der höheren Serie gegen Explosionsgefahr nur unwesentlich mehr Sicherheit aufweisen. Diese letztere Beanspruchung ist hauptsächlich von der Stromstärke abhängig, und zwar weniger von der Dauerkurzschlußstromstärke im Sinne der Richtlinien, als vielmehr von der Größe des Augenblicks-Kurzschlußstromes. Auf den eingeschalteten Schalter, der sprungfertig den Kurzschluß erwartet, hat die Stromspitze keinerlei Einfluß, sie ist bereits abgeklungen, wenn der Unterbrechungsvorgang beginnt. Es ist auch die Ansicht falsch, durch Auswahl der nächst höheren Serie die größere Sicherheit zu erhalten, wenn der Dauerkurzschlußstrom den Wert des in den Richtlinien vorgesehenen größten Wertes erreicht oder überschreitet. In solchem Falle handelt es sich um Apparate, die außerhalb des Bereiches der Richtlinien liegen, für die also auf den besonderen Fall zugeschnittene Konstruktionen angewendet werden müssen.

Hinsichtlich des Sicherheitsgrades ist für Spannungen von 3000 bis 24 000 V aus der Tafel zu entnehmen, daß derselben Nennspannung stets zwei Serien zugeordnet sind. Für kleinere Anschlußanlagen an Überlandnetze, Netzausläufer u. dgl. genügt die Wahl der kleineren Serie; die größere Serie ist in wichtigeren Unterwerken und in kleineren Kraftwerken zur Verwendung gedacht. Ausnahmsweise wird man in großen Kraftwerken vielleicht die nächste größere Serie noch verwenden. Dagegen ist die oft vertretene Ansicht, mit noch größerer Serie würde die Sicherheit hinsichtlich der Schaltleistung weiter erhöht, irrig. Größer wird hierbei wohl die Sicherheit gegen Überschlaggefahr, dagegen nimmt die Sicherheit gegen Zerstörungen infolge dynamischer Kräfte, d. h. gegen Bruch der Isolatoren ab. Bei der Auswahl der Ölschalter müssen diese beiden Faktoren wohl bedacht werden.

Ölschalter mit ebenen Begrenzungsflächen der Ölkessel, wie sie durch die Richtlinien festgelegt werden, sind nicht imstande, auch nur verhältnismäßig geringen Überdrücken standzuhalten. Wenn solche Überdrücke im Betriebe auftreten können, sei es durch häufiges Abschalten größerer Leistungen oder durch Wiedereinschalten unter Kurzschluß, so sind druckfeste Ölschalter zu empfehlen (vgl. S. 133). Die Größen der Kontakte eines Ölschalters müssen unter Berücksichtigung der Spitzenwerte des Einschaltstromstoßes gewählt werden, d. h. der Nennstrom soll nicht geringer als der 150. Teil der zu erwartenden Stromspitze sein.

Ähnliches ist zu beachten bei der Bestimmung der Nennstromstärken für die Auslöser der Schalter. Ihre Festsetzung ist zwar ebenfalls für alle gewöhnlichen Fälle durch die Richtlinien für Wechselstrom-Hochspannungsapparate geregelt, die Erfahrungen in der Praxis haben aber gezeigt, daß die nach den Richtlinien vorgeschriebene Bemessung nicht ausnahmslos genügt.

Entwickelt der Kurzschlußstrom mehr Wärme als dem Wärmeinhalt der Spule des Auslösers bei einer bestimmten Grenztemperatur entspricht, so verdampft augenblicklich die Isolierung der Spule oder deren Leiter schmilzt ab; in beiden Fällen entsteht Kurzschluß außerhalb des Schalters und die äußeren Teile des Schalters werden mehr oder weniger beschädigt. Bei der Projektierung z. B. der Abzweigung kleiner Stromstärken von Sammelschienen sind die besonderen Verhältnisse durch überschlägige Rechnung nachzuprüfen. Besteht die geschilderte Gefahr und kann aus irgendwelchen Gründen das ungünstige Verhältnis nicht gebessert werden, so sind kurzschlußsichere Stromwandler besonderer Bauart anzuwenden, von deren Sekundärwicklung die Auslöser betrieben werden.

Bezüglich der Auswahl der Auslöser ist zu bemerken: Für einen zuverlässigen Betrieb muß verlangt werden, daß für Kraftwerk und Leitungsnetz nur Auslöser gleicher Ablaufcharakteristik, womöglich nur solche gleicher Bauart angewendet werden. Wenn die Ablaufschaulinien nicht ähnlich, also nicht nebeneinander verlaufen, sondern sich kreuzen, kann unzeitiges Auslösen einzelner Selbstschalter mit den bekannten Folgen eintreten. Dies ist besonders dann zu erwarten, wenn viele Selbstschalter mit zu feiner Stufung der Auslösezeit hintereinander liegen.

Praktische vorkommende Fälle in der Stromverteilung sind:

a) Eine Leitung versorgt nur einen Bezirk, z. B. eine Fabrik, auf den an der Abzweigstelle eingeschalteten Selbstschalter folgen keine weiteren selbsttätigen Schalter.

b) Eine Leitung verjüngt sich wiederholt. An jeder Verjüngungstelle liegt ein selbsttätiger Schalter.

c) Von einer Leitung, die bis an das Ende mit gleichem Querschnitt durchgeführt ist, gehen seitlich verschiedene durch selbsttätige Schalter geschützte Zweige ab.

Für Fall a) genügen Schalter mit Schnellauslösung, ausgenommen da, wo gelegentlich Überlastungstöße auftreten. Diese würden, ohne daß eine Gefahr für Leitungen und Maschinen vorliegt, einen Schalter mit Schnellauslösung jedesmal zur Auslösung bringen. Hier ist also ein Schalter mit vom Strome begrenzt abhängiger Auslösung am Platze (S. 119). Schnellauslösung kann bei Zeitschaltern durch Einstellen des Verzögerungswerkes auf die Zeit 0 erreicht werden.

Für Fall b) kommt nur vom Strome begrenzt abhängige Auslösung in Frage. Die hintereinanderliegenden Schalter werden mit einer Zeitstufung von mindestens einer Sekunde eingestellt.

Im Falle c) erhält der Schalter vor der abgehenden Leitung vom Strome begrenzt abhängige Auslösung. Die Schalter der seitlichen Abzweige können Schnellauslösung haben. Zweckmäßig erhalten auch sie begrenzt abhängige Auslösung, da jederzeit Schnellauslösung durch Einstellen auf die Zeit 0 erreicht werden kann.

Bild 281.
Leistungschild eines Ölschalters.

Nach den Leitsätzen des V.D.E. für Wechselstrom-Hochspannungsapparate soll jeder Ölschalter ein Leistungschild mit der Nennstromstärke in A, der Prüfspannung in V, den Nennspannungen in V und den zugehörigen Kurzschlußströmen in A tragen. Bild 281 zeigt ein solches Leistungschild für Ölschalter.

Auswahl der Trennschalter. Die für Wechselstrom-Hochspannungsapparate vom V. D. E. aufgestellten Richtlinien, ebenso die vorstehend dazu gegebenen Erläuterungen haben auch für Trennschalter Gültigkeit.

Auswahl der Zellenschalter. Bei der Auswahl ist darauf zu achten, daß die Apparate nur mit einer bestimmten Anzahl von Kontakten, nämlich 7, 13, 21 oder 29 gebaut werden. In Fällen, in denen die sich hieraus ergebende Zellenzahl (die um 1 geringer ist als die Kontaktzahl) zu klein ist, sind mit einem Kontakt zwei Zellen statt einer abzuschalten. Für Bemessung der Übergangswiderstände muß berücksichtigt werden, wieviel Zellen zwischen je 2 Kontakten liegen sollen.

Aufstellung, Betrieb und Behandlung der Schalter.

Bezüglich der Behandlung der Kontakte gilt sinngemäß das auf S. 61 über Anlasser Gesagte.

Hebelschalter sind stets so einzubauen, daß beim Öffnen der Lichtbogenf rei nach oben ausblasen kann. Schalter, die längere Zeit im Betrieb sind und nicht geöffnet werden können, sollen täglich in ihren Kontakten etwas bewegt werden, damit die Kontaktflächen dauernd blank bleiben. Die Kontakte sind von Zeit zu Zeit mit Vaseline leicht einzufetten.

Die Selbstschalter werden auf ihren Grundplatten zusammengebaut geliefert. Da sie im Werk genau eingestellt sind, dürfen sie nicht von der Grundplatte abgenommen werden, anderenfalls kann ein einwandfreies Arbeiten nicht gewährleistet werden.

Die Schalter sollen mit der Unterkante der Grundplatte auf einem geeigneten Profileisen ruhen wie in Bild 282, also nicht von den Befestigungschrauben getragen werden, und sind so anzubringen, daß sich über ihnen weder Instrumente noch sonstige Metallteile befinden. Metallene Konstruktionsteile zur Befestigung der Schalter sollen möglichst hinter die Oberkante der Grundplatte zurücktreten, damit der Lichtbogen der Funkenentzieher sie nicht erreichen kann. Liegen ausnahmsweise Metallteile im Bereich der Lichtbogen, dann müssen sie unbedingt durch unverbrennliche, isolierende Schutzplatten, z. B. aus Asbestschiefer, abgedeckt werden.

Bild 282. Einbau von Selbstschaltern.

Die Eichung der Auslöser gilt nur, wenn die Anschlagschraube für den Anker nicht nachträglich verstellt wird. Innerhalb der durch die Skala angegebenen Grenzen kann die Auslösestromstärke beliebig verstellt werden.

Die Behandlung der Schalter beschränkt sich darauf, daß sie sachgemäß überwacht werden, wobei besondere Aufmerksamkeit den Kontakten zuzuwenden ist. Die Kontakte müssen vor allem mit der ganzen Fläche unter entsprechendem Druck aufliegen.

Die Flächen sind vor Verschmutzen und Oxydation zu schützen. Am besten geschieht dies, wenn in Zwischenräumen, die sich nach der Häufigkeit des Schaltens richten, die Kontaktflächen mit Vaseline leicht eingerieben werden, nachdem sie vorher mit Benzin gereinigt worden sind. Von Zeit zu Zeit ist zu prüfen, ob die Kontakte noch gut und mit genügendem Druck anliegen. Zeigen sich insbesondere an den Funkenentziehern Brandstellen oder Schmelzperlen, so müssen diese sofort entfernt werden. Es genügt hierbei nicht, die Brandstellen blank zu reiben, sondern die ganze Kontaktfläche muß sorgfältig und gleichmäßig übergangen werden, bis die Vertiefungen verschwunden sind. Wenn ein Kontakt durch irgendeinen Umstand oxydiert ist, so entfernt man die Oxydschicht durch behutsames Abschaben mit einem scharfen Schaber; dabei ist aber stets darauf zu achten, daß möglichst wenig Metall mit weggeschabt wird.

Die Kontaktflächen der Tastbürsten dürfen nicht mit Schmirgel oder Schmirgelleinen behandelt werden, weil sich sonst Schmirgelreste in den Federn festsetzen und die Kontaktflächen zerstören.

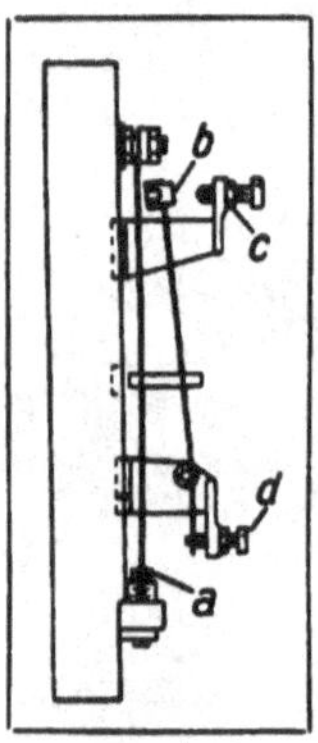

Bild 283. Anordnung des Hitzdrahtes beim Elmo-Sicherheitschalter.

Bei den Funkenentziehern muß darauf geachtet werden, daß keine Schmelzperlen längere Zeit sitzen bleiben und daß stets zuerst der Hauptkontakt sich öffnet. Sind die Funkenentzieher so weit abgebrannt, daß sie nicht mehr genügend nacheilen, so sind sie durch neue zu ersetzen.

Der Elmo-Sicherheitschalter soll senkrecht hängen, so daß der Handgriff unten bzw. das Handrad seitlich sich befindet, er darf also nicht an schrägen Wänden befestigt werden. In Betrieben, bei denen die senkrechte Aufhängung nicht dauernd aufrechterhalten werden kann, ist die Type A 522 zu verwenden.

Es empfiehlt sich, von Zeit zu Zeit durch Herausdrehen einer Sicherung in einer Phase bei belastetem Motor festzustellen, ob der Schalter gut arbeitet. Die Klinken müssen leicht gehen und an den Eingriffstellen mit gutem Fett gefettet werden. Die Laufrollen im Kippschalter müssen sich leicht drehen und auf den zugehörigen Laufflächen (Kurvenstücke) sich leicht bewegen.

Sollte im Laufe der Zeit eine Verlängerung des Hitzdrahtes beobachtet werden, was sich durch Auslösen des Sicherheitschalters beim Einschalten des Motors bemerkbar macht, so ist die Kontaktschraube *c* (Bild 283) entsprechend zurückzustellen. Ist die Kontaktkohle *b* zu kurz geworden, so stelle man die Kontaktschraube *c* vor oder erneuere die Kontaktkohle. Die Spannschraube *d* darf nicht verstellt werden, falls nicht neue Hitzdrähte für andere Stromstärken eingezogen werden.

Ist das Einziehen neuer Hitzdrähte notwendig, so achte man darauf, daß der Draht nicht durch zu starkes Anspannen übermäßig verlängert wird. Der Draht wird durch Drehen des Drahtspanners *a* in der Uhrzeigerrichtung angespannt.

Die Kontakte müssen derart neu eingestellt werden, daß sie sich beim Anlaufen des Motors bis auf etwa 2—3 mm nähern, beim Herausschrauben je eines Sicherungstöpsels aber den Selbstschalter nach einiger Zeit auslösen. Die genaue Zeit in Sekunden kann nicht angegeben werden, da der beim Ausbleiben des Stromes in einer Phase entstehende Überstrom je nach Belastung und Charakteristik des Motors verschieden ist.

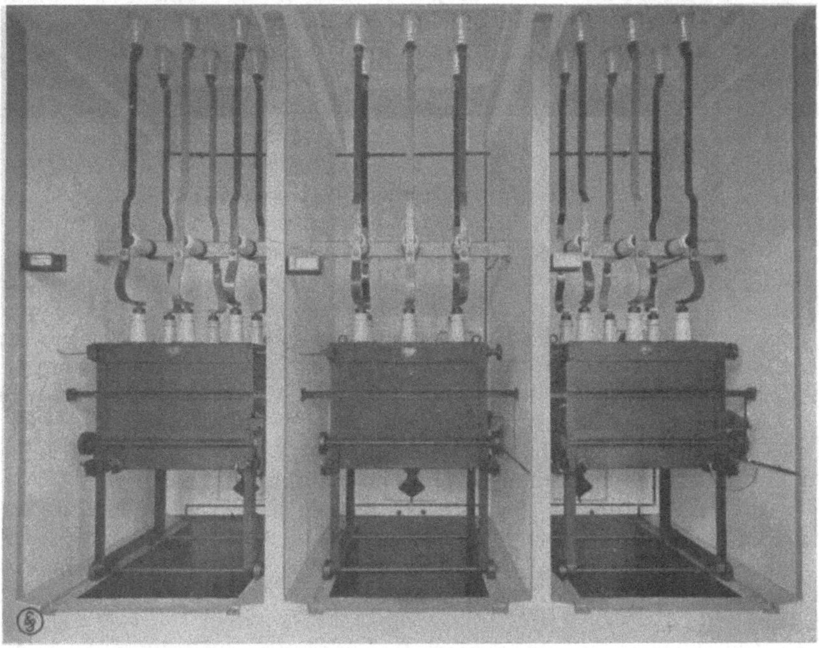

Bild 284. Befestigung fahrbarer Ölschalter in den Zellen.

Fahrbare **Ölschalter** müssen durch bewegliche Zuleitungen mit den starren festverlegten Leitungen verbunden werden, um größere mechanische Beanspruchungen von den Isolatoren fernzuhalten. Damit die fahrbaren Ölschalter bei der Schaltbewegung sich nicht in der Zelle verschieben, ist ihre Befestigung an der Zellenwand oder an den Konstruktionsteilen der Zelle erforderlich, wofür Quereisen vorzusehen sind, wie in Bild 284.

Vor dem Füllen von Ölschaltern mit Öl werden die inneren Teile durch Abnehmen bzw. Absenken des Ölkessels freigelegt und auf ihre Brauchbarkeit hin untersucht und gesäubert. Bei dreipoligen Einkesselschaltern ist zu prüfen, ob alle drei Schaltmesser gleichzeitig ein- und ausschalten. Bei Schaltern, deren Ölkessel im eingebauten Zustand nicht für diese

Besichtigung abgesenkt werden können, ist die Untersuchung, ob die Einzelunterbrecher gleichzeitig schließen oder öffnen, durch eine Probe mittels Glühlampen (Niederspannung) vorzunehmen.
Die Deckeldurchführungen aus Porzellan sind außerhalb und unterhalb des Kessels von Zeit zu Zeit mit einem trockenen Lappen abzureiben, besonders die Traversenisolatoren.
Schwach beschädigte Repelitkörper können an Ort und Stelle ausgebessert werden, wenn die Beschädigungen nicht tiefer als 0,5 mm gehen und sich nicht über größere Flächen als je 25 mm Dmr. erstrecken.
Die beschädigten Stellen sind mit Glaspapier Nr. 1 gut glattzuschleifen und auf dem geschliffenen Teil mit Repelitlack I einmal anzustreichen. Nach Verlauf von 8—10 Stunden ist die ausgebesserte Stelle mit Glaspapier Nr. 0 stumpfzuschleifen und gleichmäßig zu lackieren. Nach weiteren 8—10 Stunden ist die Stelle mit Glaspapier Nr. 0 abermals vorsichtig zu schleifen und sodann mit einem dritten gleichmäßigen Lacküberzug zu versehen. In der beschriebenen Weise ist fortzufahren, bis die ausgebesserte Stelle überall einen gleichmäßig gut deckenden Überzug erhalten hat. Der Lack ist mit einem sauberen, fettfreien Haarpinsel aufzutragen. Die ausgebesserten Repelitkörper werden nach Verlauf einiger Tage mit einem mittels Spezialfirnis angefeuchteten Lappen gut trocken überrieben und vor dem Einbau nochmals einige Tage an gut gelüfteter, staubfreier Stelle getrocknet.
Der Ölbehälter ist ebenfalls zu reinigen, am Boden liegender Schlamm zu entfernen und danach der Kessel gut auszutrocknen.
Vor Inbetriebnahme ist der Schalter so weit mit Öl zu füllen, bis der rote Merkring am Schwimmer vollständig über den Deckel des Schalters herausragt. Das Öl muß den Richtlinien der Vereinigung der Elektrizitätswerke entsprechen und darf keine höhere Temperatur als 40° C haben.
Es ist ferner darauf zu achten, daß der Abstand von den höchstliegenden blanken Metallteilen bis zum Ölspiegel mindestens gleich der halben äußeren Isolatorhöhe ist. Bei ungenügend tief unter dem Ölspiegel liegenden blanken, stromführenden Leiterteilen entsteht leicht Kurzschluß, wenn die Flamme eines Lichtbogens über den Ölspiegel heraustritt.
Bei selbsttätigen Schaltern ist auf eine leichte Beweglichkeit des Auslöswerkes zu achten. Die Lagerstellen der Antriebe und des Antriebsgestänges sind von Zeit zu Zeit von etwa anhaftendem Staub zu befreien und mit säurefreiem Schmieröl mäßig zu ölen.
Die Lagerstellen der Magnetanker von Überstrom- und Spannungsauslösern sowie von Auslösegestängen und ihre Kurbelzapfen sind leichtgehend zu erhalten, von Zeit zu Zeit von anhaftendem Schmutz zu reinigen und mäßig zu ölen. Insbesondere müssen die Spannungsauslöser mit Drehanker, deren Auslösekräfte nur begrenzt sind, in Abständen von vier Wochen auf diese Weise sorgfältig überholt werden.

Vor der Inbetriebnahme ist genau darauf zu achten, daß sämtliche Schrauben fest angezogen sind.

Der Ölstand ist von Zeit zu Zeit zu prüfen und durch Nachfüllen von Öl auf der vorgeschriebenen Höhe zu erhalten, wobei der Schwimmer auf freie Beweglichkeit zu prüfen ist. Soweit möglich, ist bei dreipoligen Schaltern von Zeit zu Zeit die oben erwähnte Probe auf gleichzeitigen Stromschluß der drei Messer zu wiederholen, desgleichen ist der Schalter nach etwaigem Nacharbeiten der Kontakte ebenfalls hieraufhin zu untersuchen.

Das Öl verschlechtert sich im Laufe der Zeit durch Aufnahme von Feuchtigkeit und Staub aus der Luft und durch Absetzen von Rußflocken infolge auftretender Schaltlichtbogen. Die Ölfüllung ist daher besonders bei hohen Spannungen in Zeitabschnitten von etwa 3 bis 6 Monaten, je nachdem der Schalter häufig oder selten betätigt wird, von Wasser und Unreinigkeiten durch Filtrieren — am geeignetsten ist dafür eine Filterpresse — zu befreien oder gegebenenfalls zu erneuern.

Zur Entnahme von Ölproben nahe dem Boden und zur vollständigen Leerung des Ölgefäßes ist eine schraubenähnliche Verschlußvorrichtung vorgesehen; durch Lösen der Überwurfmutter öffnet sich deren Verschluß. Vor dem Wiederfüllen des Schalters sind seine inneren Teile nach Abnahme bzw. Senken des Ölkessels in der vorgeschriebenen Weise zu untersuchen und zu reinigen.

Betreffs der Bedienung der Ölschalter ist zu bemerken, daß Ein- und Ausschaltbewegung nicht zögernd erfolgen sollen. Hierauf ist besonders bei Schutzschaltern zu achten, damit die Schutzwiderstände nicht bei längerem Stromdurchgang beschädigt werden.

Die Zellenschalter sind während des Transportes und des Lagerns vor Feuchtigkeit zu schützen.

Unzulässig ist das Herausheben der Zellenschalter aus ihrer Verpackung durch Ziehen an den Spindeln, Kurbeln, Lagern, Gleitschienen oder Zahnkränzen.

Zellenschalter dürfen nicht in Räumen mit feuchter oder säurehaltiger Luft aufgestellt oder an feuchten Mauern oder dgl. angebracht werden.

Liegen geradlinige Zellenschalter in den Außenleitern von Dreileiternetzen, so sind ihre metallenen Befestigungsteile von der Erde oder von dem Schaltgerüste der Schaltanlage zu isolieren.

Die Zellenschalter für Stromstärken bis höchstens 400 A sind am besten an der Schalttafel anzubringen. Runde Zellenschalter sind stets, geradlinige soweit wie möglich so zu befestigen, daß sich die Kurbeln unten befinden.

Die Verbindungsleitungen vom Zellenschalter nach den Akkumulatorenzellen sind so anzuordnen, daß durch sie kein Zug auf die Anschlußstellen ausgeübt wird.

Das Bewegen der Schleifbürsten soll durch kurzes, schnelles Drehen der Schaltkurbel bewirkt werden. Die Kurbel ist stets ganz herumzudrehen, damit die Bürsten des Kontaktschlittens nicht zwischen zwei Kontakten stehenbleiben.

Die Lager sowie die Verzahnung der runden und die Spindeln der geradlinigen Zellenschalter sind nach Bedarf mit nicht harzendem Öle oder mit Fett zu schmieren. Die Kontaktbahnen der Zellenschalter sind des öfteren durch Ausblasen mit einem Blasebalg von Staub usw. zu befreien. Nach dem Ausblasen sind die Gleitbahnen nach Bedarf mit einem reinen, weichen, mit Benzin befeuchteten Lappen abzureiben und dann leicht mit Kontaktpaste einzufetten, damit die Bürsten nicht fressen.

Etwa auftretende Brandflecken oder Oxydbildungen an den Kontakten und Schienen werden mit Corubin-Leinen entfernt. Es ist darauf zu achten, daß von dem sich ablösenden Schmirgel nichts in die Lager oder auf die Spindel kommt. Nach dem Bearbeiten ist der Schmirgel und der Kupferstaub mittels des Blasebalges sorgfältig zu entfernen.

Bei allen Arbeiten ist der Ladeschlitten auf denselben Kontakt, auf dem der Entladeschlitten steht, zu bringen, damit zwischen den einzelnen Funkenentziehern und den oberen Längsschienen keine Spannung besteht.

Die Kontakte der Funkenentziehvorrichtung der Zellenschalter bedürfen derselben Behandlung wie die Hauptkontakte. Haben sich die Platten oder Bürsten infolge der Funkenbildung stark abgenutzt, so müssen sie durch neue ersetzt werden.

V. Teil: Schalterantriebe.

Zweck und Verwendung der Schalterantriebe.

Sehr häufig sind die Schalter hinter der Schalttafel angeordnet, sollen aber von der Vorderseite aus bedient werden. Sie können dann in den meisten Fällen nicht mittels eines unmittelbar auf der Schaltwelle sitzenden Antrieborganes betätigt werden, sondern erfordern einen besonderen Antriebapparat. Dieser besteht aus einem auf der Schalttafel angeordneten Handgriff und den zu dessen Verbindung mit dem Schalter erforderlichen Zwischengliedern.

Verschiedene Arten von Schalterantrieben.

Je nachdem die Zwischenglieder des Schalterantriebes mechanischer oder elektrischer Art sind, unterscheidet man Handantrieb und elektrischen Antrieb.

1. Handantrieb.

Handantrieb wird verwendet, wenn der Schalter in der Nähe der Bedienungstelle aufgestellt ist, so daß einfache mechanische Zwischenglieder wie Kupplungen, Gestänge oder Seile zur Verbindung mit dem auf der Schalttafel angebrachten Schaltgriff genügen. In der Schaltanlage muß ausreichend Platz vorhanden sein zum Einbau der Gestänge oder Seile. Diese dürfen nicht zu häufig umgelenkt werden, weil sonst der für die Bedienung notwendige Kraftbedarf zu groß werden würde.

a) Hebelantriebe. Bei diesen geschieht die Betätigung durch einen Hebel mit Steigbügelgriff und parallel zur Schalttafel liegender Antriebwelle, deren Bewegung stets durch Gestänge auf den Schalter übertragen wird.

Der Hebelantrieb N 1270/72, von dem Bild 285 und 286 ein Anwendungsbeispiel zeigen, ist für Schalttafeln bis 40 mm Stärke bestimmt und hat einen auf der Vorderseite der Schalttafel anzuordnenden Schalthebel mit Steigbügelgriff, dessen Bewegung unter Zwischenschaltung eines Kniehebelmechanismus auf die hinter der Tafel liegende Antriebswelle übertragen wird. Mit dieser ist der Gestängehebel verbunden, der sich um die Antriebswelle innerhalb eines Winkels von 135° in Zwischenräumen von 15° versetzen läßt; er kann also in jedem Falle der Richtung des anzuschließenden Gestänges und dem erforderlichen Schaltweg entsprechend eingestellt werden. Außerdem kann er auf beliebige Länge gebohrt werden. Das Herrichten des

Bild 285. Hebelantrieb mit Selbstschalter N 1270 auf einer Schalttafel.

Gestängehebels wird vorteilhaft erst beim Zusammenpassen der einzelnen Antriebsteile während der Montage der Schalttafel vorgenommen.

Der Gestängehebel sitzt meistens in der Mittelebene, d. h. in der gleichen Ebene wie der Schalthebel. Ist seitliche Anordnung des Gestängehebels notwendig, was beim Antrieb der Ölschalter aber seltener der Fall ist, so ist die Ausführung mit seitlich versetztem Gestängehebel zu wählen. Der Hebel kann nach rechts oder links versetzt werden. Antriebe, die bereits mit Gestängehebel in der Mittelebene ausgeführt sind, können auch nachträglich noch in Antriebe mit seitlich versetztem Gestängehebel umgewandelt werden.

Die Stellung des Schalthebels ist durch Schildchen mit der Aufschrift E (Eingeschaltet) und A (Ausgeschaltet) gekennzeichnet. Bei Schaltern ohne Auslöser entspricht die Stellung des Schalters der Stellung des Antriebes. Bei selbsttätigen Schaltern stimmt dagegen die Stellung des Antriebes nur dann mit der Stellung des Schalters überein, wenn nach dem Einschalten keine Selbstauslösung stattgefunden hat.

Soll in diesem Falle an der Bedienungstelle erkennbar sein, wie der Schalter steht, so werden Meldelampen verwendet, und zwar ist eine

Bild 286. Hebelantrieb mit Selbstschalter N 1270 auf einer Schalttafel, Rückseite.

rote Meldelampe in Verbindung mit einem Wecker erforderlich, um das selbsttätige Ausschalten anzuzeigen, außerdem eine grüne, wenn auch die Einschaltstellung des Schalters erkennbar sein soll (vgl. S. 173). Diese Meldeapparate werden im allgemeinen durch am Schalter angebrachte Hilfskontakte in Verbindung mit Hilfskontakten des Antriebes betätigt, die nach selbsttätigem Auslösen des Schalters und Zurückbringen des Antriebes von Hand in die Ausschaltstellung die rote Lampe und den Wecker abstellen.

Größen der Antriebe. Die Hebelantriebe N 1270/72 werden in zwei Größen geliefert, und zwar die kleineren Modelle für 350 kg/cm, die größeren für 500 kg/cm Drehmoment an der Antriebswelle. Im übrigen gilt bezüglich des Drehmoments das auf Seite 160 Gesagte. Das kleinere Modell kann bei Schaltern bis 600 A, das größere bei Schaltern für Stromstärken von mehr als 600 A verwendet werden. Bei Stromstärken über 1500 A sind unter Umständen besondere Maßnahmen erforderlich, siehe Seite 173.

Die Hebelantriebe N 1288 nach Bild 287 sind für starke Wände von 140, 270 und 400 mm Wandstärke entsprechend den Mauerstärken von

Bild 287.
Hebelantrieb N 1288 für starke Wände.

$^1/_2$, 1 und $1^1/_2$ Stein bestimmt. Die Übertragung der Bewegung vom Schalthebel auf den Gestängehebel geschieht in der gleichen Weise, wie bei den Antrieben N 1270/72. Schalthebel und Lagerteil für die Antriebswelle sind aber voneinander getrennt und werden durch zwei Bolzen zusammengehalten, deren Länge der Stärke der Wand entspricht. Das gleiche gilt von der Schubstange, die einen Teil des Kniehebels bildet. Durch die Trennung von Schalthebel und Gestängelagerhebel ist es möglich, diesen entweder nach Bild 287 oder um 180° gedreht, einzubauen. Im letzten Fall haben Handhebel und Gestängehebel gleichen, in der ersten Anordnung gegenläufigen Drehsinn. Hierdurch ist ein bequemes Einpassen an die jeweils erforderliche Bewegungsrichtung des anzutreibenden Apparates möglich. Die Verstellbarkeit des Gestängehebels um je 15° ist die gleiche wie bei den Antrieben N 1270/72. Ein Hilfschalter für eine Lampe und Glocke kann an Ort und Stelle ohne Schwierigkeit auch nachträglich befestigt werden. Der Antrieb N 1288 zeigt bei gleichbleibendem Drehmoment an der Achse des Handhebels ein stark zunehmendes Drehmoment an der Achse des Gestängehebels. Er ist in der Einschaltstellung selbstsperrend. Die Änderung des Drehmomentes zeigt Kurve I in Bild 288, wenn der Antrieb von einem mittelstarken Manne bei günstiger Höhenlage des Antriebes (etwa 0,8—1,2 m) bedient wird. Die Kurve II zeigt die Lastmomentkurve der gebräuchlichsten Ölschalter. Es ist zu beachten, daß die Lastmomentkurve II des anzutreibenden Schalters die Kurve I des Kraftmomentes nicht überschneidet, da anderenfalls der Antrieb zur Betätigung des Schalters nicht ausreicht.

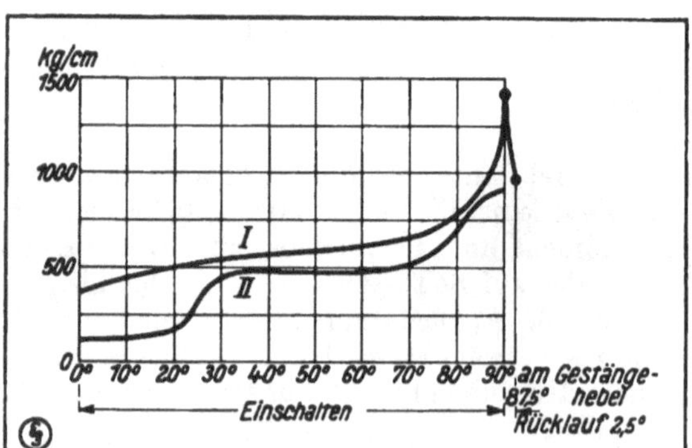

Bild 288. Drehmomentkurve bei Hebelantrieben.

Liegen zwischen Hebelantrieb und dem anzutreibenden Schalter ein oder mehrere Stützpunkte für Hebel, Wellen u. dgl., dann müssen die Einzelheiten genau aufgezeichnet und die Beanspruchungen der einzelnen Antriebselemente vorsichtig berücksichtigt werden, sonst kann es vorkommen, daß Schalter, die größere Drehmomente erfordern, selbst bei größtem Kraftaufwand nicht betätigt werden können. Die Gestängeübertragung hat einen sehr geringen Nutzeffekt, mehr als die Hälfte der aufgewendeten Energie wird zum Verschieben der Stützpunkte, Ausbiegen der Gestänge usw. gebraucht. Es gehört Erfahrung dazu, solch komplizierte Antriebe richtig durchzubilden.

Das gleiche gilt auch für die weiter unten behandelten Handradantriebe, sobald außer Handrad und Ölschalterachsen noch andere Stützpunkte und Wellen in Anwendung kommen müssen.

Der Hebelantrieb N 1274 nach Bild 289 dient hauptsächlich zum Antrieb von Ölschaltern und ist zum Einbau in 60 mm-Zellenwände aus Beton- oder Duromaterial u. dgl. geeignet. Er beansprucht keinen Platz in der Zelle und ermöglicht daher kleine Zellenteilung sowie die Verwendung normaler Gittertüren. Der Antriebshebel schwingt in der Mittelebene der Zellenwand; der am Schaltergestänge angreifende Hebel sitzt seitlich dazu. Die gemeinschaftliche Welle ist in einem Gußkörper gelagert, der mit zwei Schrauben am Armierungseisen der Zellenwand befestigt und mit einer dritten Schraube in der Wand verankert wird, wenn das Trageisen nicht stark genug ist, den Lagerdruck aufzunehmen.

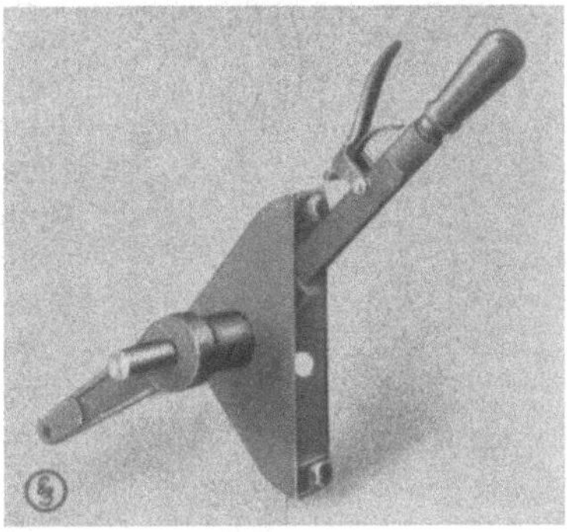

Bild 289.
Hebelantrieb N 1274 für 60 mm Zellenwände.

Der Antriebshebel kann entweder für unmittelbare Handbetätigung mit Handgriff und Sperrklinke oder für mittelbare Betätigung zum Anschluß eines Gestänges geliefert werden. Der letztere Hebel hat bestimmte Abmessungen, während der Radius des erstgenannten Hebels in den Grenzen zwischen 150 und 185 mm veränderlich ist und zweckmäßig erst bei der Montage gebohrt wird.

Das senkrechte Armierungseisen der Zellenwand muß für den Durchtritt des Antriebshebels einen Schlitz von 14×178 mm erhalten.

b) Handradantriebe. Zum Schalten dient ein Handrad mit senkrecht zur Schalttafel liegender Welle. Die Welle kann entweder durch Gestänge oder Seiltrieb mit dem Schalter verbunden werden.

Der Handradantrieb N 1250 nach Bild 236 ist geeignet für alle selbsttätigen Ölschalter und für alle schwereren Schaltapparate mit einem Schaltwinkel bis zu 300° sowie für gewöhnliche Ölschalter, sofern alle diese Schalter durch Gestänge oder Seilzug betätigt werden. Wenn jedoch Ölschalter hinter der Schalttafel in gleicher Achsenhöhe mit dem Antrieb stehen, also unmittelbar von vorn angetrieben werden sollen, so ist Antrieb *HR* nach Bild 241 zu verwenden.

Das Handrad mit Bezeichnungscheibe läuft in einer Buchse mit Rosette, die in der Schalttafel gelagert ist. Das Handrad hat einen Durchmesser von 320 mm; mit ihm läßt sich ein größtes Drehmoment von 650 kg/cm ausüben. Der Antrieb hat eine Sperrung in Gestalt eines Knopfes, dessen Stift in eine in der Rosette liegende Sperrscheibe eingreift. Diese Sperrscheibe ist mit zwei Paar Bohrungen versehen, die den an Ölschaltern gebräuchlichen Schaltwinkeln 90° und 100° entsprechen, sie ist am Montageort in der für den jeweiligen Schaltwinkel richtigen Lage zu befestigen.

Bild 290. Handradantrieb mit elektromagnetischer Auslösung zum Einbau in eine Schaltwand.

Der Antrieb kann mit einem oder zwei Hilfschaltern ausgestattet werden, die sich auch nachträglich an Ort und Stelle anbringen lassen.

c) Handrad-Antriebe mit elektromagnetischer Auslösung haben Freilaufkupplung und Spannungsauslöser und sind zu verwenden, wenn Freilaufkupplung und Spannungsauslöser unmittelbar am Ölschalter nicht erwünscht sind. Die Auslösevorrichtung ist durch diese Anordnung vollständig von dem Hochspannung führenden Schalter getrennt und ist auch während des Betriebes leicht zugänglich. Antrieb und Schalter können durch Kupplung oder durch Gestänge verbunden werden.

Der Antrieb R 1437 nach Bild 290 wird nur bei selbsttätiger Ausschaltung verwendet und sitzt in einem kräftigen, in die Schaltwand einzulassenden Rahmen. Die Verbindung mit dem Ölschalter geschieht durch einen senkrecht zur Schaltwand stehenden Wellenstumpf mit Universalflansch zum Aufsetzen einer Kupplung. Handrad und Wellenstumpf sind nicht fest, sondern unter Zwischenschaltung einer Freilaufkupplung, die von dem Spannungsauslöser überwacht wird, miteinander verbunden. Die Auslösevorrichtung, die sonst am Ölschalter angebracht wird, ist also hier in den Antrieb gelegt, sie ist damit von den Hochspannung führenden Teilen etwas weiter abgelegen. Das Klemmenbrett des Antriebes ist von der Vorderseite der Schalttafel aus zu erreichen, indem bei Bedarf der sämtliche Antriebsteile enthaltende Rahmen nach der Vorderseite der Schalttafel herausgezogen werden kann.

Der durch Überstrom-Kontaktgeber oder Steuerschalter beeinflußte Spannungsauslöser wird für Gleich- oder Wechselstrom und in der Regel nur für Arbeitstrom ausgeführt.

Der Energiebedarf des Spannungsauslösers für Arbeitstrom und Ruhestrom ist in nachstehender Tafel angegeben.

Bei Spannung von	Energiebedarf der Spannungsauslöser für					
	Arbeitstrom			Ruhestrom		
	Gleichstrom	Wechselstrom		Gleichstrom	Wechselstrom	
V	etwa W	etwa VA	$\cos\varphi$	etwa W	etwa VA	$\cos\varphi$
110	40	150	0,11	25	150	0,11
220	140	150	0,11	50	150	0,11

Der Antrieb hat auf der Vorderseite des Handrades eine mechanisch betätigte Meldescheibe, die den Stand des Ölschalters erkennen läßt. Er enthält Hilfschalter zum Einschalten und zum Abstellen der Meldelampen und des Weckers.

Gekapselte Handradantriebe mit elektromagnetischer Auslösung auf Säule nach Bild 291 werden verwendet, wenn eine Schaltwand als Träger des vorerwähnten Handradantriebes nicht vorhanden ist. Der Träger der Handradwelle ist ein geschlossenes Gehäuse mit vorn abschraubbarer Gußplatte, das Freilaufkupplung, Spannungsauslöser, Hilfschalter und Meldescheibe enthält.

Der durch Überstrom-Kontaktgeber oder Steuerschalter beeinflußte Spannungsauslöser wird für Gleich- oder Wechselstrom und in der Regel nur für Arbeitstrom ausgeführt.

Die Antriebe sind für 80—120 mm starke Mauern ohne weiteres zu verwenden, für größere Mauerstärken sind Lagerverlängerungen erforderlich.

Bild 291.
Gekapselter Handradantrieb mit elektromagnetischer Auslösung auf Säule.

2. Elektrischer Antrieb.

Elektrischer Antrieb wird verwendet, wenn der Schalter mit Rücksicht auf die Gesamtanordnung der Schaltanlage mit dem Schaltgriff auf der Schalttafel nicht mechanisch verbunden werden kann. Der Schalter wird dann entweder durch einen Schaltmotor oder einen Schaltmagneten betätigt, der durch einen auf der Schalttafel angebrachten Steuerschalter

Bild 292. Schaltmotorantrieb für Ölschalter bis 600 A.

gesteuert wird. Schaltmotor und Schaltmagnet werden unmittelbar neben dem Schalter angeordnet und mit diesem gekuppelt.

a) Schaltmotorantriebe werden für Gleichstrom- und Wechselstrom ausgeführt. Der Schaltmotor hat ein Vorgelege, dessen Bewegung durch eine Schubstange auf den Schalter übertragen wird. Bild 292 zeigt einen Antrieb für Ölschalter bis 600 A. Der Antrieb besteht aus einem Schneckenradvorgelege und Motor. Die Vorgelegewelle trägt eine Kurbel, an welche die zur Kupplung des Antriebes mit dem Ölschalter dienende Schubstange angeschlossen wird. Der größte Hub der Schubstange beträgt 150 mm. Der Antrieb wird in der Regel auf das verlängerte Fahrgestell des Ölschalters gesetzt wie in Bild 245.

Bild 293. Gekapselter Schaltmotorantrieb auf Säule, offen.

Bild 294. Gekapselter Schaltmotorantrieb auf Säule, geschlossen.

Zwischen Schneckenrad und Kurbel ist eine Rutschkupplung gelegt, die eine genaue Begrenzung der Schaltbewegung ermöglicht. Auf den Wellenstumpf kann ferner eine Handkurbel aufgesteckt werden, damit der Antrieb auch von Hand betätigt werden kann. Die Schaltmotoren sind umkehrbar. Bei Gleichstrom werden Hauptstrommotoren, bei Einphasenstrom und Drehstrom Einphasen-Repulsionsmotoren verwendet.

Gekapselte Schaltmotorantriebe auf Säule R 1404 nach Bild 293 und 294 finden in der Regel in solchen Schaltanlagen Verwendung, in denen der Ölschalter vom Schaltmotor durch eine Wand getrennt ist und wo auf gefälliges Aussehen Wert gelegt wird. Die Wirkungsweise ist dieselbe wie die des vorbeschriebenen Antriebes R 1434. Der eigentliche Schaltmotorantrieb sitzt auf einem Säulenfuß und ist durch eine abnehmbare Blechhaube abgeschlossen. Die Welle trägt vorn ein entkuppelbares Handrad für den Antrieb von Hand. Der Säulenfuß nimmt die Schmelzsicherungen und die Anschlußklemmen für Schalt- und Meldestromkreise auf. Die Verbindung mit dem Ölschalter geschieht durch eine Kupplung.

Bild 295. Schaltmagnetantrieb mit aufgebautem Schütz.

Die Antriebe sind für 80—120 mm starke Mauern ohne weiteres zu verwenden. Für größere Mauerstärken sind Wellenverlängerungen erforderlich, gegebenenfalls auch Änderungen an den Lagerstellen.

b) Schaltmagnetantriebe sind nur da verwendbar, wo Gleichstrom von 110 oder 220 V zur Verfügung steht. Zwischen Magnet und Steuerschalter ist unter Umständen ein Schütz einzuschalten, so daß an der Schalttafel nicht direkt der Erregerstrom des Magneten, sondern nur ein schwacher Steuerstrom geschaltet wird.

Die Schaltmagnetantriebe R 1435 mit aufgebautem Schütz (Bild 295) und R 1432 mit getrenntem Schütz sind zur Aufstellung neben dem Ölschalter bestimmt. Beide haben Drehanker, deren Bewegung über ein Vorgelege auf den Ölschalter übertragen wird. Der Anker wird nach beiden Drehrichtungen durch magnetische Kraft bewegt, der Ölschalter also durch magnetische Kraft geschlossen und ebenso geöffnet.

Bild 296. Steuerschalter für Schaltmagnetantrieb.

Der Antrieb wird mit dem Ölschalter entweder unmittelbar durch eine Kupplung oder durch einen kurzen Kurbeltrieb verbunden. Die dafür am Antrieb vorgesehene Kurbel ist auf ihrer Achse verstellbar und bei der Montage auf die richtige Länge zu bohren.

Auf die Welle des Drehankers kann eine Handkurbel zur Handbedienung aufgesetzt werden.

Der Antrieb R 1435 kann auch auf das verlängerte Fahrgestell des Ölschalters gesetzt werden.

Der Schaltmagnet wird durch einen auf der Schalttafel angeordneten Steuerschalter gesteuert. Dieser beeinflußt mit Hilfe eines schwachen Steuerstromes erst das mit kräftigen Kohlekontakten versehene Schütz, das seinerseits den Erregerstrom des Magneten schaltet. Das Schütz hält die Erregung des Magneten auf jeden Fall so lange aufrecht, bis die Schaltbewegung des Ölschalters zu Ende geführt ist. Es enthält zu dem Zweck eine Freilaufkupplung, die erst nach beendeter Schaltbewegung gelöst wird, wobei der Schalthebel des Schützes in die Ausschaltstellung zurückschnellt und den Erregerstrom des Schaltmagneten unterbricht.

Die Freilaufkupplung kann mechanisch oder elektrisch gelöst werden. Mechanische Auslösung wird verwendet, wenn das Schütz auf den Schaltmagnet direkt aufgebaut und mit diesem durch ein Auslösegestänge verbunden werden kann. Dieses ist die normale Ausführung. Muß mit Rücksicht auf Raumverhältnisse oder auf die Leitungsführung das Schütz getrennt vom Schaltmagneten aufgestellt werden, so erhält es einen besonderen elektromagnetischen Auslöser.

Bild 297. Schaltmagnetantrieb zum Einlassen in die Wand.

Der Steuerschalter N 1038 nach Bild 296 sitzt an der Rückseite der Schalttafel und hat eine nach der Vorderseite durchgehende Welle mit Schaltkurbel und Zeiger. Der Steuerschalter hat einen Doppelhilfskontakt für Meldelampen und Wecker.

Der Schaltmagnetantrieb R 1438 nach Bild 297 ist zum Einlassen in eine Wand bestimmt. Der Ausführung liegt der Handradantrieb R 1437 nach Bild 290 zugrunde, der einen Schaltmagnet mit Drehanker erhält, letzterer

Bild 298 Steuerschalter für Schaltmagnetantrieb.

sitzt unmittelbar auf der Achse des Handrades. Das Handrad wird nur im Notfalle zur Handbedienung benutzt. Der Antrieb hat eine mechanische Anzeigevorrichtung mit Meldescheibe, ferner doppelten Hilfschalter. Er ist von der Vorderseite zugänglich und kann im ganzen nach der Vorderseite der Wand, in der er befestigt ist, also nach der Außenseite der Schaltzelle herausgenommen werden.

Der Antrieb ist mit dem Ölschalter durch den rückseitigen Wellenstumpf mit Universalflansch zum Aufsetzen einer Kupplung verbunden. Der Drehmagnet dient nur zum Einschalten, das Ausschalten wird durch Federkraft bewirkt.

Zwischen Schaltmagnet und Wellenstumpf liegt eine Freilaufkupplung mit Spannungsauslöser, der für Arbeit- oder für Ruhestrom ausgeführt werden kann. Bezüglich des Energiebedarfes des Auslösers und der Ausführung des Ölschalters gilt das auf Seite 162 Gesagte.

Zur Steuerung dient der Steuerschalter R 1431 ohne Schütz mit Meldelampen nach Bild 298, wenn er an einer senkrechten Wand, z. B. an einer Schalttafel angebracht werden kann. Der Schalter sitzt an der Rückseite

Bild 299. Bedienungsgang mit gekapselten Schaltmagnetantrieben.

Bild 300. Druckfeste Ölschalter durch Schaltmagnetantriebe nach Bild 299 betätigt.

der Tafel; die Schaltwelle geht nach vorn durch und trägt eine Schaltkurbel mit Zeiger.

Ist der Steuerschalter an einer wagerechten oder geneigten Fläche anzubringen, z. B. auf einem Schaltpult, so ist ein Steuerschalter N 1038 nach Bild 296 mit Schütz zu verwenden. Die Zuleitung zum Schaltmagneten ist so zu bemessen, daß der Spannungsabfall nicht größer als 5% ist.

Gekapselte Schaltmagnetantriebe auf Säule finden in der Regel in solchen Schaltanlagen Verwendung, in denen der Ölschalter vom Schaltmagneten durch eine Wand getrennt ist und wo auf gefälliges Aussehen Wert gelegt wird. Bild 299 zeigt einen Bedienungsgang mit solchen gekapselten Antrieben. Über den Antrieben befinden sich die Meldelampen zum Anzeigen des eingeschalteten Sammelschienensystems. Die durch die Antriebe betätigten druckfesten dreipoligen 20 kV-Einkessel-Ölschutzschalter mit aufgebauten Höchststromauslösern sind in Bild 300 dargestellt. Die Wirkungsweise ist dieselbe wie die des Antriebes R 1435 nach Bild 295. Das Magnetgehäuse ist vorn durch eine abschraubbare Gußplatte geschlossen, das unmittelbar auf ihm aufgebaute Schütz ist durch eine abnehmbare Haube gekapselt. Die Welle des Drehankers trägt vorn ein entkuppelbares Handrad für den Antrieb von Hand. Das Ganze ist auf einer eisernen sockelartigen Säule aufgebaut, die Schmelzsicherungen und Anschlußklemmen für Steuer- und Meldestromkreise aufnimmt.

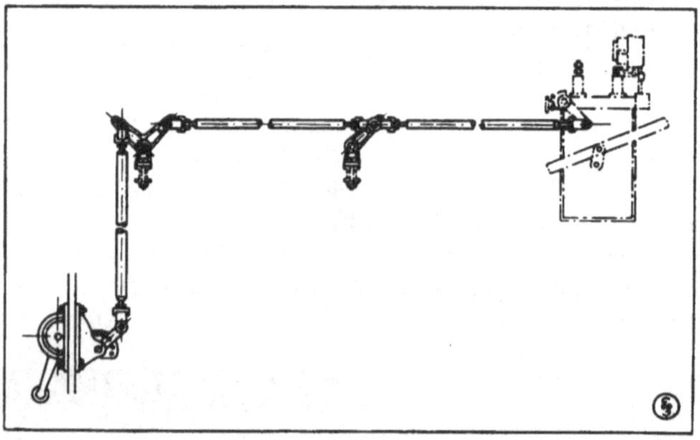

Bild 301. Antriebsgestänge.

Die Antriebe sind für 80—120 mm starke Mauern ohne weiteres zu verwenden, für größere Mauerstärken sind Wellen- bzw. Lagerverlängerungen erforderlich.

Einzelteile für Antriebsgestänge.

Die Antriebsgestänge bestehen im einfachsten Falle aus dem Gestängerohr mit Stangenköpfen an beiden Enden zur Verbindung mit dem Schalter bzw. mit dem eigentlichen Antrieb (Hebelantrieb oder Handradantrieb). Ist eine unmittelbare Gestängeverbindung mit dem Antrieb nicht zulässig, so müssen Zwischenlager mit Wellenstück und Hebeln, gegebenenfalls auch Zwischenhebel vorgesehen werden.

Bei der Wahl der Hebel, Lager usw. für Wellen von 30 und 40 mm Durchmesser ist das Drehmoment des Schalters maßgebend. Allgemein gilt bei Drehmomenten

bis 650 kg/cm eine Welle von 30 mm Dmr.
bis 1500 kg/cm eine Welle von 40 mm Dmr.

als ausreichend.

Für die Gestänge ist der kürzeste Weg zu wählen. Besonders lange Gestängerohre sind so anzuordnen, daß sie beim Einschalten möglichst nur auf Zug beansprucht werden, um ein Durchbiegen zu verhindern.

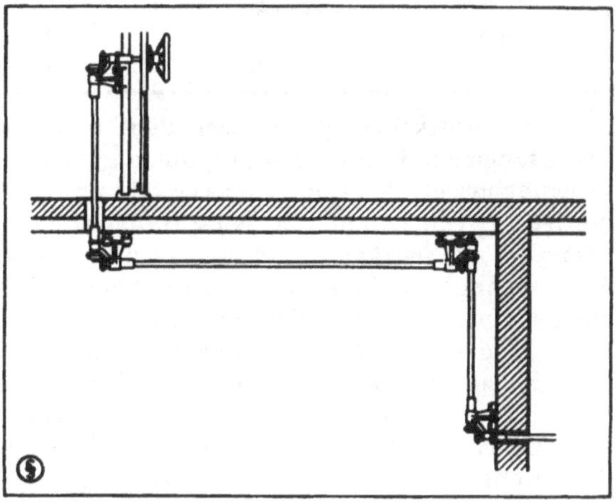

Bild 302. Beispiel eines Kegelradantriebes.

Die geraden Hebel (vgl. Bild 301) sind hauptsächlich für die Energieübertragung bei Gestängeführung in verschiedenen Ebenen bestimmt, in Verbindung mit entsprechend langer Zwischenwelle und Lagern.

Alle geraden Hebel und ebenso Winkelhebel mit festen, um 90° versetzten Schenkeln, lassen sich für verschiedene Radien bohren. Diese Hebel werden durch zwei Spitzenschrauben befestigt, die bei der Montage mit der Welle zu verbohren sind. Die überschüssigen Enden der Hebel werden zweckmäßig bei der Montage abgeschnitten.

Die Lager werden in zwei verschiedenen Höhen, 75 und 150 mm, ausgeführt. Erstere werden gefertigt entweder als Lager mit zwei Befestigungschrauben oder als Lager mit geschlitztem Schraubenloch für eine Befestigungschraube, um diese auch bei ungünstigen örtlichen Verhältnissen einbringen zu können. Bei der Montage der niedrigen Lager ist darauf zu achten, daß die Unterlagen (Profileisen usw.) nicht überstehen, um den größtmöglichen Ausschlag der Hebel und Winkelhebel zu erreichen. Die Lager von 150 mm Höhe erfordern zwei Befestigungschrauben.

Diese Lager eignen sich auch als Zwischenlager bei Kegelradtrieben (Bild 302), Seilscheiben (Bild 303) oder Kettenrädern.

Die Gestängerohre werden in zwei Stärken, mit 25,5 mm oder mit 32 mm Außendurchmesser, geliefert. Sie sind auszuwählen nach ihrer Knickbeanspruchung, die zulässig ist in den aus nachstehender Tafel ersichtlichen Grenzen.

25,5 mm ∅		32 mm ∅	
Gestängelänge in m	Zulässige Knickbeanspruchung in kg	Gestängelänge in m	Zulässige Knickbeanspruchung in kg
1	400	1	900
1,5	175	1,5	400
2	90	2	225
2,5	60	2,5	150
3	45	3	100

Die Stangenköpfe passen sich dem Innendurchmesser der Rohre an. Die Stangenköpfe bestehen aus einem gabelförmigen Gußkörper mit $^5/_8$" Gewindebolzen, der eine Längsverstellung bis zu 40 mm mit einer Feineinstellung von 1,15 mm bei jeder Halbdrehung zuläßt. Die Maulweite der Stangenköpfe beträgt 18 mm und reicht für alle vorerwähnten Hebel aus. Doppelstangenköpfe sind für Zwischenhebel (Lenker) bei langen Gestängen zu verwenden. Sie werden mit einer Öffnung von 18 mm und für beide Modelle des Gestängerohres geliefert. Für die beiderseitigen Gewindebolzen gilt dasselbe wie für einfache Stangenköpfe.
Bei Gestängeanordnungen für schwere Schalter ist manchmal Kniehebelwirkung erwünscht, wozu ein gewisses Überschwingen eines Hebels über den Drehpunkt erforderlich sein kann, das nur durch gebogene Stangenköpfe erreicht wird. Sie werden für 60 und 70 mm Ausladung geliefert. Für Seilantriebe (Bild 303) sind Handradantriebe N 1250 R nach Bild 236 zu verwenden. Die Seile von 5 mm Durchmesser werden an Seilscheiben festgeklemmt und an den freien Enden mit Seilschlössern zum Anschließen an die Drahtspanner oder andere Verbindungsteile versehen. Zur Führung des Seiles bei Winkelläufen dient eine Universalleitrolle, die um

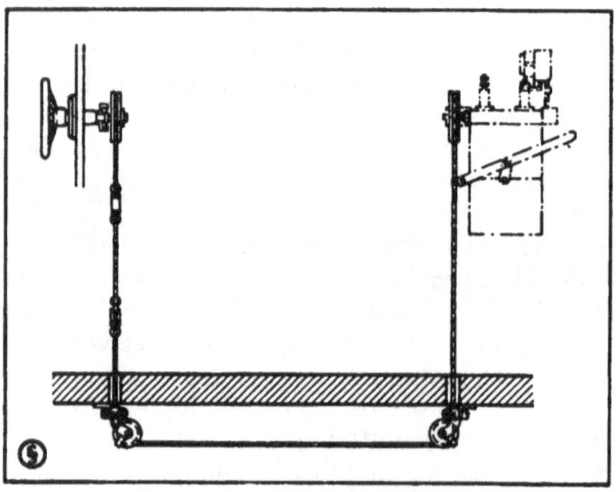

Bild 303. Beispiel eines Seilantriebes.

zwei zueinander senkrechte Achsen einstellbar und daher für beliebige Seillagen verwendbar ist.
Gehen Seile an blanken oder stromführenden Teilen vorbei, so müssen sie umkleidet werden, damit bei etwa eintretendem Bruch die herunterfallenden Seilenden nicht Kurzschlüsse verursachen. Zur Umkleidung ist vorteilhaft Peschelrohr von 26 mm l. W. zu verwenden.
In manchen Fällen, insbesondere bei mehrfachen Umdrehungen der anzutreibenden Wellen können Kegelradgetriebe (Bild 302) vorteilhafter sein als Seil- und Kettengetriebe. Für rechtwinklig sich schneidende Wellen werden Kegelradgetriebe mit Übersetzungen 1:1 bzw. 1:2 gebaut.

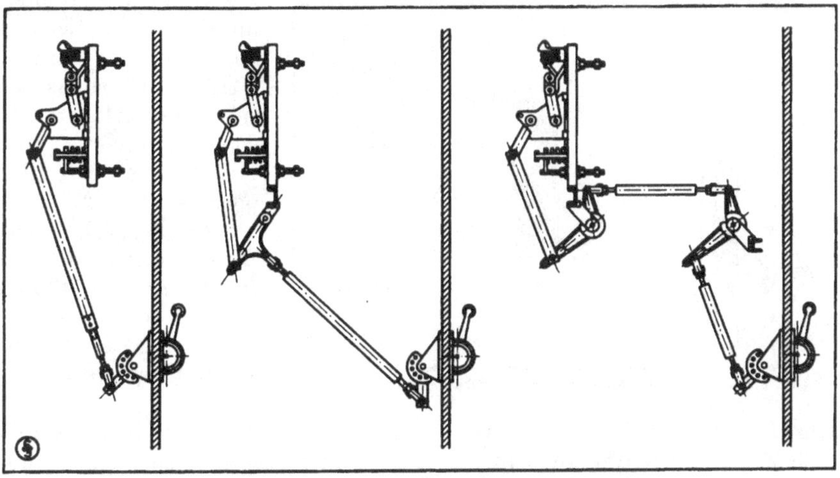

Bild 304. Gestängeantriebe für Selbstschalter.

In einem kräftigen Lagerkörper, der für beide Modelle gleich ist, sind die Räder mit kurzen Wellenstücken von 30 mm Durchmesser gelagert, an die vermittels Rohrmuffen längere Wellen von 30 oder 40 mm Dmr. angekuppelt werden können. Durch Umtausch der Räder und entsprechende Ankupplung der Wellen kann man sich den verschiedensten Antriebsbedingungen anpassen.
Mit dem Antriebe N 1244 I kann ein größtes Drehmoment von 600 kg/cm übertragen werden. Der Antrieb N 1244 *g II*, der infolge seiner Übersetzung vor allem für Feinregelung verwendet werden soll, reicht dagegen nur für ein Drehmoment von 200 kg/cm — gemessen an der Achse des kleinen Kegelrades — aus.

Gestängeantriebe für Selbstschalter.

Gestängeantriebe werden verwendet, wenn Selbstschalter hinter der Schalttafel montiert, aber von deren Vorderseite aus bedient werden sollen, wie in Bild 282. Die in Bild 304 dargestellten Antriebe sind die gebräuchlichsten, ihre Verwendung ist sowohl durch den Abstand des Selbstschalters von der Schalttafel als auch durch die Größe des Schalters gegeben. Die höchstzulässigen Abstände sind 300, 800 bzw. 1800 mm. Ein Gestängeantrieb besteht aus dem auf der Schalttafel anzubringenden Hebelantriebe und dem Antriebsgestänge, das diesen mit dem zugehörigen Schalter verbindet.

Die auf Seite 157 erwähnten Hebelantriebe N 1270 haben gleiche Bewegungsebene für Hand- und Gestängehebel, da in den weitaus meisten Fällen der Selbstschalter in der Mitte des Schalttafelfeldes, in der auch der Hebelantrieb sitzt, angebracht werden kann. Ist eine seitliche Versetzung des Selbstschalters erforderlich, so verwendet man Hebelantrieb N 1271 oder auch eine Zwischenwelle. Die normalen Antriebe sind für Tafeln von 40 mm Stärke bestimmt, bei Blechtafeln sind Zwischenrahmen erforderlich.

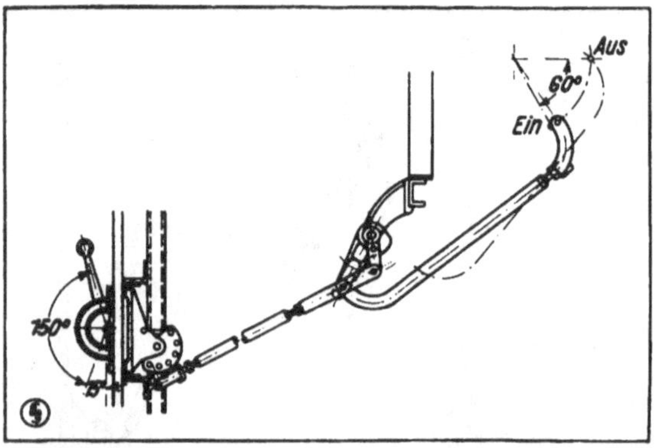

Bild 305. Gestängeantrieb für schwere Selbstschalter.

Die Hebelantriebe N 1270 *as* werden nach dem Einlegen der Schalter mit dem zugehörigen Gestänge in der Einschaltstellung festgehalten, da die so betätigten Selbstschalter mit Freilaufkupplung versehen sind, also trotzdem ausschalten können. Zu diesem Zwecke ist das Gestänge durch eine Öse und einen Bolzen fest mit dem Schalter verbunden. Die für Nullstrom- und Spannungsrückgangs-Ausschalter bestimmten Antriebe N 1270 *i* gehen nach dem Einlegen der Schalter samt ihrem Gestänge selbsttätig in die Ausschaltstellung zurück, da die genannten Selbstschalter keine Freilaufkupplung haben und beim Ausschalten nicht die zum Zurückbringen des Antriebes erforderliche Kraft ausüben können. Durch besondere Vorkehrungen am Gestänge wird die Rückbewegung des Gestänges nach dem Einlegen des Schalters und ferner beim Auslösen die Rückbewegung des Schalterhebels ermöglicht.

Bei den Gestängerohren sind die für die zulässige Knickbeanspruchung in der Tafel auf Seite 170 angegebenen Werte zu berücksichtigen. Die größte Länge, in der die Rohre angefertigt werden, beträgt 3 m. Die Gestängeteile wie Flacheisen, Hebel und Doppelhebel lassen eine Bohrung auf verschiedene Längen innerhalb der praktisch vorkommenden Grenzen zu. Sie werden nur mit einseitiger Bohrung versehen, weil genaue Maße erfahrungsgemäß nie vor der Aufstellung der Schalttafel angegeben werden können. Das Zusammenpassen der Einzelteile, das Bohren und nötigenfalls das Abschneiden auf die erforderliche Länge soll daher erst bei dem Einbau vorgenommen werden.

Bei Zusammenstellung außergewöhnlicher Gestänge sollen den Zusammenbau erschwerende Anordnungen vermieden werden. Das Flacheisengestänge soll niemals, das Gestängerohr möglichst nur bis zu Längen von 2 m auf Druck beansprucht werden.

Für den Antrieb schwerer Selbstschalter über 1500 A reichen die beschriebenen Antriebsgestänge nicht mehr aus. Es müssen bei solchen Schaltern die beim Einschalten auftretenden großen Kräfte in unmittelbarer Nähe des Schalters durch Übersetzung möglichst verringert werden, wozu sich der Kniehebel am besten eignet.

Bild 306. Meldelampe für normale Glühlampen.

Diese Kniehebelgestänge werden vollständig einschließlich Hebelantrieb in vier Ausführungsformen geliefert. Bild 305 stellt eine Ausführungsform dar. Bei Längen über 2 m der wagerechten Gestängerohre sind Lenker einzubauen, um ein Durchhängen und damit ein ungenaues Arbeiten des Antriebes zu verhüten. Die Feineinstellung des Gestänges wird durch verstellbare Stangenköpfe bewirkt.

Als Hebelantrieb wird eine Sonderausführung des Antriebes N 1270 verwendet, bei der zum Schluß der Einschaltbewegung selbsttätig eine rückläufige Bewegung des Gestängehebels um etwa 19° eintritt. Dadurch wird der Mitnehmer vom Schalterhebel freigegeben und der Schalter betriebsbereit gemacht.

Die Hebelantriebe haben gleiche Bewegungsebene für Hand- und Gestängehebel, und es ist anzustreben, daß auch das Gestänge in der gleichen Ebene verbleibt, um den nachteiligen toten Gang, der bei seitlicher Versetzung stärker auftritt, möglichst gering zu halten. Nur ausnahmsweise soll eine seitliche Versetzung des Antriebes zum Gestänge vorgenommen werden. In diesem Falle ist ebenso wie bei normaler Anordnung die Lagerung des Hebelantriebs an dem durch besondere Winkeleisen zu versteifenden Gerüst vorzunehmen, um die Marmortafel von dem nicht unwesentlichen Gestängedruck zu entlasten.

Meldelampen.

Die Fassungen für Meldelampen auf Schalttafeln werden in zwei sich wesentlich voneinander unterscheidenden Formen geliefert. Die eine ist als Modell N 729 (Bild 306) für normale Glühlampen bis zu 56 mm Durchmesser mit normalem Edisonfuß bestimmt. Zu der anderen, kleineren

Bild 307. Meldelampen für Spezialkugellampen.

Form, die sich durch geringen Platzbedarf auszeichnet, gehören die Modelle N 725 und N 730 (Bild 307). Sie erfordern als Glühlampen Spezialkugellampen von 25 mm Dmr. für 1—2 *HK* und werden für Spannungen von 65 und 110 V geliefert. Bei 200 V Netzspannung erhalten diese beiden Modelle die gleiche Kugellampe als Vorschaltlampe, die an der Rückseite der Tragplatte befestigt wird. Bei Nachbestellungen ist besonders darauf hinzuweisen, daß diese Lampen in Reihe mit einer gleichen Lampe brennen. Die Fassungen tragen für die Lampen farbige, in einen runden Metallrahmen einschraubbare Schutzgläser, die der Größe der Lampen angepaßt sind und über den Metallrahmen vorstehen, so daß die brennenden Lampen auch von der Seite gut zu sehen sind.

In den Fällen, in denen Meldelampen dort angebracht werden sollen, wo sie nur von vorn zugänglich sind, z. B. an starken Wänden, ist das Modell N 727 zu wählen (Bild 308). Diese Meldelampe ist zum Schutz gegen Feuchtigkeit in einer geschlossenen Dose untergebracht. Die Zuleitungen werden mittels Peschelrohr in die Dose hineingeführt. Zu diesem Zweck ist der Boden und die Wandung der Dose mit je einer überklebten Öffnung versehen, von denen je nach der Lage der Zuführungen bei der Anbringung die zur Einführung notwendige Überklebung zu durchstoßen ist. Hierbei ist zu beachten, daß die Rohröffnung der Dosenwandung in der Senkrechten liegt, damit der als Abschluß dienende aufsteckbare Frontring in die richtige Lage kommt. Der Frontring trägt das farbige Abdeckglas und das Bezeichnungschild.

Die Lampe ist nur für 110 V lieferbar. Bei Anschluß an 220 V ist ein Vorschaltwiderstand getrennt von der Lampe anzuordnen. Es kann für abwechselnd brennende Lampen z. B. für die Ein- und Aus-Lampen der selbsttätigen Schalter ein gemeinsamer Widerstand verwendet werden.

Bild 308. Meldelampe für starke Wände.

Antriebe für Zellenschalter.

Die runden Zellenschalter nach Seite 137 können auch, wie in Bild 309 skizziert, hinter der Schalttafel montiert und von der Vorderseite bedient werden.

Die Zellenschalter erhalten in solchem Fall Handkurbel mit Kettenrad.

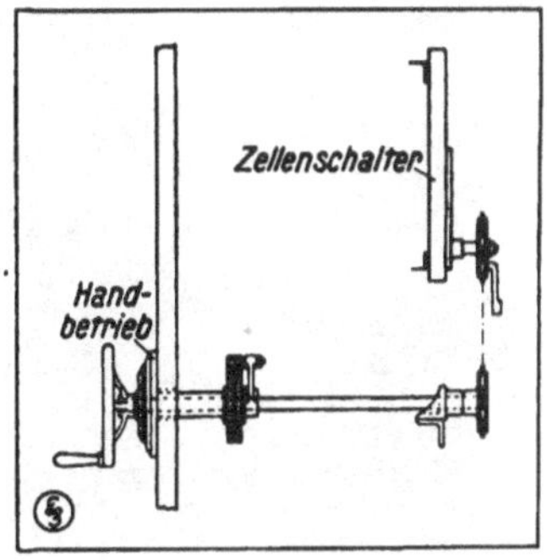

Bild 309. Anordnung runder Zellenschalter hinter der Schalttafel.

Hierbei wird Antrieb N 1242 nach Bild 310 verwendet, der aus einer mit der Schalttafel zu verschraubenden Rosette besteht, in der eine Welle mit Handrad, Skalenscheibe und Zählwerk drehbar gelagert ist. Die Skalenscheibe hat 30 Teilstriche.
Das Zählwerk des Antriebes ist so eingerichtet, daß die Skalenscheibe bei einer Umdrehung des Handrades nur eine Bewegung von einem Teilstrich zum andern macht, d. h. die Kontaktbürste des Zellenschalters sich von einem Kontakt zum andern vor oder zurück bewegt. Die Skalenscheibe ist nach beendeter Montage so zu befestigen, daß bei Stellung der Bürsten auf der ersten Kontaktstufe der erste Teilstrich der Skala auf die im Scheitel der Rosette angebrachte Marke einspielt.
Die Rosette hat zu beiden Seiten der Marke Pfeile, die entgegengesetzten Drehsinn andeuten, und Rahmen, die zur Aufnahme auswechselbarer Schilder mit den Aufschriften „Tiefer“ und „Höher“ dienen.
Dieser Antrieb wird mit Welle für einen Abstand von 180 mm zwischen Schalttafelvorderwand und Ende Welle geliefert. Für größere Entfernungen muß die Welle durch ein Außenlager nochmals gestützt werden, der Abstand beträgt dann 785 mm.
Antrieb und Zellenschalter werden durch Blockkette, die durch einen Kettenschlußbolzen zu schließen ist, verbunden. Durch passende Anordnung des Zellenschalters ist dafür zu sorgen, daß sich besondere Spannvorrichtungen für die Kette erübrigen. An Kettenrädern werden für Antriebe zu Zellenschaltern für 60 A solche mit 10 Zähnen und für 100 bis 350 A solche mit 14 Zähnen verwendet.
Hinter der Schalttafel angeordnete Zellenschalter können auch motorisch betrieben werden; hierzu ist ein weiteres Kettenrad auf der Welle des Antriebs vorzusehen, die Zellenschalter erhalten Endausschalter.

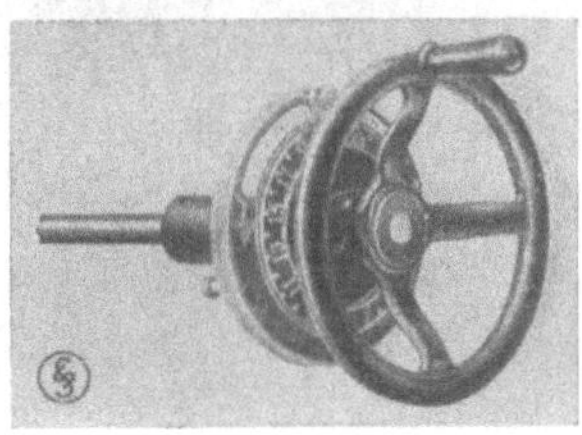
Bild 310. Handantrieb für runde Zellenschalter.

Die motorischen Antriebsvorrichtungen bestehen aus einem Motor mit Schneckenvorgelege und einer elektromagnetischen Schaltvorrichtung, die, von einer besonderen Steuervorrichtung beeinflußt, den Motor in der richtigen Drehrichtung anlaufen läßt. Die ganze Antriebsvorrichtung ist auf gußeiserner Grundplatte montiert und durch ein Schutzgehäuse abgedeckt. In Dreileiteranlagen, bei denen die Zellenschalter im

Bild 311. Antriebsvorrichtung für runde Zellenschalter mit Motorbetrieb.

Außenleiter liegen und ihre Grundrahmen gegen Erde isoliert sind, sollen auch die Antriebsvorrichtungen gegen Erde isoliert sein.

Die Isolierung solcher Zellenschalter-Grundplatten gegen Erde ist erforderlich, weil im Falle eines Überschlages gegen die Platte bei deren Verbindung mit der Erde ein unmittelbarer Kurzschluß der einen Dreileiterhälfte eintritt. Da in den Verbindungsleitungen nach der Batterie keine Sicherungen sind, so könnte in solchem Falle der Zellenschalter vollkommen zerstört werden. Um die Bedienung gegen elektrische Schläge zu schützen, kann die Grundplatte durch einen Kupferdraht von etwa 4 mm² geerdet werden. Tritt unter solchen Maßnahmen ein Überschlagen ein, dann schmilzt der Erdleiter ab, größere Schäden am Zellenschalter bleiben aber vermieden.

Bild 312.
Antriebsvorrichtung für gerade Zellenschalter mit Motorbetrieb.

Der motorische Antrieb ist in Bild 311 in der Ausführung für runde und in Bild 312 für gerade Zellenschalter dargestellt. Er kann verwendet werden:

1. bei runden und geraden Zellenschaltern für den selbsttätigen Betrieb des Entladehebels bzw. Schlittens, abhängig von der Entladespannung. (Der Schaltmagnet wird durch ein Relais gesteuert.))

2. bei **geraden** Zellenschaltern für den Betrieb beider Schlitten, wenn der Zellenschalter abseits von der Schalttafel in der Nähe des Batterieraumes angebracht ist.

In letzterem Falle wird der Schaltmagnet gesteuert entweder durch den Steuerapparat R 656 (Bild 313), wobei die Bewegung des Kontaktschlittens von diesem angezeigt wird, oder durch zwei Druckschalter N 1033. Zur Beobachtung des Kontaktschlittenstandes ist in letzterem Fall für jeden Schlitten ein Fernzeiger in Verbindung mit Kontaktgeber erforderlich.

Die Steuerung kann statt durch Steuerapparat oder Druckschalter auch durch Relais erfolgen. In solchem Falle muß die Steuerungsleitung umschaltbar auf Steuerapparat oder Druckschalter und Relais eingerichtet werden, so daß die Beeinflussung stets nur von einer Seite vorgenommen werden kann.

Bild 313. Steuerapparat für Zellenschalter mit Motorbetrieb.

Die **geraden Zellenschalter** mit Motorbetrieb können durch einen **Steuerapparat** R 656 (Bild 313) betätigt werden, der dazu dient, den auf irgendeinem Kontakt stehenden Bürstenschlitten des Zellenschalters durch ein einmaliges Kommando auf jeden beliebigen Kontakt zu bewegen. Er vereinfacht also die Bedienung, da man bei den sonst üblichen Bauarten schon für die Verschiebung von Kontakt zu Kontakt je einen Befehl geben muß, z. B. durch Niederdrücken eines Druckschalters usw. Die auf der Vorderseite des Steuerapparates befindliche Skala reicht aus für die höchst vorkommenden Kontaktzahlen der Zellenschalter. Zur Ausführung des gewünschten Befehles ist es nur erforderlich, den am Handrad des Steuerapparates befindlichen Zeiger auf diejenige Nummer einzustellen, die mit dem Kontakt des Zellenschalters erreicht werden soll; der Bürstenschlitten bewegt sich dann nach diesem Kontakt hin. Hat der Bürstenschlitten des Zellenschalters bzw. der Motor der Antriebsvorrichtung den Befehl ausgeführt, so erscheint zur Nachprüfung in einem dem Scheitel der Nummernreihe diametral gegenüberliegenden Ausschnitt dieselbe Zahl, auf welcher der Zeiger steht. Der Apparat vereinigt also in sich Steuerschalter, Fernzeiger und Rückmelder.

Werden bei Doppel-Zellenschaltern beide Spindeln durch Antriebsvorrichtungen betrieben, so sind zwei Steuerapparate erforderlich.

Das Modell des Zellenschalters und die Spannung, mit welcher der Apparat betrieben werden soll, müssen bei Bestellung angegeben werden.

Aufstellung, Betrieb und Behandlung der Schalterantriebe.

Beim **Einbau** der Schalterantriebe ist folgendes zu beachten: Die Hebelantriebe normaler Ausführung N 1270/72 sind für Marmorschalttafeln bis 40 mm Stärke bestimmt. Sollen sie an Blechtafeln befestigt werden, so ist ein Zwischenrahmen erforderlich. Bei Montage der Antriebe ist das vernickelte, viereckige Schild mit den halbrunden Schalen abzunehmen, der Apparat von der Rückseite durch die Schalttafel zu stecken und mit Hilfe des Rahmens zu befestigen. Hierauf ist das Schild mit den Schalen wieder anzusetzen.

Hebelantrieb N 1288: Bei der Montage der beiden Lagerkörper für Schalthebel und Gestängehebel sind zunächst die beiden Hebel in zugeordnete, durch Anschläge begrenzte Endlagen zu bringen. Darauf ist die Schubstange in die Segmente am Gestängehebel einzulegen, nach den Bohrungen dieser Segmente die Bohrung der Schubstange für den Gelenkbolzen anzuzeichnen und die Stange auf ihre richtige Länge abzuschneiden.

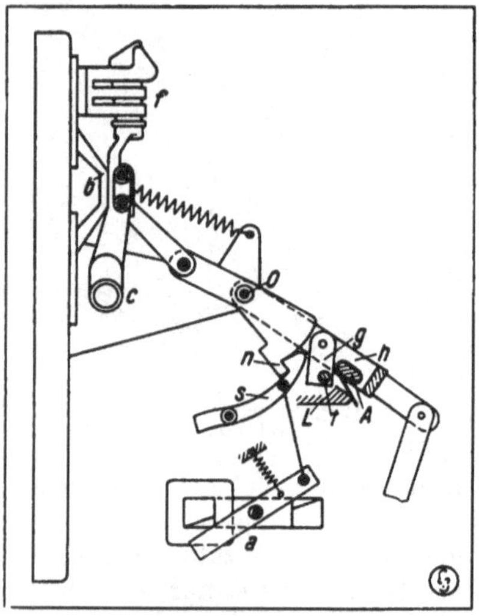

Bild 314. Selbstschalter mit Gestängeantrieb.

Beim Einbau des Gestänges für die unter „Gestängeantriebe für Selbstschalter“ auf Seite 171 genannten Antriebe für Überstrom- sowie Überstrom- und Rückstromschalter ist darauf zu achten, daß die Wirksamkeit folgender Einrichtung des Schalters nicht beeinträchtigt wird:

Der Hebel *h* (Bild 314), an dem der Handgriff oder die Öse für den Angriff des Gestänges sitzt, trägt seitlich zwei Ansätze *A*, mit denen er am Ende der Einschaltbewegung, nachdem die Halteklinke *s* die Nase *n* gefaßt hat, an die Lagerwangen *L* anschlägt. Die beiden Ansätze *A* sind mit Blattfedern versehen, die sich an *L* anlegen. Diese Federn bewegen den Hebel *h*, sobald er freigegeben wird, ein wenig zurück. Dadurch wird erreicht, daß die den Hebel *h* mit dem eigentlichen Schaltwerk kuppelnde Klinke *g*, die beim Einschalten auf der Nase *n* unter Druck aufsitzt, gelüftet wird und von der Nase abfällt, so daß der Handhebel ungekuppelt daliegt. Der Auslösemagnet braucht also, um den Schalter auszulösen, nur die Halteklinke *s* auszuheben. Bei Schaltern mit Gestängeantrieb muß nun das Gestänge so eingestellt werden, daß es nach Freigabe des Handgriffes durch die Kraft der Feder weit genug zurückgeht und das Abfallen der Klinke *g* von der Nase ermöglicht. Haben die Hebelantriebe nicht genügend Spiel, so müssen sie nachgearbeitet werden.

Die Kupplungsklinke *g* darf auf der Nase *n* deshalb nicht aufsitzen bleiben, weil zum Ausheben der Kupplungsklinke viel mehr Kraft benötigt wird, als zum Ausheben der Halteklinke *s*.

Die Anschlagschraube für den Anker darf nicht verstellt werden, sonst stimmt die Eichung der Schalter nicht mehr.

Bezüglich der Schaltmotorantriebe (Seite 164 unter *a*) ist zu bemerken: Steht zum Betriebe des Schaltmotors eine unabhängige Stromquelle zur Verfügung, so wird bei Gleichstrom der Antrieb fest, d. h. ohne betriebsmäßig lösbare Kupplung (Freilaufkupplung), mit der Schaltwelle des Ölschalters gekuppelt. Das Ausschalten erfolgt dann wie das Einschalten durch den Schaltmotor. Wenn zu dieser Anordnung bereits beim Einschalten ein Überstrom im Ölschalter auftritt, der den Schalter sofort wieder öffnet, so kann leicht mehrmaliges schnelles Ein- und Ausschalten des Ölschalters stattfinden. Um dieses zu verhindern, ist zwischen Steuerschalter und Schaltmotor bei Gleichstrom ein Schütz zu schalten. Der Ölschalter wird dann ohne Freilaufkupplung, aber mit Kontaktgebern ausgeführt.

Ist der Motor an Wechselstrom angeschlossen, so muß der Ölschalter eine Freilaufkupplung erhalten, ein Schütz ist dann nicht erforderlich. Es wird ein normaler, selbsttätiger Ölausschalter verwendet.

Steht zum Betriebe des Schaltmotors nur eine abhängige Stromquelle zur Verfügung, muß der Hilfstrom also dem Stromkreise des Ölschalters entnommen werden, so ist der Antrieb über eine Freilaufkupplung mit dem Schalter zu kuppeln. Der Schaltmotor schließt dann nur den Schalter, während Federkraft ihn nach Lösen der Freilaufkupplung öffnet. Hierfür ist ein normaler selbsttätiger Ölausschalter zu wählen. Die Zuleitung zum Schaltmotor ist so zu bemessen, daß der Spannungsabfall beim Anlauf des Motors nicht mehr als 5% beträgt.

Die Instandhaltung beschränkt sich im wesentlichen auf das Ölen der Lagerstellen und — bei motorischen Antrieben — auf Wartung des Motors und des Umschalterrelais auf dem Antrieb.

FSC
www.fsc.org
MIX
Papier | Fördert gute Waldnutzung
FSC® C083411

Zeitfracht Medien GmbH
Ferdinand-Jühlke-Straße 7
99095 Erfurt, Deutschland
produktsicherheit@kolibri360.de